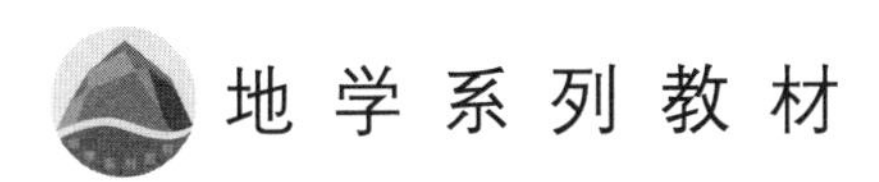

水文学与水资源实习教程

Shuiwenxue yu Shuiziyuan

Shixi Jiaocheng

主　编　王东启　王　初

编　著　王东启　王　初　贾艳红

高红凯　殷　杰　黄　艳

中国教育出版传媒集团

高等教育出版社·北京

内容提要

本书是水文学与水资源实习教材。主要内容包括:水循环主要环节(蒸发、降水和径流等)的测量原理和实际操作方法;潮汐观测的主要方法;河流悬浮泥沙的采集、测验方法;地表水水样采集、水质监测指标和室内实验方法;区域水文、水资源调查方案的设计和实施方法;基于 ArcGIS 的流域水文过程模拟应用;洪涝数值模型在河流和城市区域的应用;水文学和水资源遥感原理和部分水文、水环境指标的遥感提取和反演等应用。

本书可作为高等学校地学相关专业本科生教材,也可作为水利、环境等专业的参考资料。

图书在版编目(CIP)数据

水文学与水资源实习教程 / 王东启,王初主编. --
北京 : 高等教育出版社,2023.7
ISBN 978-7-04-060410-8

Ⅰ. ①水… Ⅱ. ①王… ②王… Ⅲ. ①水文学-高等学校-教材②水资源-高等学校-教材 Ⅳ. ①P33
②TV211

中国国家版本馆CIP数据核字(2023)第066762号

策划编辑 杨俊杰　　责任编辑 杨俊杰　　封面设计 张雨微　　版式设计 杜微言
责任绘图 于 博　　责任校对 刁丽丽　　责任印制 刁 毅

出版发行 高等教育出版社
社　　址 北京市西城区德外大街4号
邮政编码 100120
印　　刷 中农印务有限公司
开　　本 787 mm×1092 mm 1/16
印　　张 13
字　　数 300千字
购书热线 010-58581118
咨询电话 400-810-0598
网　　址 http://www.hep.edu.cn
　　　　 http://www.hep.com.cn
网上订购 http://www.hepmall.com.cn
　　　　 http://www.hepmall.com
　　　　 http://www.hepmall.cn
版　　次 2023年7月第1版
印　　次 2023年7月第1次印刷
定　　价 27.60元

本书如有缺页、倒页、脱页等质量问题,请到所购图书销售部门联系调换
版权所有 侵权必究
物 料 号 60410-00
审图号:GS京(2023)0471号

水文学与水资源实习教程

主　编

王东启　王　初

1　计算机访问http://abook.hep.com.cn/1220685，或手机扫描二维码、下载并安装Abook应用。

2　注册并登录，进入“我的课程”。

3　输入封底数字课程账号（20位密码，刮开涂层可见），或通过Abook应用扫描封底数字课程账号二维码，完成课程绑定。

4　单击“进入课程”按钮，开始本数字课程的学习。

课程绑定后一年为数字课程使用有效期。受硬件限制，部分内容无法在手机端显示，请按提示通过计算机访问学习。

如有使用问题，请发邮件至abook@hep.com.cn。

http://abook.hep.com.cn/1220685

前 言

本书主要介绍水文学与水资源野外实习相关内容。一方面，随着水资源短缺、洪涝灾害事件频发和水环境恶化等日益成为人类社会所面临的重大问题，如何在高强度人类活动背景下实现可持续发展，业已成为当前最迫切的社会需求。另一方面，技术的进步为水文学与水资源科学带来了前所未有的发展机遇。大数据、计算机和高分辨率遥感技术的快速发展，已经为流域复杂系统的水文过程模拟领域取得突破奠定了技术基础。社会需求的变化和技术进步的机遇共同推动着人们重新认识和理解水文过程，这势必深刻影响水文科学的发展方向，也对水文学与水资源课程的教学与实践提出新的要求。而本书正是在这样的背景下编写完成的。

本书在内容结构上，不仅重视对传统水文观测和水资源调查原理、设计和实施的阐述，还用大量的篇幅介绍了水环境监测、流域水文过程模拟、洪涝数值模型和水文水资源遥感在实践教学方面的最新进展。在呈现方式上，本书遵循实习原理分析、仪器（软件）介绍和现场操作指导相结合的原则，注重课堂原理和实践操作之间的融会贯通。对于流域水文过程模拟、洪涝数值模型应用等综合性强的实践内容，本书配备了大量的应用案例。本书力求在夯实学生水文观测实践能力的基础上，拓展他们的学科视野，锻炼他们解决水文学和水资源复杂问题的综合实践能力，培育综合思维素养，树立人地协调观念。

本书由华东师范大学王东启统稿和定稿，由王东启和王初主编。各章编写分工如下：第1章由王东启编写；第2章由贾艳红编写；第3~7章由王东启和王初共同编写；第8章由高红凯编写；第9章由殷杰编写；第10章由黄艳编写。

书中难免存在纰漏之处，敬请广大读者批评指正！

编 者

2022年8月

目　录

第1章 绪论

1.1 实习目的和任务

水文学和水资源是高等学校地理科学类专业本科生培养方案里的一门重要的专业基础课。它在原来传统水文学教学内容的基础上，结合目前水环境问题，融合了水文学科知识体系中水资源部分的知识内容。这门课程在教学过程中除了介绍地球上水的性质、分布、循环、运动变化规律外，更加强调水环境与地理环境、人类社会之间的相互关系。这门课程讲解水与地球表层的岩石圈、大气圈和生物圈相互作用过程，水参与地球上的各种物理、化学及生物过程，对地理环境、生态系统具有的重大影响。

水文学和水资源是一门实践性很强的课程。人们通过野外调查、现场观测、分析实验等手段获取水文和水资源数据，分析得出规律。因此，开展水文学和水资源野外实习是课堂教学的必要补充。从教学内容和学生掌握知识的实际需求出发，组织有关野外考察和观测活动是水文学和水资源课程教学的重要环节。这门课程的内容包括水文学基础知识、水循环及水量平衡基础理论、水循环具体过程的分析、人类活动对水循环的影响，以及掌握水资源开发利用和保护的一般性知识。

水文学与水资源实习的目的是结合水体和水环境特点，使学生将课堂教学中学习的知识在野外得以验证，得以巩固，培养学生认识自然地理现象和总结规律的能力；使学生通过野外实地考察、观测和分析，印证课堂知识，加深对水文学和水资源知识和理论的理解与掌握，学会利用水文学与水资源基本理论知识分析水文现象、探讨水资源问题的方法；使学生通过野外考察、现场观测和样品分析，掌握水文学与水资源野外观测仪器的使用方法，以及野外工作的基本经验和仪器操作技能；培养学生不畏艰辛，勇于克服困难的精神品格。

1.2 实习内容和要求

水文学与水资源实习主要包括水循环观测、河流泥沙观测、水质监测、水资源综合调查，以及水文遥感和水文模型计算机模拟实习等内容。

水循环和水量平衡原理是水文学与水资源的核心内容，通过开展水循环各个环节的野外观测，有助于学生理解和消化课堂知识。水文学与水资源实习课程中有关水循环的实习内容主要包括蒸发、降水和径流等的观测。蒸发和降水观测要求学生在掌握两者发生机制的前提下,理解蒸发器和雨量器的设计原理和操作方法,熟悉蒸发和降水观测的标准流程,掌握数据的处理方法。径流观测是水文学与水资源实习的重点内容,包括水位和流量观测,了解流速面积法和水力学法等流量测验的基本原理,熟悉和掌握水尺和测流装置的使用方法,能够使用流速仪对平原河流断面流量进行实测和计算,利用测流堰对山区小流域流量变化进行观测。

流水必然挟带一定的泥沙。河流泥沙是联系水动力和河流地貌演变的纽带,同时泥沙可吸附营养盐、有机物和重金属等污染物,影响它们的迁移和归趋,是水环境研究的一类重要问题。河流泥沙观测的实习内容主要包括了悬移质泥沙观测和泥沙颗粒分析两部分。它要求学生理解河流断面悬沙输移率测验的基本原理,了解不同泥沙采样器的特点,掌握悬沙含量的实验室测定方法。泥沙颗粒分析的重点是理解泥沙粒径和级配的内涵,掌握沉降法和激光衍射法等细颗粒泥沙的分析方法,能在实验室内进行粒径和级配的测定和分析。

随着我国经济的快速发展,人类活动对水体的污染也日益加剧,水质监测已经成为水资源领域的一项重要工作。水质监测的实习内容主要包括:水样的采集方法、常见水质检测设备和部分水质分析方法的学习;能根据水质监测的目标来制订采样方案,以标准操作流程采集和保存水样,对常见水质指标进行现场或实验室测定。在海陆交互地带,潮汐的影响尤为重要,因此这门课程也包括潮汐观测的实习内容,培养学生掌握潮位观测的标准方法,能够开展潮位观测活动。

培养学生组织并实施野外考察的能力和对水文现象的现场分析能力也是本门课程的主要目标之一。本门课程对如何开展水文调查进行了系统的介绍,促使学生熟悉水文调查的目的和类型,掌握针对不同水文调查内容的相应调查方法,能够设计和制订水文调查的方案,并在实习区域内予以实施。

随着遥感和计算机技术的发展,相关技术已经广泛应用于水文和水资源调查,以及水文过程分析。本门课程的教学目标包括掌握水文学和水资源遥感调查和监测的基础原理和数据提取方法,使用相关水文模型软件对地表水文过程进行模拟分析,以及进行洪水预报。

1.3　实习方法

本门课程的内容涵盖了野外观测采样和室内实验分析,方法丰富多样,既有现场测量仪器和采样设备的实地操作,也有化学和生物分析手段的实验室应用,具有多学科交叉的显著特点。水循环各环节的观测均在野外现场进行,泥沙观测和水质监测工作都分为野外采样和室内分析两部分,样品现场采集与测流同步进行,样品室内分析工作在实验室内开展。水文综合调查需在教师指导下对调查方案进行系统设计,并在具有典型水文水环境的区域实施。

实习的一般形式可以总结为“课堂—野外(或实验室)—课堂”。在开展任何实习工作之前,都要进行必要的课堂准备,其中包括学生对实习内容的理解,采样或实验仪器设备的使用培训,实习开展的具体步骤及注意事项说明等内容。

1.4 实习注意事项

本门课程涉及大量的野外和实验室工作，确保安全是实习期间的第一原则。在实验开展前，学生必须参加相关培训，明确各类安全注意事项。在涉水作业时，学生必须穿着救生衣和其他防护设备，室内实验必须严格遵守实验室规程，明确实验所用化学试剂的危险性和应急措施。学生在实习过程中会使用大量野外测量、采样和大型室内分析仪器，在使用这些仪器之前，必须熟悉各类仪器的安装、操作和保养方法，并在教师指导下使用。

第 2 章　水文调查设计

2.1 概　　述

2.1.1 水文调查的目的作用

水文调查是收集水文资料的方法之一，是水文观测工作的重要组成部分。它既可以补充基本水文站网定位观测的不足，又可以独立地完成收集某一特殊要求的水文资料的工作任务。水文调查较基本水文站（以下简称基本站）定位观测有较大的灵活性，受时间、地点的限制较小，可在事后补测，并能有效地收集、了解所要求的水文资料。

水文调查的作用主要表现在：

(1) 在空间上弥补基本站网密度的不足，特别是东部平原水网区和西部基本站网稀疏地区。

(2) 在时间上延长资料序列，如历史洪水、枯水和暴雨调查等。

(3) 为受水工程影响显著的地区提供河川径流的还原水量，为平原水网区或客水量进出较大的调水区算清水账。

(4) 查证基本站上游水文情势变化的成因，为改进基本站的观测工作提供依据和补充。

(5) 为其他专门需要提供专项资料。

2.1.2 水文调查分类

水文调查根据调查的目的和内容，分为四类：

(1) 流域基本情况调查。一般对基本站以上集水区内的站点，在设站初期进行流域基本情况调查并建立调查档案。以后各年根据流域上的变化情况，做补充调查。

(2) 水量调查。在基本站径流定位观测受水工程影响显著时，应对各年河川径流进行还原水量调查。这种调查可设立辅助站（点）观测或开展面上调查。

(3) 暴雨和洪水调查。基本站在设站初期，应对本站的历史洪水进行调查。在基本站设立以后，每年再根据需要进行当年或历史暴雨、洪水调查。当年暴雨、洪水一般在当年及时组织调查，最迟在次年进行。固定点洪水调查，主要在中小河流上进行。

(4) 专项水文调查。为了专门的目的，需要调查收集某专项水文资料，如河道枯水调查、平原水网区水量调查、泉水调查、喀斯特地区水文调查、沙量调查、水质调查、冰情调查、泥石流调查等。

2.1.3　水文调查基本方法

水文调查的基本方法主要有以下几种：

(1) 野外调查。对于一般的水利工程、分洪、决口、溃堤、洼地等，可进行野外勘查、实地测量等工作来搜集资料，也可通过走访当地群众的方式了解、搜集水文资料。

(2) 设立辅助站（建立委托观测点）。对于一些调节水量较大的水库、堰闸、引水口、退水口等水利工程，可设立辅助站，或建立委托观测点，采用定点方式观测水位和工程运行情况，据以推算水量。

(3) 巡测。对于一些观测地点，可根据交通和测量要素的特点，采用定期巡测的方法测得水文资料。

(4) 搜集汇交。根据《中华人民共和国水文条例》等法规的要求，对水利工程管理部门及有关专用测站观测的水位、降水量、流量、引水量、引沙量、退水量等水文资料及闸门启闭情况、发电量等工程运行记录进行搜集汇交。

2.1.4　水文调查的一般要求

水文调查的一般要求有以下七项：

(1) 在基本水文站开展水量调查时，在山丘区要求基本站和辅助站实测年水量之和占天然年径流量的 85% 以上。

(2) 在平原区要求基本站和辅助站实测进出年水量之和分别占总进出水量的 70% 以上，其余水量采用面上调查方法推算。

(3) 水文调查资料的可靠程度按可靠、较可靠和供参考三级标准评定。

(4) 辅助站单次流量测验精度、流量定线和监测允许误差指标，可参照有关水文测验规范三类精度的水文站的有关规定执行。

(5) 在调查时可根据需要，在符合规范的前提下，对调查内容和方法做必要的调整和补充。

(6) 水文调查原始资料应按原文献文物和访问获得的年、月、日时间记录，计算成果的年份采用公元制，日期采用阳历制，时制采用北京时间，历时资料涉及的朝代和阴历时间应在括号内注明。

(7) 在水文野外调查工作完成后，应编写单项或综合调查报告，并将调查报告和基本资料编号归档。所收集的水文资料也应纳入水文数据库管理。

2.2　水文调查的内容

2.2.1　流域基本情况调查

基本站在设站初期应全面开展流域基本情况调查，之后对较大变化部分应及时做补充调查，调查方式以搜集现有资料为主；若受自然或人类活动影响，流域内发生了重要水事件或水文情势发生了重大变化，则也应及时进行补充调查，核实有关情况。流域基本情况调查内容如下：

(1) 水系调查。搜集或量算流域内主要河流的河名、河长、面积、坡降、河网密度、形状系数和其他水体的特征值。平原水网区应增加边界、测区水面、稻田、旱田（水地）面积等，并且列出图表，编写说明书。

(2) 自然地理调查。了解流域内山区、丘陵及平原结构组成、地貌特征、流域坡度等。搜集流域内土壤的种类、分布、水文特性及有关图表说明书。了解与水文因素有制约关系的水文地质条件，如地质构造和岩性、地下含水层分布和参数等。在喀斯特地区应了解其分布、发育、渗漏和地下分水线闭合情况。

(3) 植被调查。了解自然及人工植被结构组成、森林覆盖率及分布，水文特性及生态习性。

(4) 水利工程调查。调查大中小型水库、堰闸，包括水库集水面积、坝高、坝型、库容、输水洞和溢洪道过水能力，以及运用情况、库容曲线、面积曲线等。

(5) 用水调查。包括工业用水调查、农业用水调查和生活用水调查。工业用水调查包括工业类别、产值及发展状况，月、年用水量(各行业用水、地表水和地下水比例，重复利用情况）及排放量。农业用水调查包括稻田、旱田（水浇地）、乡镇企业、牧业渔业的月、年用水量及回归量。生活用水调查包括人口（总人口、城镇人口、农业人口）的用水调查。

(6) 站网调查。对历史的、现有的和规划的基本站、水位站、雨量站、水质站、地下水观测井、专用站及气象站，调查位置和设站观测年月，并附上站网分布图及一览表。

(7) 水文气象特征值调查。了解降水、水位、径流、暴雨、洪水、枯水、水质、冰情、泥沙、水面蒸发、气温、湿度、风力、风向等要素的月均值、年均值和极值。

(8) 水灾、旱灾和涝灾等灾害调查。调查历史上发生的较大水灾、旱灾、涝灾和冰凌灾害的时间、范围、主要地段和受灾损失情况。

(9) 水质污染调查。调查地表水和地下水污染物质的主要成分、时间和数量。

2.2.2　水量调查

水量调查为基本站径流定位观测的补充调查，属于基本站常规调查，目的在于扩大资料搜集范围，增强资料的完整性，使径流资料系列具有一致性，从而满足流域水量平衡分析和河川径流还原计算的需要。

2.2.2.1　水量调查内容

水量调查内容有如下六项：

(1) 基本资料逐年变化情况的面上调查。调查还原水量的各项指标变动情况，调查流域界限、集水面积的明显变化情况。

(2) 设立辅助站(点)，观测逐年河川径流主要分项还原水量。

(3) 面上调查分项水量得到各项指标变动情况。

(4) 开展典型调查或典型实验。

(5) 逐年水量调查成果的整编、审查、复审和汇刊。

(6) 水量调查成果的可靠程度评定。

2.2.2.2 水量调查注意事项

一般按分项水量进行调查和还原,对占还原水量(指调节及耗损水量)大的主要水量项应重点调查,对次要水量项可粗略调查,对影响甚微的次要水量项可免予调查。对于受大量客水影响的调水区(指分项水量远大于当地河川径流量),仍应进行分项水量调查,以算清水账。是否按分项水量进行河川径流还原计算,由省级或流域主管单位自行确定。

基本站径流受水利工程影响显著,应进行流域勘查,并建立勘查档案,为部署水量调查做准备。

调查搜集有径流资料以来的蓄引提水量及其相应参数指标的变化情况,以便计算和对照逐年的还原水量。基本资料应力求翔实,重要的要现场核实,并审查其合理性。

搜集基本资料应注意与计算分项水量相配套,应将推算分项水量的有关因素调查齐全。搜集的资料宜便于换算成按调查区划分的资料。除搜集有关统计资料外,在必要时应开展典型调查或典型实验。

2.2.3 暴雨调查

暴雨和洪水调查是延长暴雨和洪水资料年限,从而增加系列数据代表性的重要途径,是防洪减灾和进行水利水电工程规划设计必不可少的基础工作,同时对基本站勘测设站和了解流域雨洪特征也具有重要作用。

具有下列情况之一者应进行调查:

(1) 点暴雨(含不同历时次暴雨量)超过百年一遇。

(2) 洪水超过 50 年一遇的相应面暴雨。

调查内容包括:

(1) 暴雨量。确定各调查点的不同历时(10 分钟、1 小时、6 小时、24 小时、3 天和次暴雨量)最大雨量,若有困难,则应估算暴雨量级的上下限。

(2) 暴雨时程分配。调查暴雨的起讫时间、强度变化等。

(3) 暴雨范围。调查暴雨的中心、走向、分布和大于某一量级的笼罩面积。

(4) 暴雨成因。结合天气现象和气象资料分析暴雨成因。

(5) 灾情调查。调查暴雨对建筑物、地貌、农田、道路、居民点和水文观测设施冲蚀或破坏情况。

(6) 估算暴雨的重现期和调查暴雨量的可靠程度。

2.2.4 洪水调查

根据洪水调查点的特性将其分为固定点洪水调查和非固定点洪水调查;根据洪水发生时间将其分为当年洪水调查和历史洪水调查;根据洪水发生地点又可将其分为河道洪水调查和溃坝、决口和分洪洪水调查等。

洪水调查内容有如下十项:

(1) 暴雨、洪水发生的时间(年、月、日,当有条件时要调查到每小时)。

(2) 最高洪水位的痕迹和洪水涨落变化过程。

(3) 当发生洪水时河道及断面内的河床组成,滩地被覆情况及冲淤变化。

(4) 洪水痕迹高程,纵横断面,河道简易地形(或平面)图测量。

(5) 洪水的地区来源及组成情况。

(6) 降雨特性(笼罩面积、历时、强度和量)。

(7) 明显洪痕、石刻题记、重要文献的临摹拓印或摄影。

(8) 流域面积、地形、土壤、植被等自然地理特性资料的了解和调查。

(9) 洪峰流量和洪水总量的计算和分析。

(10) 排定全部洪水(包括实测值)的大小顺位。

2.2.4.1 河道及流域水文情况的调查内容

这种情况下的调查内容有如下五项:

(1) 调查与历史洪水发生时水流情况的差异。

(2) 调查断面冲淤变化,推断历史洪水发生时的断面情况。

(3) 调查河道的疏浚、裁弯取直、筑堤、开渠、堆砟、修桥、建坝等人类活动情况,考证历史洪水发生时的河道形状。

(4) 调查上下游河段有无改道、跨流域引水、溃坝、决口及其对洪水影响的情况。

(5) 调查流域内森林、水土流失变化情况,有无湖泊、沼泽、洼地和溶洞等,以及对洪水的影响。

2.2.4.2 水库溃坝洪水调查内容

这种类型的调查内容有如下八项:

(1) 水库概况调查参见流域基本情况调查内容。

(2) 溃坝前库内水情调查。调查库内水位涨落变化过程和相应蓄水量,溃坝前最高水位和最大蓄水量,洪水入库流量变化情况,水库控制运用情况。

(3) 溃坝过程的调查。调查溃坝发生的时间及相应的水位和蓄水量,当时的水库控制运用情况,溃坝断面变化情况,溃坝后库内水位急骤下降的情况,库容腾空时间等。

(4) 决口断面的测量和调查。

(5) 溃坝后对下游影响情况的调查。溃坝洪峰及其沿程变化,洪水的走向、积水深度,以及沿河决口情况等。

(6) 灾害损失调查。包括受灾面积、死亡人数、财产损失、耕田收益损失等。

(7) 河堤决口调查。决口前后河道的水情变化情况,决口时间及相应河道的水位流量,决口断面冲刷变化情况,决口断面的测量等。当河段内有数处决口时,应逐个进行调查。

(8) 分洪滞洪调查。分洪和滞洪区的工程调查按流域调查的有关要求进行。

当洪水开始分洪或滞洪时,调查内容分为有建筑物控制(例如闸门等)和人工扒口无建筑物控制两种。人工扒口无建筑物控制的调查与河堤决口调查相同;有建筑物控制的调查需了解闸门开高及孔数的变化情况、分洪滞洪的起讫时间及河道水位的变化过程、滞洪区的蓄水情况、洪水开始退入河道的时间及其水位变化情况,以便进行水量平衡计算。

2.2.4.3 固定点洪水调查

固定点洪水调查是指在事先选定的河段或断面，每年只进行一次洪水最高水位和最大流量的调查。

2.2.5 其他专项调查

2.2.5.1 枯水调查

河道枯水调查是通过掌握河流在某时期枯水各要素的变化规律及有关极值，为航运、灌溉、供水、发电或其他专门需要提供科学依据。当河流出现历年某时段最枯、次枯水位或流量，或当有关单位需要某时期枯水的特征资料时，可进行枯水调查。当年枯水调查应测算枯水有关特征值的出现起讫日期、持续天数、发生次数及分布范围。历史枯水调查应估算河段历年某时段最低、次低水位或最小、次小流量及持续时间，当有困难时，可只做定性描述。枯水调查河段应选择水流稳定，控制良好，如石梁、急滩、河道束狭段上游，并尽量避开人类活动较频繁的河段。

枯水调查资料收集分为以下两类。

(1) 收集历史文献、文物资料，分析考证枯水水位、流量，或推算枯水枯竭程度的量级。

(2) 实地调查访问。可向当地政府和群众调查了解较大旱灾的旱情、受灾面积、收成好坏、无雨天数、河水或井水是否干涸、断流或最小水深、群众生活用水等情况。分析推算有关时段的最低水位、最小流量、发生时间和持续天数等。

2.2.5.2 平原水网区水量调查

平原水网区的水文特征是：地面平坦、河网密布、集水面积大；水面比降小、水流串通、流向不定；受引蓄排灌水工程影响大。在平原水网区开展水量调查，应把定位观测与面上水量巡测、调查结合起来，弥补基本站网密度的不足，解决水账不清的问题。平原水网区各类辅助站（点）应根据测验要求和方法，设置固定或临时性的水文测验设施，具体要求如下：

(1) 单独定线推流的辅助流量站应设立水位观测设备，其中堰闸、抽水站、水电站还应设置堰闸（站）上、下水尺，以率定堰闸流量系数和抽水站、水电站效率。

(2) 用于推算河网蓄水变量的辅助水位站、用落差推流的辅助水位站和堰闸、抽水站、水电站的辅助水位站水位观测，可设置简易水位自记台。

(3) 区域代表片内的配套雨量站应有一定数量的自记雨量计观测。

(4) 辅助地下水观测井的井深应能观测到最低地下水位。

(5) 巡测区的各类辅助站（点）的水位高程，宜引用经过平差全区统一的水准基面。

(6) 辅助流量站（点）的流量测验，可尽可能地利用桥梁、堰闸测流，并配备巡测车、船，作为巡测交通工具。

平原水网区水量调查，还应逐年进行如下两项调查：

(1) 水量巡测线调查

① 对控制线、区界线和封闭线，都应进行沿线进（出）水的堰闸、排灌抽水站及河道口门变化情况的调查。调查内容包括建筑物及整治的时间、规模、主要技术指标、引排水范围和能力，以及毁坏情况等。

② 对常年巡测线，应在冬春水工程建设基本结束后，组织野外调查和测量，并对暴雨、洪水期间发生的决口、分流情况进行调查。

③ 在调查后，应针对进（出）水口门的增减情况，及时调整巡测线路或增减辅助站（点）。

(2) 区域代表片调查

调查内容分为以下五项：

① 区域代表片的基本情况及测区范围、测区分水线、总面积等。

② 测区内河流情况、引水范围，田间工程布局和规格、水面面积和不同水位下的蓄水容积。

③ 土壤、植被、各种农作物逐年的布局，分项面积及其权重。

④ 测区内各项水工程设施的规模和控制运用情况，包括圩垸区的抽排动力大小，封圩抽排时间，以及圩垸区排涝模数等。

⑤ 人类活动对水文要素的影响，包括水工程措施，以及其他影响降雨径流关系的下垫面变化情况。

调查方法应以调查收集县（自治县、旗）、乡（民族乡、镇）有关统计图表，开机封圩记录为主，并辅以必要的野外测量工作。

对逐年调查资料，应整理成文字说明书和必要的图表归档，并应分析人类活动对本区水文要素的影响。

2.2.5.3 泉水调查

泉水调查可掌握泉水的大小、地区分布、时间变化、主要补给区、泉水补给量占河川径流量的比例，以及水质状况等，也可为河段水量平衡分析提供资料。泉水调查主要适用于岩石和裂隙水、不发育的喀斯特水和承压孔隙水。

调查内容如下：

① 泉水主要补给区的勘查。

② 在主要泉水眼或泉水群设立辅助站（点）观测水量。

③ 一般泉水数量、分布、水量的普查。

④ 重要泉水的水质监测。

2.2.5.4 喀斯特地区水文调查

喀斯特地区水文调查力求查明实际地表集水面积，本流域与外流域间水量交换的数量和改变河川径流系列一致性的影响量。通过调查了解地下径流的补（排）形式及规律，以便解决流域内水量平衡的计算问题。该项调查主要适用于喀斯特地貌比较发育的地区。

调查内容包括如下六项：

(1) 控制断面以上实际地表集水面积。

(2) 流入（出）本流域泉水水量及来源。

(3) 与外流域的交换水量。

(4) 主要河段的枯水流量。

(5) 各主要暗河段的过水能力。

(6) 改变河川径流系列一致性的影响量。

喀斯特地区水文调查也有一定的调查标准。一般在年交换水量占本流域多年平均河川年径流量超过 ±10%的中小河流上进行调查，或者在地形图上量算的集水面积与实际地表集水面积相差 ±10%以上的中小河流上进行调查。

2.2.5.5 沙量调查

沙量调查是通过对辅助站（点）的沙量观测和面上调查，进行沙量平衡计算，为水工程的管理运用、估算水保工程效益和科学研究服务。水工程措施对河川输沙量影响的调查一般分为：灌溉影响沙量调查，蓄水工程（水库）淤积量调查，水保措施拦沙量调查，跨流域引水影响沙量调查，分洪、决口、溃坝影响沙量调查，以及工业、城市生活用水影响沙量调查等。当工业、城市生活用水影响沙量很小时可不调查。可采用调查组、巡测队、设立辅助站(点)观测、抽样调查、访问、现场查勘等资料搜集形式。应以年为时段对各单项影响沙量进行调查和计算，若调查成果为多年累计沙量，则应做年际分配。在重要引水渠首可设立悬移质含沙量的辅助站（点）观测，亦可借用水文条件相似测站的含沙量实测资料。

2.3 水文调查的方法

2.3.1 水量调查方法

2.3.1.1 分项水量调查与计算

(1) 灌溉水

灌溉水渠系田间下渗回归量、田渠弃水量、灌溉水量平衡方程为：

$$W_y=W_h+W_g \tag{2.1}$$

式中：W_y——灌溉引水量（10^4 m^3）；

W_h——灌溉耗水量（10^4 m^3）；

W_g——灌溉水综合回归水量（10^4 m^3）。

对灌溉引水量 W_y，可设立辅助站(点)观测，也可开展面上调查，如调查泵(机)引提水量，水费征收额等，据以估算引水量。当有实测灌溉引水量资料或有率定的推流曲线时，可直接计算出灌溉期引水量。灌溉耗水量 W_h，可以根据灌溉用水定额和实灌面积资料计算。灌溉水综合回归水量 W_g 可借用相似地区的回归系数及回归过程予以估算。有条件地区应开展回归系数及回归过程的实验。

(2) 工业及生活水

工业及生活水量分为工业及生活引水量 W_y，工业及生活耗水量 W_{gh}，工业及生活综合排放水量 W_p。

工业及生活引水量 W_y，调查计算方法与灌溉引水量基本类似。工业及生活耗水量 W_{gh}，在有 W_y 及 W_p 资料时，用 $W_{gh}=W_y-W_p$ 式计算。面上调查采用调查用水定额、工业产值（量）、火电开机、工业用水重复利用系数、排放系数、人口等有关资料进行估算。工业及生活综合

排放水量 W_p，可借用相似地区的排放系数予以估算。有条件的地区应开展排放系数的测定。

当工业及生活用水逐年变化基本稳定时，可 1 至 3 年调查一次，未调查年份可借用上一年调查成果中的有关指标。对于引水水源、引水口门、引水量、用水区域或排水系统等其中任何一项发生变化的年份，必须重新调查或补充调查。

(3) 地下水

调查地下水开采量，应按深层、浅层地下水分别统计开动泵（机）台数、单泵（机）出水量、泵（机）抽水时数等。若开采井多、分布广，则可进行抽样调查。

对于河水补给丰沛的开采区（透河区），除调查开采量外，还应对开采比较集中的河段开展河水补给地下水系数的实验。用总补给量除河水补给量，计算河水补给地下水系数，确定透河区开采量中还原给河川径流的百分数。

在地下水埋深较小的平原开采区，当开采前后地下水埋深大于潜水蒸发极限埋深时，应当调查开采耗水量作为还原水量。当开采前后地下水埋深小于潜水蒸发极限埋深时，应当调查开采耗水量及开采前后的地下水埋深。用开采耗水量再扣除潜水蒸发的减少量作为还原水量。

在开采深层地下水利用于工农业及生活时，可调查回归、排放水量作为还原水量。

对于专门性人工回灌行为，应针对其河川径流效应，调查引水量、回灌量分别作为水源区、回灌区的还原水量。

(4) 蓄水工程蓄水

蓄水工程时段蓄水变量 ΔW，为蓄水区时段终止与开始时蓄水量的差值。

时段初（末）蓄水工程蓄水区代表水位，是推求蓄水变量不可缺少的资料。蓄水区库容曲线的水准基面与蓄水区实测代表水位的水准基面应取得一致。

库容曲线是推求蓄水变量的基本资料，应尽力搜集，一般采用静库容曲线来推算。对于多泥沙水库，库容曲线变化较大，水库淤积量应予以考虑。

在没有蓄水区库容曲线时，对中型以上(含中型)水库，应采用地形法测算或断面法测算，对小型水库和堰闸蓄水区可采用纵横断面简易测算，来确定蓄水区库容曲线。

小水库群蓄水变量的调查，除设立"代表库"观测外，应逐个调查小水库的有效库容、集水面积、灌溉面积等，选用面积比法、库容比法、蓄（放）水量不均曲线法，推算调查区内小水库群时段蓄水变量。

对蓄水工程蓄水水面蒸发增损水量，可采用水面蒸发与陆面蒸发差值进行估算。陆面蒸发可采用地区经验公式计算，或近似采用本站或邻近相似集水区域内降水与径流差值代替。蓄水水面面积，可由平均水位从水位面积曲线上查得。蓄水水面蒸发增损水量，一般占径流量的比重较小。在我国北方蒸发能力较强的地区，若增加的蓄水水面积占调查区的面积超过 1%～2%，则应对蓄水水面蒸发增损水量予以调查。在我国南方地区可不进行此项调查。

当蓄水工程渗漏量未回归到基本站断面，且渗漏水量占调查区年径流量 1%～2% 以上时，应进行蓄水工程渗漏水量调查。

蓄水工程渗漏水量可分为坝身渗漏、坝基渗漏和蓄水区渗漏三部分。水库坝下反滤沟实测流量资料，可直接作为坝身渗漏量。搜集水库进库、出库水量及蓄水变量资料，用进出库水量平衡法估算。当无进出库水量平衡等资料时，可用水文地质渗漏经验做粗略估算。

(5) 溃坝、决口、分洪水

当发生溃坝、决口、分洪、涝水时，除应在常年分洪河道、常年蓄洪区设立辅助站(点)观测以外，还应尽快组织力量调查访问，设立调查点，搜集资料，估算水量。调查溃坝前库内水情，具体在于：调查溃坝前库内水位涨落变化过程和相应蓄水量，溃坝前的最高水位和最大蓄水量，洪水入库流量变化情况，水库控制运用情况。调查水坝溃塌的时间及相应的水位和蓄水量，当时的水库控制水量。

2.3.1.2 水量还原计算

河川径流还原水量平衡计算方程为：

$$W_{\mathrm{T}} = W_{\mathrm{S}} + \sum_{i=1}^{n} W_i \tag{2.2}$$

式中：W_{T}——基本站天然水量，即基本站河川径流量；

W_{S}——基本站实测水量；

W_i——单项还原水量，即各分项水量，见表 2.1；

i、n——分项水量的序号、总项数。

表 2.1 河川径流分项水量还原表

工程类型	分项水量	对河川径流效应	还原水量 取值符号
引排工程	耗水量(灌溉、工业、生活等)	减水	正
	回归水量(灌溉)、排放水量(工业、生活)	增水	负
	跨流域(调查区)引排水量	流进为增水 流出为减水	流进取负 流出取正
	深层地下水专门性人工回灌量	水源区为减水，回灌区为不增水不减水	水源区取正 回灌区取零
	浅层地下水开采量	减水	正
	浅层地下水专门性人工回灌量	水源区为减水 回灌区为增水	水源区取正 回灌区取负
拦蓄工程	蓄水工程蓄水变量	蓄水增加为减水 蓄水减少为增水	蓄水增加取正 蓄水减少取负
	蓄水水面蒸发增损水量	减水	正
	蓄水工程渗漏水量	减水	正
	水平梯田拦蓄对面径流量	减水	正
	溃坝水量	增水	负
	河道决口水量	减水	正
	河道分洪水量	减水	正
	涝水蒸发增损水量	减水	正

河川径流分项水量还原计算,应按预先划分的调查区为单元进行。由基本站上游若干个调查区组成,推求该基本站径流还原水量,应为上游若干个调查区内各分项水量的代数和。

辅助站(点)的计算时段,可采用次、日、旬、月。在开展面上水量调查时,若选择计算时段,可采用全年、分月或调节期、非调节期。

分项水量月分配,对于灌溉还原水量可按作物需水过程的比例分配,工业及生活还原水量可平均分配到年内各月,蓄水变量可根据典型蓄水工程的实测资料用面积比法、库容比法或蓄(放)水量不均曲线法计算。

在分项水量调查与计算中应随时进行下列检查:

(1) 单项指标合理性检查。每个单项指标,在年际间、地区间应在一定范围内变化,当发现某个指标偏大或偏小时,应及时进行复查或复测。

(2) 各分项还原水量的正负取值的检查。

(3) 当分项水量交换关系比较复杂时,应进行河川径流重复水量检查。

(4) 检查移用的水文气象单项指标是否相似。

2.3.2　暴雨调查方法

暴雨调查方法分为以下五种:

(1) 收集县(自治县、旗)、乡(民族乡、镇)、村雨量观测资料,如农场、学校、水库、灌区等,并分析印证承雨器位置和测算法的可靠性。

(2) 暴雨调查点的选择,在暴雨中心地区应密集一些,在雨区边缘可稀疏一些,以能绘制出暴雨等值线为宜。

(3) 每个调查点宜调查两个以上的暴雨数据。

(4) 暴雨量的估算,一般利用群众放在空旷露天处不受地形、地物等影响的生产和生活用具等容器来推算。在测算前应注意承雨器在降雨前有无积水或其他物品,雨水有无旁溢、渗漏、取水或外水加入等现象。承雨器内的水体体积、承雨器口面积等应准确量算。

(5) 特大暴雨中心地区的调查记录,应与邻近的基本站、专用站、雨量站和气象站实测记录相互印证。

暴雨重现期的调查分析,对特大暴雨一般可根据老年人的亲身经历和传闻,历史文献文物的考证和相应中小河流洪水的重现期比较后确定。

暴雨调查成果的整理和合理性检查有以下五方面要求:

(1) 填制调查点暴雨量表。

(2) 绘制该区域暴雨量等值线图。

(3) 绘制暴雨面积和深度关系图。

(4) 将暴雨调查点成果与邻近站实测暴雨成果相对照,分析其合理性。

(5) 将调查成果与相应洪水资料相比较,用中小河流断面实测(或调查)洪水总量与相应的面平均雨量之比,计算该次洪水的径流系数,检查其合理性。

调查暴雨量可靠程度,评定点暴雨量可靠程度按表2.2进行。

表 2.2 点暴雨量可靠程度评定表

项目	等级		
	可靠	较可靠	供参考
指认人印象和水痕情况	亲眼所见，水痕位置清楚具体	亲眼所见，水痕位置不够清楚具体	听别人说，或记忆模糊，水痕模糊不清
承雨器位置	四周比较空旷，不受地形地物影响，器口距地面的高度为 0.7～2.0 m	四周地物较拥挤，但受地形地物影响不大，器口高于地面 2.0 m 或承雨器在房顶上	受地形地物影响较大
雨期承雨器内情况	空着或有其他物质，但能计算出具体的体积	有其他物质，计算出的体积不够准确	有其他物质，其体积和数量记忆不清
雨期承雨器漫溢情况	无	无	有

2.3.3 洪水调查方法

2.3.3.1 调查前的准备工作

洪水调查除按流域调查所述要求外，还应着重搜集下列资料：

(1) 流域水系图，有关基本站历年最高洪水位，洪峰流量的出现时间，水面比降，糙率，测流断面及水位流量关系曲线等。

(2) 有关本流域的勘查报告、水文调查和观测资料、历史水旱灾情分析报告，以及历史文献、地方志等。

(3) 流域及调查河段的地形图，纵横断面资料，流域及调查河段的水准点位置、高程、变动情况等。

(4) 流域内实测及调查的大暴雨资料，包括分析报告和暴雨图。

(5) 河道历年行洪条件和河床冲淤变化情况，有关水利水电和水土保持措施情况等。

调查河段的勘查与选定的一般要求有以下五项：

(1) 所选河段应符合调查的目的和要求，尽量靠近所需要调查的河段。

(2) 有老居民点、渡口等洪痕较多的河段。

(3) 在条件许可时，调查河段应尽量靠近基本站观测河段。

(4) 所选河段应比较顺直、断面较规整、河床较稳定、控制条件较好，没有较大支流汇入，河段内无壅水、回水和分流等现象，河床质组成及岸边植被情况比较一致。

(5) 调查河段尽量避免有修堤、筑坝、毁坝、建桥等工程措施，并避免刚发生过滑坡、塌岸现象等。

2.3.3.2 洪水调查方法

1. 洪水发生时间调查

这项调查有以下四方面内容：

(1) 结合历史上发生的事件，如水、旱、虫、冰、雹、火、地震等自然灾害和战争。

(2) 结合群众最易记忆的事情，如年龄、属相、生育、婚丧、搬家、外出、庙会、收成好坏、闰月等以联系洪水发生日期。

(3) 由民谚、传说、记水碑文、历史文献、报刊、日记、账本、家谱等资料了解。

(4) 干支流、上下游河段和邻近河流的洪水发生日期对照。

2. 洪水痕迹调查

洪水痕迹应明显、固定、可靠和具有代表性。首先依靠群众指认洪痕，其次进行考证落实，最后到现场核实洪痕，分析判断确定。在人口稀少地区，可依据洪水漂浮物、河流沉积物的高度、水流冲刷痕迹、洪水淹没两岸引起的物理、化学及生物形态特征，互相作用留下的标志痕迹加以确定。

在河段保持顺直的情况下，调查河段上、下两处洪水痕迹的距离，一般不小于《水位观测标准》(GB/T 50138—2010) 规定的比降断面间距要求。

若用比降面积法推算流程，则调查河段内的洪痕点的数量至少为两个。若用水面曲线法推算流程，则至少要调查三个以上洪痕点。在有堰闸和其他良好控制条件时，洪痕点的数量可按实际情况确定。一般洪痕点在确定之后，以红漆做洪痕点的临时标记，重要洪痕点宜埋设永久标志物或做刻记，以供测量和日后考查。

弯道河段的洪痕调查一般在凹、凸两岸同时进行。计算断面平均洪水位，可选用下列三种方法：

(1) 取两岸洪水位平均值。

(2) 用两岸洪水位观测资料建立经验关系，推算出超高水位 (凹凸岸水位差) ΔZ，再按式 $Z \pm \dfrac{\Delta Z}{2}$ 计算断面平均洪水位 (Z 为凸岸或凹岸洪水位)。

(3) 用公式计算超高水位，再按式 $Z \pm \dfrac{\Delta Z}{2}$ 计算断面平均洪水位。超高水位按下式计算：

$$\Delta Z = v^2 B/(gr) \tag{2.3}$$

式中：ΔZ——超高水位 (m)。

v——断面平均流速 (m/s)。

B——水面宽 (m)。

r——弯道中心线的曲率半径 (m)。一般以凹岸和凸岸曲率半径的平均值代替。

g——重力加速度 (m/s^2)。

3. 洪水来源调查

洪水来源调查在需要了解河流上下游及干支流洪水组成与遭遇时，可进行暴雨和洪水来源调查。通过访问、考查文献资料，然后进行面上的综合分析。

调查洪水过程的目的在于推算流量过程和洪水总量，在条件允许时，可根据需要进行调查。如对单峰洪水过程可调查起涨、峰顶、落平、涨水腰和落水腰五个点，以判断洪水过程属于尖瘦型或肥胖型。当对洪水过程定量测算有困难时，可进行定性描述，如洪水过程的胖瘦、单峰多峰、历时长短，与某次实测大洪水相似等。

洪水痕迹可靠程度按表2.3进行。

表2.3 洪水痕迹可靠程度评定表

项目	等级		
	可靠	较可靠	供参考
指认人印象和旁证情况	亲眼所见，印象深刻，旁证确凿	亲眼所见，印象较深刻，旁证材料较少	听传说，印象不深，所述情况不够具体，缺乏旁证
标志物和洪痕	标志物固定，洪痕位置具体或有明显的洪痕	标志物变化不大，洪痕位置较具体	标志物已有较大变化，洪痕位置不够具体
估计误差范围/m	<0.2	0.2～0.5	0.5～1.0

2.3.3.3 固定点洪水调查方法

断面选择一般要求河流顺直段较长，控制条件良好，河段内无支流汇入，无回水顶托，无分流串沟，无滑坡塌岸，断面较稳定，河床质组成及岸边植被情况比较一致。断面尽量选在交通方便的河段，如居民点或基本站附近，以便于巡测和指导。在断面布设时，一般在中小河流要求设立基本水尺(测流用)断面；在用比降面积法推算流量时，应设立上下比降水尺断面。设置方法按《水位观测标准》和《河流流量测验规范》有关规定进行。在断面两岸应设立标志桩，或利用基岩、固定地物予以标明，以固定断面位置。固定点洪水调查方法有以下六个方面的要点。

(1) 水尺或标志设立的要点。水尺或标志的设立应在上、中、下断面设立水尺或固定标志桩(杆)，以记录每年的最高水位。当需要用洪水过程推算洪量时，应在岸边设立中高水位水尺，具体要求由省级或流域主管单位自行确定。

(2) 水准点设立的要点。对每一个洪水调查固定点，均应设立较牢固的水准点，如在基岩、墙脚上刻画标记，以作为校测水尺零点和标志高程使用。该水准点无须引测国家水准点，一律采用测站或假定基面并冻结。水准点的位置应设在断面附近的洪水位以上。

(3) 水尺或标志零点高程的校测要点。一般每年校测一次，在汛前进行。若发现有变动，则应及时校测。若有困难，则可将水尺或标志重新埋设牢固，或另埋设标志等汛后补测。校测要求一般按四等水准测量进行。

(4) 水位观测的要点。为保证测到每年的最高洪水位，每次较大洪水涨水的最高水位均应进行观测，并记录发生时间。需要推求洪水过程的，应在起涨、峰顶、落平和涨落水腰的转折点观测水位和发生时间。在设置比降水尺断面时，应观测峰顶和峰腰的比降。在设置了水尺或标志桩(杆)的固定调查点，每次涨水的最高水位应记下刻度和发生时间，以便日后测量其高程。在未设立水尺或标志桩(杆)的固定调查点，可将当年最高洪痕刻记在牢固的基岩和建筑物上，并确保至少有上、中、下断面三个洪痕点。

(5) 断面测量的要点。当过水断面冲淤年变化在 ±5%以内时，当年可不进行断面测量，可直接使用上一年的大断面资料。当过水断面冲淤年变化在 ±(5%~10%)范围时,可在大水后或汛后测量一次。当过水断面冲淤年变化超过 ±10%时,应在汛前和汛后各测量一次。测量方法按《水文普通测量规范》有关规定进行。

(6) 流量测验的要点。固定点洪水调查一般不进行流量测验,采用比降面积法或调查推算流量。在条件允许时,可进行简易流量测验。流量测验按辅助点要求进行。

2.3.3.4　测量和摄影

测量和摄影有以下七个方面的工作要点:

(1) 水准测量。重要洪痕高程测量,按四等水准测量进行。一般洪痕高程测量,可采用五等水准测量。测量方法及要求按《水文普通测量规范》有关规定进行。

(2) 河道简易地形(平面)图测量。测量方法及要求按《水文普通测量规范》有关规定进行。施测范围包括整个调查河段,高程一般测至历年最高洪水位以上 0.5~1.0 m 处。

(3) 横断面测量。测量方法及要求按《水文普通测量规范》有关规定进行。施测高程范围一般测至历年最高洪水位以上 0.2~2 m;当两岸有堤防时,可测至堤防以外;在平原地区测量有困难时,可测至最高洪水位以上 0.5 m。

(4) 断面测量。数目应视推算流量方法不同而异。当运用水位流量关系推算流量时,断面应与基本站断面一致;当运用比降面积法推算流量时,断面数不少于两个;当运用水面曲线法推算流量时,至少要有三个断面。

(5) 断面绘制。应标出名称(或编号)、测时水位、调查洪水位、河床组成、覆盖物的名称及分布。若断面有冲淤改正,则应注明改正后的边界线及相应的洪水年份。

(6) 纵断面测量。一般根据河道地形或横断面图资料绘制。连接水下地形最低点(深泓)或断面河底最低点绘制而成。在绘制时应注明测时水面线、各大水年水面线、横断面及洪痕点的位置。

(7) 摄影工作。摄影内容一般有:明显的洪痕及重要的文献、文物资料;河段形势及断面、滩地的河床组成和植被情况。对拍照的对象、内容、地点和时间等应及时记录并加以简要说明。

2.3.3.5　洪峰流量和洪水总量推算

洪峰流量推算方法的选择:推算洪峰流量应根据洪痕点分布,以及河段的水力特性等选用适当的推算方法,具体办法如下:

① 当调查河段附近有基本站,其区间无较大支流加入而又有条件将调查洪痕移植到基本站断面时,可延长实测的水位流量关系曲线来推算洪峰流量。

② 当调查河段较集中、洪痕较多时,一般采用比降 - 面积法推算洪峰流量。推算方法按《比降 - 面积法测流规范》有关规定进行。

③ 当调查河段较长、洪痕又少、沿程河底坡降及横断面有变化、洪水水面线较曲折时,可用水面曲线法推算洪峰流量。

④ 当调查河段下游有良好的控制断面,如急滩、卡口、堰闸等,可用相应的水力学公式计算洪峰流量。

⑤ 当特大洪水的洪痕可靠,而一般估算难以达到精度要求时,可设立临时测流断面,进

行水位流量测验，或采用模型实验的方法，以进一步核实推算洪峰流量。

2.3.3.6 洪水调查中常用的水文水力学方法

(1) 水位流量关系法

若调查河段靠近水文站，计算断面与水文站之间无较大支流加入或水流分出，则可将调查洪痕移置到基本站断面，利用该站实测的水位流量关系对高水延长，以求得调查洪水的洪峰流量。要注意的是，做水位流量关系的高水延长要慎重，否则会出现较大的误差。

(2) 比降－面积法

在用比降－面积法推求洪峰流量的适用条件时，参数的计算选用和计算公式的采用，应当按《比降－面积法测流规范》中的有关规定进行，但在选用河道糙率时，一般应按下列方法进行：河道糙率应先选用附近河段的实测值，或相似河段的实测值，当有困难时，可选用省级或流域部门编制的糙率表。

① 均匀顺直河段洪峰流量的计算。在均匀顺直河段上，各个断面的过水面积变化不大，各个断面的流速水头变化也不大，因此可以用水面比降代替能面比降。假设

$$Q_{m}=KS^{\frac{1}{2}} \tag{2.4}$$

$$K=\frac{1}{n}\times AR^{\frac{2}{3}} \tag{2.5}$$

式中：Q_m——洪峰流量（m^3/s）；

S——水面比降，量纲为1；

A——过水断面面积（m^2）；

R——水力半径（m）；

K——输水率，量纲为1；

n——河床糙率。

对一个河段，根据两断面间水面线为直线，面积和水力半径可取上下断面的平均值，则

$$Q_{m}=\overline{K}\cdot S^{\frac{1}{2}} \tag{2.6}$$

$$\overline{K}=\frac{1}{n}\cdot\overline{A}\cdot\overline{R}^{\frac{2}{3}} \tag{2.7}$$

或

$$\overline{K}=\frac{K_{u}+K_{l}}{2} \tag{2.8}$$

$\overline{A}$ 和 $\overline{R}$ 的计算方法同公式2.8。

② 非均值河段不考虑扩散损失时洪峰流量的计算。在河流各断面水力要素变化较大时，需考虑流速水头的变化。此时上述公式中的水面比降 S 应以能面比降 S_e 代替，其计算公式为：

$$S_e = \frac{h_f}{L} = \frac{\Delta Z + \dfrac{v_u^2}{2g} - \dfrac{v_l^2}{2g}}{L} \tag{2.9}$$

$$Q_m = \overline{K} S_e^{\frac{1}{2}} \tag{2.10}$$

式中：S_e——能面比降，量纲为 1；

$\overline{K}$——平均输水率（m）；

L——上、下断面间的距离（m）；

ΔZ——两断面间的水面落差（m）；

h_f——两断面间的沿程水头损失（m）；

v_u、v_l——上、下断面的平均流速（m/s）；

g——重力加速度（m/s^2）。

（3）水面曲线法

如果调查河段较长，由于比降、糙率及横断面的变化，河段内洪水水面变得弯曲，调查的多个痕迹不能连成直线，那么可选用水面曲线法计算洪峰流量。水面曲线法所依据的计算公式与比降－面积法基本相同。该方法的基本原理是水流在沿流线运动的过程中，总能量守恒，因此可对河段内各调查断面的水流动能、位能、能量损失列出能量方程。即对河段写出伯努利方程：

$$Z_u = Z_l + \frac{1}{2}\left(\frac{Q_m^2}{K_u^2} + \frac{Q_M^2}{K_l^2}\right)\cdot L - (1-\varepsilon)\left(\frac{v_u^2}{2g} - \frac{v_l^2}{2g}\right) \tag{2.11}$$

式中：Z_u、Z_l——上、下断面的水位（m）；

Q_m、Q_M——上、下断面的洪峰流量（m^3/s）；

K_u、K_l——上、下断面的流量模数；

L——上、下断面间的距离（m）；

v_u、v_l——上、下断面的平均流速（m/s）；

ε——局部阻力系数，量纲为 1；

g——重力加速度（m/s^2）。

（4）水力学公式法

利用堰坝推算流量，当河道内有堰坝时，可根据堰坝上下游的洪水痕迹推算洪峰流量。

在有急滩的河段，在急滩处河底坡降急剧变化，河段底坡的转折处，水流会发生临界水流。此时水位流量关系相对稳定，只要知道临界流发生断面的水深和面积，就可采用临界流流量计算公式推算洪峰流量。因发生临界流的断面及其断面水流的能量出现最小值，故有关系式

$$\frac{dE_k}{dh} = \frac{d\left(Z_k + h_k + \dfrac{v_k^2}{2g}\right)}{dh} = 0 \tag{2.12}$$

式中：Z_k——临界断面处的水位（m）；

h_k——临界断面处水深（m）；

v_k——临界断面处水流的流速（m/s）；

E_k——临界断面处水流的能量（m）。

进一步推导整理可得

$$Q_m = A_k\sqrt{\frac{gA_k}{\alpha B_k}} \tag{2.13}$$

式中：A_k——临界断面处水流的过水断面面积（m^2）；

B_k——临界断面处水流的水面宽（m）；

α——动能校正系数，对于渐变水流常取 1.05～1.10。

采用该式计算前需要判别控制断面是否发生临界流，其判别式为：

$$S_u < S_k < S_l \tag{2.14}$$

式中：S_u、S_l——临界断面上下的河床比降；

S_k——河床临界比降。

$$S_k = \frac{n^2Q^2}{A_k^2R_k^{\frac{4}{3}}} \tag{2.15}$$

式中：R_k——临界水流处的水力半径（m）；

n——河床糙率，量纲为 1；

Q——流量（m^3/s）。

2.3.4 其他专项调查方法

2.3.4.1 枯水调查

枯水调查有以下两项内容：

(1) 在调查河段有实测流量资料，但没有测到枯水特征值时，可用水位流量关系线低水延长法、上下游相关法、退水曲线法推算。

(2) 在调查河段没有实测流量资料时，可用水文比拟法、巡测流量，然后用低水延长法插补推算。

2.3.4.2 平原水网调查方法

当不考虑地下径流时，平原水网水平衡区时段水量平衡方程为：

$$P = E_r + W_0 - W_1 + (W_m - W_g) \tag{2.16}$$

式中：P——降水量（mm）；

E_r——总蒸散发量（mm）；

W_0——总出水量（mm）；

W_1——总进水量（mm）；

W_m、W_g——时段末、初河网的蓄水量(mm)。

各要素的计算方法如下:

(1) 降水量:根据点降水量资料,计算面降水量。

(2) 总蒸散发量:当由水面、稻田、旱田(水浇地)三种类型的下垫面组成时,可利用下式计算

$$E_r = Ka_1 + \alpha a_2 + \beta a_3 \tag{2.17}$$

式中:K、α、β——分别为水面蒸发折算系数、稻田蒸散发系数、旱田(水浇地)蒸散发系数,可根据实验站资料分析选用;

a_1、a_2、a_3——分别为水面、稻田、旱地(水浇地)权重面积(m^2);

E_r——水面蒸发器蒸发观测值(mm)。

(3) 总进出水量:可由巡测线站上基本站、辅助流量站实测水文资料计算。

(4) 河网调蓄量:当有湖泊、河网容积曲线时,可直接查算;当没有容积曲线时,可粗略地用水面面积乘以时段水位增(减)量,作为时段湖泊、河网调蓄量。

2.3.4.3　泉水调查方法

具体有以下三种类型:

(1) 对流域内出露得较大的泉水眼(群)逐一编号(次序可先上后下、先右后左、逢支插入),观测最大、最小、平水流量。每年流量测次一般在 10 次左右,以能估算出年总量为原则。

(2) 对河流水下的较大泉水,或从河底漏走的水量,当枯季下断面超过上断面流量 ±20%时,一般应当在上下游设立临时辅助站(点)。对河段补给(或漏失)量的测验,可在不同水位级进行,并尽可能在上下游断面同时施测,或在水流较平稳时施测。

(3) 根据水量大小,可分别采用流速仪法、浮标法、量水建筑物法、水工建筑物法、稀释法和体积法等施测流量。

测验水段水量平衡方程为:

$$W_{0(i)} = W_l - W_a - W_q \tag{2.18}$$

式中:$W_{0(i)}$——河段漏失水量或泉水补给河段水量(m^3),在泉水补给河段为正,在河水漏失河段为负;

W_l——流经下断面水量(m^3);

W_a——流经上断面水量(m^3);

W_q——上、下断面区间水量(m^3)。

2.3.4.4　喀斯特地区水文调查方法

主要暗河段过水能力调查,可先从地形图上量出主要暗河段入口处与出口处的羸差,再调查入口处被积水完全封闭时的出口处流量,积水最深时的出流量,积水天数深度的变化,建立积水深与出流量的关系,估算其过水能力。

喀斯特地区洪水流量主要计算内容为计算溶洞前最大入流量。当上游来水量大于溶洞的泄流能力时,水流在溶洞前形成滞洪水库,一般利用调洪演算的方法反推溶洞前的最大入流量。需要的主要资料有:溶洞前滞洪区库容曲线、历史洪水的水位过程线、落水洞天然泄

流曲线(溶洞前水位与溶洞下游出流流量关系)。已知溶洞前最高水位,由泄流曲线查得最大洪峰流量;已知溶洞前水位过程线,推求得到流量过程线,并算得洪量(表 2.4)。

一般估算本流域与外流域间的多年平均年交换水量。在有条件的站,可估算年交换水量(表 2.5)。

当修建水库、城镇工矿供水、矿山坑道排水、地震和山洪等因素对河川径流序列影响显著时,应及时进行影响量的调查。

表 2.4 实际地表集水面积成果可靠程度评定表

项目	等级		
	可靠	较可靠	供参考
集水面积量算	采用大于 5 万分之一地形图	采用 10 万~20 万分之一地形图	采用无等高线地形图或小于 50 万分之一地形图量算
连通实验	大小水时均有实验资料	大水时有实验资料	小水时有实验资料
旁证	水质、水温、地势高程等旁证资料齐全	有部分旁证资料	缺乏旁证资料
综合分析	洪水和丰枯年水量,与邻近闭合流域水量对照,规律一致	水量资料与邻近闭合流域水量对照,规律基本一致	水量资料与邻近闭合流域水量对照,定性合理

表 2.5 交换水量调查成果可靠程度评定表

项目	等级		
	可靠	较可靠	供参考
估算方法	用逐年资料,多种方法估算	两种方法估算	一种方法估算
参证站选择	相似	基本相似	比较相似
综合分析	逐年资料分析,面上水量平衡	面上水量基本平衡	面上水量平衡定性合理

2.3.4.5 沙量调查方法

在调查中,当坝库(淤地坝、水库)数量很多时,可用抽样调查方法,以代表坝库的淤积量推算总体淤积量。应选择来水来沙、淤积能力、坝库型式、管理运用方式都有一定代表性的坝库作为代表坝库,抽样容量宜为 1/20~1/10。在抽样调查时,应选择有关工程指标(如水库集水面积、淤地坝淤地面积)与淤积量建立关系,以推算坝库淤积总量。在辅助站(点)可不测输沙率,仅仅取单样水样含沙量,取样次数按含沙量的变化情况而定,取样点尽量选在中泓线附近。

调查灌溉影响沙量,应与水量调查结合,以灌区为单元收集灌溉引水量、渠道退水量、灌溉期平均含沙量及其他灌溉参数,并了解灌区渠首、退水退沙与基本站相对位置情况。

灌溉引水对河道的影响沙量,只考虑引水渠首(包括自流、虹吸、提水)引沙量,并视不同情况采用相应的计算方法,具体有如下四种情况:

(1) 当有实测含沙量资料时,按实测资料计算。

(2) 当未进行含沙量观测时,借用渠首附近河道站在引水期的实测含沙量资料计算。

(3) 当无引水资料时,用灌溉毛用水量代替引水量计算。

(4) 灌溉回归水及退入河道的渠道尾水,可不计算其影响沙量。

对于蓄水工程淤积量,可搜集实测资料(包括实测时间、测量方法)或对重要水库进行实地测算。

(1) 当大中型水库平均年淤积量超过总库容5%时,一般每1~2年测淤积量一次,其他大中型水库可每5~10年测淤积量一次。测淤积量一般于汛前或汛后库水位较低的时期进行。

(2) 当调查区中小型水库较多,其平均年淤积量超过平均年输沙量5%~10%时,应用代表库调查方法推算。选作代表的水库,若无特殊原因,则一般不得变更。

(3) 在进行淤积量测算前应搜集以下资料:水库原始水面面积、库容曲线、建成年月、主要建筑物尺寸、基面考证等。

水库淤积量测算方法和适用范围有如下五点原则:

(1) 断面法、地形法、混合法,适用于有特殊要求的大型水库。

(2) 当有水库原始(建库时)库容曲线时,可采用校正因数法和相应高程法;在水库淤积面纵比降小于5%时,可采用平均淤积高程法。

(3) 在无原始库容曲线时可采用面积外延法。

(4) 对小(二)型水库及塘坝可采用简易测算的概化公式法。

(5) 对设有进、出库悬移质含沙量观测的水库可采用输沙率法。

淤积量测算的注意事项有以下三点:

(1) 测量范围应为自最低淤积面到最高淤积面的整个淤积区域。对淤积面与河床应判别区分,以免造成人为误差。

(2) 库区平面和高程控制,技术要求按《水文普通测量规范》有关规定执行。

(3) 淤积测量断面数和等高线的条数,可通过精减分析确定,但不得少于7条。

水土保持措施影响沙量,主要考虑淤地坝的拦沙量,当其他措施拦沙效益较显著时,也应调查和计算。其内容为:

(1) 调查淤地坝的数量、分布、淤地面积、坝高、建成时间,测算每个淤地坝的淤积体积,计算淤积量。

(2) 当坝库淤积不再加高,即可停止调查和推算,但每隔2~3年应复查一次;当某坝库淤积又有加高时,应恢复测算。

(3) 对于小(一)型以上水库的淤地坝,应采用相应高程法、校正因数法、平均淤积高程法或面积外延法测算淤积量,其余的淤地坝,可按概化公式法或不规则形体测算淤积量。

(4) 测算的坝库淤积量,是淤地坝建成运用后的多年累计淤积量,应按实际情况分配到各年。

跨流域(调查区)引水影响沙量,应调查流至外区的沙量,即本区基本站减少的沙量;对流入本区的沙量,应调查从外区流入本区而使本区基本站增加的沙量。

分洪、决口、溃坝影响沙量的调查与计算有以下两种情况。

(1) 搜集分洪、决口口门附近实测流量、沙量,滞洪区、涝水区淤积范围及平均淤积厚度,水库溃坝前后水库淤积与冲走的沙量等资料。当滞洪区、涝水区淤积资料搜集不到时,应在滞洪区、涝水区均匀布设不少于 2 个测点,探测淤积厚度取均值,将调查的水边线标绘于大比例地图上,用求积仪量取水面面积。

(2) 影响沙量的计算。

① 按分洪、决口附近实测流量、含沙量资料,根据其过程,通过水沙量平衡估算。

② 估算分洪、决口口门水量,借用上下游平均含沙量,估算分洪、决口沙量(表 2.6)。

③ 调查蓄洪区、涝水区泥沙平均淤积厚度、淤积面积及淤积泥沙干容重,估算沙量。

④ 溃坝沙量为冲走的水库淤积量与坝体冲入下游量之和。

⑤ 凡存在跨流域(调查区)引水时,均按跨流域(调查区)引沙处理。

若工业、城市生活用水影响沙量较大,则可直接引用管理单位沉沙清淤体积乘以淤积泥沙干容重,之后按每年引水量(或用水量)权重做年际分配。

表 2.6　分项影响沙量调查成果可靠程度评定表

项目	等级		
	可靠	较可靠	供参考
水量调查资料的可靠程度	可靠	较可靠	供参考
测量计算方法	方法正确,计算结果合理	方法基本正确,计算结果基本合理	方法不够完善,计算结果不够合理
实测年沙量占该分项年沙量百分数	大于 60%	40%~60%	小于 40%
整编审查	综合合理性检查合理	综合合理性检查未发现重大问题	综合合理性检查定性合理

2.4　水利工程的水文综合调查

2.4.1　水文调查与分析

2.4.1.1　水位观测

(1) 水尺

水尺包括直立式水尺、倾斜式水尺、矮桩式水尺、悬垂式水尺四种。最常用的是直立式水尺;当测验河段内岸边有规则平整的斜坡时,可采用倾斜式水尺;对受航运、流冰、浮冰影响严重、不宜设立直立式水尺和倾斜式水尺的测站,可以设立矮桩式水尺;悬垂式水尺通常设立在坚固的陡岸、桥梁及水工建筑物上。

当水尺设立后,应立即测定其零点高程,以便及时观测水位。在使用期间,水尺零点高程的校测次数，以能完全掌握水尺的变动情况，准确取得水位资料为原则。水位基本定时观测时间为北京时间（东八区）8 时。在中国西部地区，在冬季北京时间 8 时观测有困难或枯水期北京时间 8 时代表性不好的测站，可根据具体情况，经实测资料分析，经主管机关批准，改在其他代表性好的时间定时观测。若无特殊说明，本书所称时间均为东八区时间。

水位的观读精度一般记至 1 cm，当上下比降断面水位差小于 0.20 m 时，比降水位应读记至 0.5 cm。水位每日观测次数，以能测得完整的水位变化过程，满足日平均水位计算、极值水位挑选、流量推求和水情拍报的要求为原则。

当水位平稳时，1 日内可只在 8 时观测 1 次；在稳定的封冻期，若没有冰塞现象，且水位平稳，则可每 2～5 日观测 1 次，但月初月末 2 天必须观测。当水位有缓慢变化时，在每日 8 时、20 时总计观测 2 次，对枯水期 20 时观测确有困难的站，可提前至其他时间观测。当水位变化较大或出现较缓慢的峰谷时，应每日 2 时、8 时、14 时、20 时观测 4 次。在洪水期或水位变化急剧时期，可每 1～6 小时观测 1 次；当水位暴涨暴落时，应根据需要增为每半小时或若干分钟观测 1 次，应测得各次峰、谷和完整的水位变化过程。

对结冰、流冰和发生冰凌堆积、冰塞的时期，应增加观测次数，应测得完整的水位变化过程。

(2) 浮子式水位计

浮子式水位计由感应部分、传动部分、记录部分、外壳等部分组成。浮子式水位计根据信号传递的距离分为现场记录方式和远程记录方式。就远程记录方式来讲，浮子式水位计又分为有线传输和无线传输两种方式，选择什么方式，应根据具体情况来定。使用浮子式水位计观测水位，需要建造水位计台，以便安装传感设备。水位计台的类型，按其结构形式可分为岛式、岸式、岛岸结合式和传动式 4 种。

(3) 超声波水位计

超声波水位计是一种把声学和电子技术相结合的水位测量仪器。按照声波传播介质的区别，可将其分为液介式和气介式两大类。

声波是机械波，其频率在 20～20 000 Hz 范围内。可以引起人类听觉的声波叫作可闻声波；更低频率的声波叫作次声波；更高频率的声波叫作超声波。超声波水位计通过超声换能器，将具有一定频率、功率和宽度的电脉冲信号转换成同频率的声脉冲波，定向地朝水面发射。这种超声波束到达水面后被反射回来，其中部分超声能量被换能器接收且转换成微弱的电信号。这组发射脉冲与接收脉冲经专门电路放大处理后，可形成一组与声波传播时间直接关联的信号，根据需要，将它们进行后期处理后，可转换为水位数据，并进行显示和贮存。

若使用超声波水位计，则可以省掉水位自记井、管的建设工作。水温和盐度对超声波水位计测量的影响，可通过相应校正工作消除，因而它对水温与盐度具有较大的适应性。但是，超声波水位计的应用，需有一定的水深，否则精度难以保证。由于泥沙对超声波有干扰作用，所以它不适用于多沙河流。另外，水面的波动和水流中的漂浮物，对超声波水位计的观测精度和工作可靠性也有较大影响。因此，超声波水位计在波浪较大、漂浮物较多的河流中不宜使用。

2.4.1.2 流量测验

流量是单位时间内流过江河某一横断面的水量，单位为 m^3/s。它是反映水资源和江河、湖泊、水库等水体水量变化的基本数据，也是河流最重要的水文特征值。流量是根据河流水情变化的特点，在水文站上用各种测流方法进行流量测验取得实测数据，经过分析、计算和整理而得到的资料。流量测验的方法很多，按其工作原理，可分为下列几种类型：

① 流速面积法。包括流速仪法、比降面积法、积宽法（动车法、动船法和缆道积宽法）、浮标法（按浮标的形式可分为水面浮标法、小浮标法、深水浮标法等）。

② 水力学法。包括量水建筑物法和水工建筑物测流法。

③ 化学法。又称为溶液法、稀释法、混合法。

④ 物理法。包括超声波法、电磁法和光学法。

⑤ 直接法。包括容积法和重量法，适用于流量极小的沟涧。

可简称流量测验为测流。流量测验一般使用流速仪法进行。流速仪法测流过程如下：

(1) 测流原理

流速仪法测流，就是将水道断面划分为若干部分，用普通测量方法测算出各部分断面的面积，然后用流速仪施测流速并计算出各部分面积上的平均流速。将两者的乘积称为部分流量，那么各部分流量的和就为全断面的流量，即

$$Q = \sum_{n=1}^{i} q_i \tag{2.19}$$

式中：Q——全断面的流量（m^3/s）；

q_i——第 i 个部分的部分流量（m^3/s）；

n——部分的个数。

(2) 断面测量

河道水道断面的测量，是在断面上布设一定数量的测深垂线，施测各条测深垂线的起点距和水深并观测水位，用施测时的水位减去水深，即得各测深垂线处的河底高程。如用经纬仪测量，在基线的另一端（起点距是一端）架设经纬仪，观测测深垂线与基线之间的夹角。因基线长度已知，故可计算出起点距。目前最先进的断面测量方法是用全球导航卫星系统（GNSS）定位的方法。它是利用卫星导航仪接收天空中的三颗人造定点卫星的特定信号来确定其在地球上所处位置的坐标，优点是不受任何天气条件的干扰，24 小时均可连续施测，且快速、方便、准确。水深一般用测深杆、测深锤或测深铅鱼等直接测量。超声波回声测声仪也可施测水深。它是利用超声波具有定向反射的特性，根据超声波在水中的传播速度和超声波从发射到回收往返所经过的时间计算出水深，具有精度高、工效高、适应性强、劳动强度小，且不易受天气条件、潮汐和流速大小限制等优点。

(3) 流速测量

根据测速方法的不同，流速仪法测流可分为积点法、积深法和积宽法。最常用的积点法测速是指在断面的各条垂线上将流速仪放置在不同的水深点测速。测速垂线的数目及每条

测速垂线上测点的多少是根据流速精度的要求、水深、悬吊流速仪的方式、节省人力和时间的要求等情况而定。国外多采用多线少点测速。国际标准建议测速垂线不少于 20 条，任一部分流量不得超过总流量的 10%。进行流量误差的统计分析结果说明：测速垂线数愈多，流量的误差愈小。

声学多普勒流速剖面仪（acoustic Doppler current profiler，ADCP）测流是近十年发展和应用的新的流量测量方法。ADCP 主要根据声学多普勒原理，通过观察者与声源之间的相对运动使观察者接收到的声波频率发生改变的现象，即 ADCP 向水中发射固定频率的声波短脉冲；这些脉冲碰到水中的散射体（浮游生物、泥沙等）发生反射，使 ADCP 接收到回波信号，经过软件处理后得到流速值。其基本原理仍与传统流速仪法的基本原理一样，将整个测流断面划分为许多子断面，在每个子断面中垂线处测量水深，并测量多点的流速，从而得到子断面的平均流速。但 ADCP 方法测验不要求测流断面垂直于河岸，测船航行的轨迹可以是斜线或曲线。

(4) 流量计算

流量的计算方法有图解法、流速等值线法和分析法。新安江水电站就采用了分析法。具体步骤及内容如下：

① 垂线平均流速的计算，视垂线上布置的测点情况，分别按下列公式计算

一点法：

$$v_m = v_{0.6} \tag{2.20}$$

二点法：

$$v_m = \frac{1}{2}(v_{0.2} + v_{0.8}) \tag{2.21}$$

三点法：

$$v_m = \frac{1}{3}(v_{0.2} + v_{0.6} + v_{0.8}) \tag{2.22}$$

五点法：

$$v_m = \frac{1}{10}(v_0 + 3v_{0.2} + 3v_{0.6} + 2v_{0.8} + v_{1.0}) \tag{2.23}$$

式中：v_m——垂线平均流速（m/s）；

$v_{0.2}$、$v_{0.6}$、$v_{0.8}$、$v_{1.0}$——垂线上水深 0.2 m、0.6 m、0.8 m 和 1.0 m 处的流速（m/s）。

② 部分平均流速的计算：

岸边部分：由距岸第一条测速垂线所构成的岸边部分，按如下公式计算

$$v_1 = \alpha v_{m_1} \tag{2.24}$$

$$v_{n+1} = \alpha v_{m_n} \tag{2.25}$$

式中：α——岸边流速系数，其值视岸边情况而定。斜坡岸边 α 为 0.67～0.75，一般取 0.70。陡岸一般取 0.80～0.90，死水边取 0.6。

中间部分：由相邻两条测速垂线与河底及水面所组成的部分，部分平均流速为相邻两条垂线平均流速的平均值，按下式计算：

$$v_1 = \frac{1}{2}(v_{m_{i-1}} + v_{m_i}) \tag{2.26}$$

③ 部分面积的计算：

部分面积的计算因为断面上布设的测深垂线的数目比测速垂线的数目多，所以首先计算测深垂线间的断面面积。计算方法是距岸边第一条测深垂线与岸边构成三角形，按三角形面积公式计算（左右岸各一个）；其余相邻两条测深垂线间的断面面积按梯形面积公式计算。其次以测速垂线划分部分，将各个部分内的测深垂线间的断面面积相加得出各个部分的部分面积。若两条测速垂线（同时也是测深垂线）间无另外的测深垂线，则该部分面积就是这两条测深垂线（同时是测速垂线）间的面积。

④ 部分流量的计算：

由各部分的部分平均流速和部分面积相乘得到部分平均流量，即

$$q_i = v_i A_i \tag{2.27}$$

式中：q_i, v_i, A_i——第 i 个部分的流量（$m^3 \cdot s^{-1}$）、平均流速（$m \cdot s^{-1}$）和断面面积（m^2）。

⑤ 断面流量及其他水力要素的计算：

断面流量：
$$Q = \sum_{i=1}^{n} q_i \tag{2.28}$$

断面平均流速：
$$\bar{v} = Q / A \tag{2.29}$$

断面平均水深：
$$\bar{h} = A / B \tag{2.30}$$

2.4.1.3 泥沙测验

在实际工作中常常需要知道河流的某断面输沙率随时间的变化过程，以便根据它计算出任何时段内通过该断面的泥沙总量。断面输沙率是根据断面含沙量测验，并配合断面流量测验推求的。

由于天然河流过水断面各点的含沙量是不一致的，因此与测流速情况一样，需要在断面上沿着各条垂线上的不同深度，测出各点的含沙量。测量悬移质含沙量的仪器种类较多，有膜式、瓶式及抽气式采样器，以及目前较先进的同位素测沙仪和光学测沙仪等。推移质泥沙测验主要有器测法、坑测法、沙波法、体积法及其他间接测定法等。

悬移质取沙样和测速是同时进行的。一旦有了各测点的含沙量，就可用相应点的流速加权计算垂线平均含沙量。它的计算公式依测点的多少而不同，例如三点法的计算公式为

$$\rho_m = \frac{\rho_{0.2} v_{0.2} + \rho_{0.6} v_{0.6} + \rho_{0.8} v_{0.8}}{v_{0.2} + v_{0.6} + v_{0.8}} \tag{2.31}$$

式中：ρ_m——垂线分布平均含沙量；

$\rho_{0.2}$、$\rho_{0.6}$、$\rho_{0.8}$——垂线上 0.2 m、0.6 m、0.8 m 深度处的含沙量；

$v_{0.2}$、$v_{0.6}$、$v_{0.8}$——垂线上 0.2 m、0.6 m、0.8 m 深度处的流速。

实验证明：当断面比较稳定时，断面平均含沙量（简称断沙）与断面上某代表性测点的含沙量（简称单位含沙量或单沙）之间有一定的关系。只要根据多次实测的断面平均含沙量和单位含沙量的成果，就可绘出单沙与断沙的关系线。如果有了单位含沙量与断面平均含沙

量的关系线,经常性的泥沙取样工作就可只在代表性测点上进行。只要根据测定的单位含沙量,就可直接由单沙与断沙关系线查得断面平均含沙量,然后求出断面输沙率。

输沙量的计算,首先需要求出日平均输沙率。平水时期,流量和含沙量的变化比较均匀,一般单沙的测验一日一次,由逐日的单位含沙量通过单沙与断沙关系,可求出逐日断面平均含沙量,再乘以相应的日平均流量,即得各日的平均输沙率;洪水时期,河流含沙量变化剧烈,可每日数次取代表点水样测出单沙,由单沙与断沙关系求出各测次的断沙,乘以相应的断面流量,得出各测次的断面输沙率。对一日内输沙率过程曲线运用面积包围法就可求得日平均输沙率。如果有了日平均输沙率,那么只要乘以一日秒数就可得到日输沙量。可由日输沙量进一步求出月、年等输沙量。

2.4.2 水环境水质测验

选取典型断面采集表层5 m水样,现场用塞氏黑白盘测定透明度,把水样带回实验室后分析总氮、总磷、叶绿素a和高锰酸盐指数。检测及分析方法分别按照《湖泊生态系统观测方法》和《水和废水监测分析方法》进行。测验项目和分析方法具体如下。

(1) 监测项目

监测项目依据水体功能和污染源的不同类型而异,水质监测的项目包括物理、化学和生物三个方面,其数量繁多,但受人力、物力等各种条件的限制,不可能也没有必要一一监测,而应根据实际情况,选择环境标准中要求控制的危害大、影响范围广,并已建立了可靠分析测定方法的项目。根据该原则,发达国家相继提出优先监测污染物。我国生态环境部提出了68种水环境优先监测污染物黑名单。

我国《环境监测技术规范》中规定对地表水和废水的监测项目有如下四类:

① 生活污水项目:包括化学需氧量、生化需氧量、悬浮物、氨氮、总氮、总磷、阴离子洗涤剂、细菌总数、大肠菌群等;

② 医院监测项目:包括pH、色度、浊度、悬浮物、余氯、化学需氧量、生化需氧量、致病菌、细菌总数、大肠菌群等;

③ 地表水监测项目;

④ 工业废水监测项目。

(2) 监测分析方法

根据分析方法的原理及特点,水质分析的定量分析方法通常使用滴定分析法和仪器分析法。

① 滴定分析法。滴定分析法又称容量分析法,这种方法是将一种已知准确浓度的试剂溶液滴加到被测物质的溶液中,直到所加的试剂与被测物质按化学式计量关系定量反应完为止,再根据试剂溶液的浓度和用量,计算被测物质的含量。已知准确浓度的试剂溶液称为标准溶液(滴定剂)。将滴定剂滴加到被测物质溶液中的过程,叫作“滴定”。当加入的滴定剂与被测物质正好按化学式计量关系定量反应完时,称作滴定的“化学计量点”(理论终点)。在实际滴定过程中,利用指示剂在“化学计量点”附近发生颜色突变来确定“滴定终点”。由于指示剂并

不一定恰好在“化学计量点”时变色,因此“滴定终点”与“化学计量点”之间可能存在微小差别。

② 仪器分析法。通过用复杂或特殊的仪器设备,测试物质的某些物理或物理化学性质来进行分析的方法叫作仪器分析法,也称作物理或物理化学分析法。仪器分析法是从化学分析法发展变化而来的,起步较晚,在某些方面两种分析方法也没有绝对的界限(如目视比色法、分光光度法,有人把它归类于化学分析,有人把它归类于仪器分析,有些仪器分析法的样品前期处理仍是化学分析法范畴),但经过近几十年的迅速发展,仪器分析法越来越成熟,的确有其独特的优点。有的仪器分析方法还成为水质分析的最常用方法及标准方法而取代了化学分析法。

仪器分析法有多种分类方法。一般都是依据测定方法的原理,将它们分为光学分析法、电化学分析法、色谱分析法及其他分析法。

光学分析法又称光谱分析法,是以物质的光学光谱性质为基础的分析方法。它又可细分为吸收光谱法和发射光谱法(也有人根据测定光学性质时物质所呈的状态,将其分为原子光谱法和分子光谱法),具体分为以下三种:

① 比色法:是通过比较溶液的颜色来确定物质含量的分析方法,实际上就是利用分子状态的物质对复合光的综合吸收效果来确定物质的含量。该方法正逐渐被分光光度法取代。

② 分光光度法:是根据物质(分子或原子)对特定波长的光选择性吸收的程度不同的原理来确定物质含量的分析方法。它包括可见紫外分光光度法、红外分光光度法、原子吸收分光光度法。

③ 原子发射光谱法:它根据物质中的原子被激发时所产生特征光谱的波长及强度进行定性定量分析。

电化学分析法是以电化学理论和物质的电化学性质为基础建立起来的分析方法。通常是将试样溶液作为化学电池的一个组成部分,研究和测量溶液的电物理量(电极电位、电导、电量、电流等),从而测定被测物的含量。具体分为下列方法:

① 电位分析法:包括直接电位法、电位滴定法。

② 电导分析法:包括直接电导法、电导滴定法。

③ 库仑分析法:包括恒电流库仑法、控制电位库仑法。

④ 极谱分析法:包括经典极谱法、示波极谱法、阳极溶出极谱法。

色谱分析法又称层析法,是根据试样在不同的两相中做相对运动时,由于不同的物质在两相中的分配系数不同,从而分离,然后再用检测器测定各组分含量的分析方法。具体分为以下几种:

① 气相色谱分析法:流动相为气体,固定相为固体或液体。

② 液相色谱分析法:流动相为液体,固定相为固体或液体。

③ 纸色谱分析法:以纸作载体,以纸纤维吸附的水分为固定相,样品点在纸条的一端,用流动相展开,从而使样品组分分离,然后进行定性或定量分析。

以上三类分析法是应用最广的仪器分析法。随着仪器分析原理和技术的迅速发展,人们又研制出许多新的或有特殊用途的仪器分析方法,如质谱分析法、差热分析法、离子探针法、核磁共振法、电子能谱法等。这些分析方法,由于用途特殊或仪器价格昂贵,普及率一般不高。

2.4.3 鱼类和底栖动物采样分析

2.4.3.1 鱼类

(1) 采集

渔业生产上的许多捕捞方法可用于实验采集。采集鱼苗和幼鱼一般采用网捕的方式。采集成鱼主要采用网捕、电捕或钓捕的方式。在小型水体或大型水域的局部范围(如湖汊、库湾)内,也可使用毒性大而残毒期短的某些药物(如鱼藤精)进行毒杀。

(2) 鱼类标本的选取和保存

① 在鱼类调查中,所发现的新物种和需要制作标本的某些鱼类,对每种鱼可取样 10~20 尾,稀少或特有种类要适当多取一些。每种鱼的样品应含有不同大小的个体,同时样品鱼要新鲜,确保鳞片和鳍条无明显损伤。

② 取得的样品鱼应用水洗干净,经长度测量和称重后,在其下颌或尾柄系上编号标签。

③ 将样品鱼置于解剖盘内,矫正体形,用 5%~10%的甲醛溶液固定。个体较大的样品鱼,还需在腹腔注射适量的固定液。样品鱼宜用纱布覆盖,以防止其表面风干。

④ 当样品鱼变硬定形后,及时将其移入标本瓶中,加入 5%~10%的甲醛溶液,其用量应确保至少能淹没鱼体。

⑤ 鳞片容易脱落的鱼类,可将其样品鱼用纱布包裹起来放入标本瓶保存。小型鱼类的样品鱼不必逐一系上编号标签,可将多尾鱼连同一个编号标签用纱布包在一起,保存于标本瓶中。

(3) 统计与分析

① 主要了解水体的鱼类组成,主要鱼类种群的年龄与大小结构、生长速度及产量,所要取的样本量应根据其渔获物多少,按照统计学的方法和要求来确定,并在取样过程中坚持随机抽样的原则。

② 常年有渔船作业的水体,可按月(每月 2~3 次)进行渔获物统计。

③ 年底集中捕捞的水体,如果一次起水的渔获物较多,而且过秤前或过秤后分装在某一种容器(如箩筐)内,那么可采用拈阄法或借助于随机数表取样。当渔获物被分为若干单元(如不同渔具或分批起网的渔获物),而这些单元的鱼类组成或个体大小有明显的差别时,应当以单元为层次进行分层随机抽样。

④ 在取得的样品鱼数量较多,一时来不及全部检测的情况下,必须将余下的样品鱼放在低温环境下保存。

⑤取自一个水体的样品鱼,应按种类统计其尾数和总重量,同时统计水体的全年总渔获量。

根据渔获物的抽样检测结果,确定所观测的水体的鱼类组成,计算每种鱼的渔获量占水体总渔获量的比率,同时确定主要经济鱼类的年龄结构,计算每种鱼的各龄个体平均大小和渔获量中各龄组所占的比率。

2.4.3.2 底栖动物

(1) 采样

在水体中,选择有代表性的点,用采泥器采集,作为小样本。由若干小样本连成的若干断面为大样本，然后由样本推断总体。底栖动物的采泥器，主要有三种：① 面积为 1/6 m^2 的带网夹泥器，主要用于采集软体动物等大型底栖动物；② 面积为 1/40 m^2 的埃克曼采泥器，主要用来采集寡毛类和昆虫幼虫；③ 面积为 1/16 m^2 或 1/20 m^2 的改良式彼得生采泥器，主要用于采集寡毛类、昆虫幼虫和小型软体动物。

由于采泥器在采样点中采样后，底栖动物与底泥、腐屑等混为一体，因此必须把它们洗涤干净之后才能开始检测。洗涤工作通常采用三个不同孔径的金属筛（上层孔径为 5～10 mm，中层孔径为 1.5～2.5 mm，下层孔径为 0.5 mm），用水缓缓冲洗。在冲洗过程中，泥沙常常堵塞筛孔，但千万不可用手去压磨，只宜用毛笔、刷子、小棍等轻轻搅动；也可在盆或桶内筛荡。在筛洗、澄清后，将获得的底栖动物及其腐屑等剩余物装入塑料袋，并同时放进标签（注明：编号、采样点、时间等），用橡皮筋扎紧塑料袋口，带回实验室做进一步分检工作；也可用由不同网目组成的尼龙袋进行洗涤；如果在野外时间紧张，那么亦可将泥样放入塑料袋中带回实验室洗涤。

大型底栖动物，在被洗净污泥后，在工作船上即可进行分样，在室内即可按大类群分别进行称重与数量的记录。与泥沙、腐屑等混在一起的小型动物，如水蚯蚓、昆虫幼虫等，则需在室内进行仔细地分样，将洗净的样品置入白色盘中，加入清水，利用尖嘴镊、吸管、毛笔、放大镜等工具进行工作，将挑选出的各类动物，分别放入装好固定液的指管瓶中，直到采样点采集到的标本全部检测完为止。在指管瓶外贴上标签，在瓶内亦放置一个标签，其内容与塑料袋内的标签一致，最后将瓶盖拧紧保存。

(2) 分析

把每个采样点所采到的底栖动物按不同种类准确地统计个体数，再根据采样器的开口面积推算出 1 m^2 内的数量，包括每种的数量和总数量。对不同种类进行称重，把计数和称重获得的结果换算为每 1 m^2 面积上的个数（$ind{\cdot}m^{-2}$）或生物量（$g{\cdot}m^{-2}$）。最后将结果填入如图 2.1 所示的《底栖动物调查记录表》里。

底栖动物调查记录表

生态站名称：

采样时间：　年　月　日				分析时间：　年　月　日			
采样点号							平均
软体动物	数量 /($ind{\cdot}m^{-2}$)						
	生物量 /($g{\cdot}m^{-2}$)						
水生昆虫	数量 /($ind{\cdot}m^{-2}$)						
	生物量 /($g{\cdot}m^{-2}$)						
水生寡毛类	数量 /($ind{\cdot}m^{-2}$)						
	生物量 /($g{\cdot}m^{-2}$)						
其他	数量 /($ind{\cdot}m^{-2}$)						
	生物量 /($g{\cdot}m^{-2}$)						

分析人：________

图 2.1　底栖动物调查记录表样例

2.4.4　滨河植被和浮游植物采样分析

2.4.4.1　滨河植被

滨河植被调查方法分为样地详查法和总体普查法。其中,总体普查法包括对滨河绿地植物种类、结构、植物配置进行调查分析。

植物群落特征调查是样地详查法的主要内容,包括样方内乔木每木调查,记录种名、株数、胸径、高度等,测量灌木层的种名、盖度、高度。乔木层植物指包括棕榈类植物在内,胸径(主干离地表面 1.3 m 处的直径)大于 4 cm 的树种。灌木层植物指胸径小于 4 cm 的小乔木和高度高于 1.5 m 的灌木植物,以及按个数统计、修剪成球形或柱形的造型灌木植物。因滨河绿地中大部分地被植物均为粗放式管理,野草种类较多,区域相似度高,故不对地被植物进行比较。

植物群落数量特征分析能够进一步说明不同物种群落特征及其变化,实际上是组成各个群落的数量特征。主要的数量特征包括:相对密度 = 某物种密度 / 所有物种密度之和 × 100%;显著度是指某一物种胸高(1.3 m)断面积之和占样地面积的百分比;相对显著度 = 某物种显著度 / 所有物种显著度之和 × 100%;乔木重要值 = 相对密度 + 相对显著度;灌木重要值 = 相对密度 + 相对投影盖度。在此基础上,运用 SPSS 软件进行多样性指数的相关计算,并对数据进行分析。采用物种多样性指数作为描述群落的综合指标。

2.4.4.2　浮游植物

(1) 采样

采集浮游植物定性和定量样品的工具有浮游生物采集网和采水器。浮游生物网的孔径一般为 64 μm(25 号)和 86 μm(13 号)两种。采水器一般为有机玻璃采水器,容量为 2.5 L 和 5 L 两种。采样点设置应根据水体的面积、形态特征、工作条件和要求、浮游植物的生态分布特点等设置采样点和确定采样频率。在水体的中心区、沿岸区、主要进出水口附近必须设置有代表性的采样点。采样频率根据工作目的,可以每月采样 1~4 次,或每季度 1 次,或春、夏季各 1 次,或仅夏季 1 次。采样层次视水体深浅而定,如对水深在 2 m 以内、水团混合良好的水体,可只采表层(0.5 m)水样;对水深为 3~10 m 的水体,应至少分别取表层(0.5 m)和底层(离底 0.5 m)两处的混合水样;对水深大于 10 m 的深水湖泊和水库,应再增加层次,在上层(有光层)或温跃层以下,可每隔 2~5 m 或更大距离各采一样。采样时间应尽量在一天的相近时间,例如,在上午的 8∶00—10∶00。一般采水样 1 000 mL,若用表层和底层混合水样,则分别在离表、底层 0.5 m 处各采一次。同时用网孔为 64 μm(25 号)的浮游生物网再采一个水样,专门用于观察鉴定浮游生物种类。

(2) 固定

浮游植物样品立即用鲁格氏液固定,用量为水样体积的 1%~1.5%。若样品需要较长时间保存,则需加入质量分数为 37%~40%的甲醛溶液,用量为水样体积的 4%。现行的一些规律性的方法为:取水样 500 mL,加入 5 mL 鲁格氏液,虹吸到 30~50 mL,加入 1 mL 甲醛。

(3) 水样的沉淀和浓缩

将固定后的浮游植物水样摇匀倒入固定在架子上的 1 L 沉淀器中，在 2 小时后将沉淀器轻轻旋转，使沉淀器壁上尽量少附着浮游植物，再静置 24 小时。当充分沉淀后，用虹吸管慢慢吸去上清液。虹吸时管口要始终低于水面，流速、流量不能太大，沉淀和虹吸过程不可摇动，若搅动了底部，则应重新沉淀。吸至澄清液的 1/3 时，应逐渐减缓流速，至留下含沉淀物的水样 20~25（或 30~40）mL，放入 30（或 50）mL 的定量样品瓶中。用吸出的少量上清液冲洗沉淀器 2~3 次，一并放入样品瓶中，定容到 30（或 50）mL。若样品的水量超过 30（或 50）mL，则可静置 24 小时后，或到计数前再吸去超过定容刻度的余水量。浓缩后的水量多少要视浮游植物浓度大小而定，在正常情况下可用透明度作参考，依透明度确定水样浓缩体积，浓缩标准以每个视野里有十几个藻类为宜。

(4) 计数

计数有以下两种方法：

① 计数框行格法。在计数前需先核准浓缩沉淀后定量瓶中水样的实际体积，可加纯水使其成为 30 mL、50 mL、100 mL 等溶液。然后将定量样品充分摇匀，迅速吸出 0.1 mL 溶液，将其置于 0.1 mL 计数框内（面积为 20 mm × 20 mm）。然后盖上盖玻片，在高倍显微镜下选择 3~5 行逐行计数，当数量少时可全片计数。1 L 水样中的浮游植物个数（密度）可用下列公式计算：

$$N = \frac{N_0}{N_1} \cdot \frac{V_1}{V_0} \cdot P_n \tag{2.32}$$

式中：N——1 L 水样中浮游生物的数量（个 /L）；

N_0——计数框总方格数；

N_1——计数过的方格数；

V_1——1 L 水样经浓缩后的体积（mL）；

V_0——计数框容积（mL）；

P_n——计数的浮游植物个数。

② 计数框整体计数法。鉴定计数框内的所有物种，然后计算。

(5) 结果整理

分析浮游植物物种组成，分类单元确定到属或以下，给出结果。

另一种目前常用的浮游植物的分析方法是叶绿素法。过去叶绿素的测定采用三色分光光度法。采用这种方法除测定叶绿素 a 外，还可同时测定叶绿素 b、c 和其他色素的含量。但此法由于计算所得结果较粗略，误差过大，现已较少采用。目前大多采用单色分光光度法。此法虽只测定叶绿素 a 的含量，但对脱镁叶绿素的干扰进行了校正。脱镁叶绿素是叶绿素 a 的主要降解产物，结构与叶绿素 a 相同，仅是在卟啉环上缺失了镁原子。由于叶绿素测定法比计数法更能客观地反映水体中浮游植物的现存量，而且简便和快捷，因此它目前已成为一种常用的测定浮游植物现存量的方法。同时，叶绿素 a 的含量通过一定换算，也可指示初级生产量的大小。

第 3 章　蒸发与降水观测

3.1 概　　述

蒸发和降水是水循环中的重要环节。蒸发(evaporation)是液态水转化为气态水并扩散到大气中的过程。降水是大气水凝结后以液态或固态水的形式降落到地面的过程。测量蒸发量和降水量的方法和仪器有很多,普通雨量器、自计式雨量计、水面蒸发器和蒸渗仪等传统的器测方法在水文气象常规观测中起着重要作用,本章主要介绍这些方法。

3.2 蒸发观测仪器

不同下垫面上发生的蒸发过程差异显著,发生在海洋、湖泊等水面上的蒸发过程称为水面蒸发(open water evaporation,用符号 E_0 表示);发生在陆地表面的蒸发过程由发生在土壤表面的蒸发和植物的蒸腾组成,称为蒸散(evapotranspiration,用符号 E_T 表示)。直接测量蒸发(蒸散)是十分困难的,尽管目前已有一些直接测量蒸散通量的仪器和方法出现(如涡度相关法等),但是最常见的蒸发观测方法还是基于水量平衡原理的间接测量法,如采用水面蒸发器和蒸渗仪进行观测。

3.2.1 水面蒸发器

水面蒸发器可用于观测蒸发器中所容纳的小水体的水面蒸发量。由于供水条件和土壤性质存在较大差异,一般不能将水面蒸发器用于流域水分蒸发的观测,往往用水面蒸发器数据来估算自然水体(如湖泊、水库等)的水面蒸发量 E_0。水面蒸发器容水量小且多数安置于陆地,其热量交换特征不同于天然水体,周围大气湿度、大气混合状况和天然水体也存在较大差异,所以水面蒸发器所测得的数值不能正确反映当地气候环境下的水面蒸发量,往往需要进行仔细的校正。但由于水面蒸发器操作简便、便于运输和安装、使用历史长、其观测数据相对完整,所以这种观测仪器仍然被广泛采用(Shaw *et al.*,2010)。

水面蒸发器的测量方法为间接法,蒸发量通过水量平衡方程计算得出。根据水量平衡原理,有:

$$I - O = \Delta S \tag{3.1}$$

式中:I——单位面积上的收入水量(mm);

O——单位面积上的支出水量(mm);

ΔS——单位面积上的储水量变化值(mm)。

对于水面蒸发器中的水而言,其水量平衡方程为:

$$P - E \pm l = \Delta S \tag{3.2}$$

式中:P——水面蒸发器水体的收入项,即降水(mm);

E——水面蒸发器水体的支出项,即蒸发(mm);

l——其他原因造成的收入(或支出)(mm);

ΔS——储水量的变化值(mm)。

水面蒸发器的主体部分是盛放水的容器,截面多为圆形或矩形,可安置在地面上或埋入地下。具有代表性的水面蒸发器有英国 Symons 蒸发池、美国的 Class A 蒸发皿和俄国的 ГГИ-3000 蒸发器等。我国水面蒸发观测的标准仪器是改进后的 E601B 型水面蒸发器(中国气象局,2003),其形制与 ГГИ-3000 蒸发器大体相似,由蒸发桶、水圈、溢流桶和测量装置四个部分组成(图 3.1)。其主要技术参数如下(朱晓原等,2013):

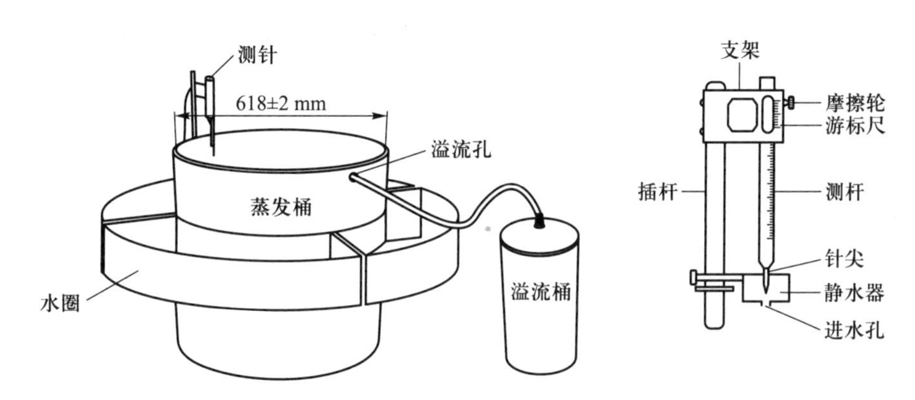

图 3.1 E601B 型水面蒸发器结构示意图(中国气象局,2003)

(1) 蒸发桶。为白色玻璃钢材质,呈圆柱形,底部为锥形,器口直径为 618 ± 2 mm(面积约为 3 000 cm^2);圆柱体高度为 600 mm,锥体高度为 87 mm,标准水面距离器口 75 ± 2 mm,溢流孔底部距离器口 60 mm。

(2) 水圈。为 4 个弧形的白色玻璃钢材质的水槽,安置在蒸发桶周围,以减少太阳辐射及溅水对蒸发的影响;水槽宽 200 mm,内腔深 137 mm。

(3) 溢流桶。接纳降水量较大时由蒸发桶溢出的水量,圆柱形内径为 196 ± 1 mm,深 400 mm。

(4) 测量装置(ZHD 型电测针)。采用螺旋测微器的原理制成,测量蒸发器内水面高度的量程为 70 mm,测杆最小刻度为 1 mm,分辨率为 0.1 mm。测针可通过插杆与蒸发器上的测针座连接,测针的针尖可上下移动来对准水面,当连接音响器后,可根据音响器的报声来判断测针是否接触了液面。

3.2.2　蒸渗仪

蒸渗仪(lysimeter)是用于观测有植被覆盖地区的蒸散量(蒸发和植物蒸腾)的仪器。不同于标准蒸发器被大量安置在水文和气象观测站点,蒸渗仪更多地被作为一种研究设备来使用,它的形制也往往根据研究需要来定制。相对于水面蒸发器而言,蒸渗仪的结构复杂,一般都配备有垂向下渗水的收集测量装置和容器的测重装置(图 3.2)。

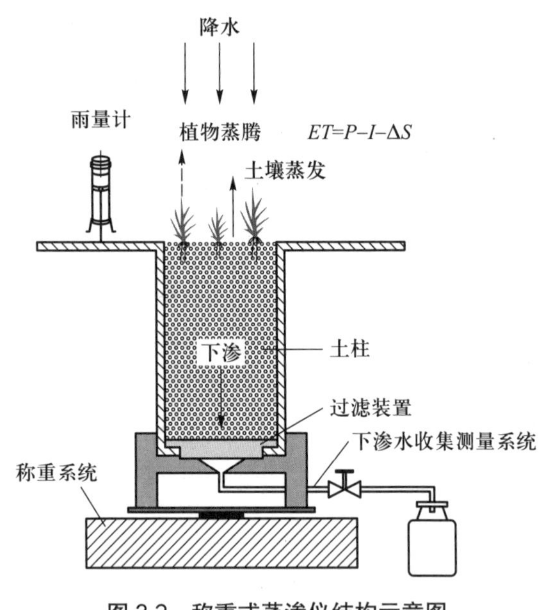

图 3.2　称重式蒸渗仪结构示意图

蒸渗仪测量蒸散量依据的是水量平衡原理。如果将研究区域的原装土(或人工配制土)填入一个容器,将容器埋入地下,使容器表面与周围地面齐平并种植植物,那么此容器内的水量平衡方程为(不考虑径流):

$$P - ET - I = \Delta S \tag{3.3}$$

式中:P——降水量;

ET——蒸散量;

I——垂向下渗水量;

ΔS——容器中土体储水量的变化值。

如图 3.2 所示,通过雨量计测记 P,一般采用安置在容器底部的导管收集垂向下渗水量 I,称重式蒸渗仪则通过记录土体重量变化来测量 ΔS,所有测量值均转换为高度单位(mm),即单位面积上的物理量。

3.2.3　其他仪器和方法

除了采用水量平衡法测量和计算蒸发量外,还有通过测量大气边界层气象要素分布,来测量和计算蒸发量的微气象学法,如鲍恩比－能量平衡法和涡度相关法(eddy-covariance technique)等。

与水量平衡法不同,涡度相关法是一种测量蒸散到大气中水汽量的直接观测方法。当下垫面平坦,大气边界层湍流发育充分时,物质在垂直方向上(三维直角坐标系)的通量是物质浓度与垂直风速的协方差,垂直风速和大气湿度的脉动量的精确测量是该方法精确度的保障。涡度相关法自 20 世纪 90 年代中后期起,逐渐在全球范围内得到了推广应用,代表性的模型有 FLUXNET(Baldocchi *et al.*,2001)。

3.3　蒸发量观测及计算

以 E601B 型水面蒸发器为例,其观测方法如下:

3.3.1 观测时间

水面蒸发量在北京时间每日 8 时正点观测一次，气象辅助项目(如降水量、气温、湿度、水温和风速等)于北京时间每日 8 时、14 时和 20 时进行观测。在炎热干燥的天气条件下，应当在降水停止后立即进行气象辅助项目观测。

3.3.2 观测程序

观测人员在正点观测前 10 分钟到达观测点(若含气象辅助项目的观测，则应提前 20 分钟到达观测点)，检查仪器状况，如测针的静水器小孔是否堵塞、测针是否松动等；在正点观测前 3～5 分钟开始测量蒸发器水温，正点观测蒸发器水面高度和溢流水量。在观测蒸发量的同时，进行气温、湿度、降水量、水温和风速等的测量与记录。

3.3.3 蒸发量观测

蒸发器的水量平衡(SL 630—2013)方程为：

$$P+\sum h_{加}-E-\sum h_{汲}-\sum h_{溢}=h_2-h_1 \tag{3.4}$$

式中：P——降水量(mm)；

E——蒸发量(mm)；

$\sum h_{加}$、$\sum h_{汲}$和 $\sum h_{溢}$——两次观测期间加水、汲水和溢水的总量(mm)；

h_1——前一天 8 时蒸发器水位(mm)；

h_2——当天 8 时蒸发器水位(mm)；

h_2-h_1——两次观测期间蒸发器储水量的变化值(mm)。

在正常情况下(无取水、加水和溢水事件发生)，日蒸发量的计算公式为：

$$E=P+(h_1-h_2) \tag{3.5}$$

蒸发器直接测量的是两次观测期间的蒸发器储水量的变化值，即两次正点观测时的蒸发桶水位差(h_2-h_1)。E601B 型水面蒸发器配备的水位测量装置为测针，在观测时应先调节静水器，使其底部没入水面，以减少水面的波动。待静水器内水面平静后，旋转刻度盘调整测针针尖位置，直至与水面相接。如果连接了音响器，那么当音响器报声时停止动作，回旋抬高测针至音响器停止嗡鸣，再缓慢向下移动测针至音响器响，从游标尺上读出第一个水面高度数据(精确到 0.1 mm)。将测针旋转 90°～180°，在另一处重复以上流程，读出第二个水位数据，当两者读数的误差 <0.2 mm 时视为数据合格，可记录数据，在计算时取两次读数的平均值。游标尺的读数方法为：游尺零线所对标尺的刻度，即读数的整数位；游尺上的刻度与标尺某一刻度线相吻合，读游尺上这条刻度线的数字，为小数位。

蒸发桶的标准水位为距离器口 7.5 cm(蒸发器内壁上有红线标志)，标准水位的测针读数为 33.3 mm(程海龙等，2009)。如果实际水位偏离标准水位过大，那么水量和水面距器口距离的变化可导致蒸发器的热量交换和受风的影响发生比较大的偏差，从而造成蒸发量观测的误差。所以在观测完成后，如果发现蒸发桶实际水位低于（或高于）标准水位超过 10 mm，那么应加（汲）水，使水位接近标准水位，并记录下该水位作为下次观测的起始水位（h_1）。

若遇到降水，则可以在暴雨前从蒸发桶中取出一定的水量，避免溢流的发生，同时记录好取出的水量。如果蒸发桶内水溢出，就应注意记录溢流桶内的溢出水量，可用量尺或专用量杯记录水量，并换算成 3 000 cm^2 面积的高度值（mm）。

3.3.4　数据记录和处理

表 3.1 为 E601B 型水面蒸发器的数据记录表。在测量前填写好观测日期和时间。在测得蒸发桶水位数据后，将数据记录在“加（汲）水前”列的对应位置。在当日的水位记录完成后，如果进行了加（汲）水，那么需再次测定水位，将数据记录在“加（汲）水后”列的对应位置，计算加（汲）水量并填入“加（汲）水量”列，以正（负）数表示加（汲）水。将雨量器读数记录在“降水量”列，若两次正点观测间记录过多次降水量，则分别记录，并将一个观测日的数据相加后记录在“一日累积降水量”列。在观测期间雨量较大时，需检查溢流桶中是否有水，如果有水，那么记录溢流水量并折算成蒸发桶的相应水深，将其填入“溢流量”列。

日蒸发量的计算参照公式 3.4，以 8 时为各观测日的分界点，前一天 8 时—当天 8 时观测到的蒸发量值，为前一天的蒸发量。如表 3.1 所示，在计算 2017.08.31（2017 年 8 月 31 日，下同）的日蒸发量时，h_1 为 33.3 mm（2017.08.31 测），h_2 为 31.2 mm（2017.09.01 测），其他各项均无，可算得观测日 2017.08.31 的蒸发量为 2.1 mm。2017.09.02 观测日预报有暴雨，在测记当日的蒸发桶水位后（38.8 mm），进行汲水以容纳雨水，之后的水位为 28.8 mm，汲水量为 10 mm。在 2017.09.03 进行观测时，测得蒸发桶水位为 48.2 mm，降水量为 30.5 mm，发现蒸发桶溢流仍然发生，溢流水量经折算后为 10.1 mm，则计算观测日 2017.09.02 的蒸发量时，h_1 为 38.8 mm（2017.09.02 测），h_2 为 48.2 mm（2017.09.03 测），P 为 30.5 mm（2017.09.03 测），$\sum h_{汲}$ 为 10 mm（2017.09.02 测），$\sum h_{溢}$ 为 10.1 mm（2017.09.03 测），计算得到日蒸发量为 1.0 mm。计算所得日蒸发量数据，将其记录在“日蒸发量”列中。

表 3.1　E601B 型水面蒸发器的数据记录表（SL 630—2013 水面蒸发观测规范）

日期	观测 /（时：分钟）	蒸发器水面高度 /mm						加（汲）水量 / mm	溢流量		降水量 / mm	一日累计降水量 /mm	日蒸发量/ mm	附注
		加（汲）水前			加（汲）水后				量杯（尺）读数	折合水深 / mm				
		1	2	平均	1	2	平均							
2017.08.31	08:00	33.2	33.4	33.3	—	—	—	0	0	0	0	0	2.1	
2017.09.01	08:00	31.3	31.1	31.2	—	—	—	0	0	0	0	0	1.5	有雨
2017.09.02	08:00	38.7	38.9	38.8	28.8	28.8	28.8	−10	0	0	9.1	9.1	1.0	暴雨
2017.09.03	08:00	48.2	48.2	48.2	33.3	33.3	33.3	−14.9	0	10.1	30.5	30.5	2.6	
2017.09.04	08:00	30.8	30.6	30.7	—	—	—	0	0	0	0	0	…	
…	…													

3.4 降水观测仪器

测量降水量的仪器称为雨量器(rain gauge)。雨量器所采用的方法是直接测量法。就观测仪器的设计而言,雨量器观测值的精确度取决于雨量器能否收集到接近真实的降水量并保存至观测时刻。造成雨水收集和保存误差的原因主要有所收集雨水的蒸发(负向误差)、雨量器器壁的沾湿(负向误差)、雨水溅入(正向误差)和雨量器器口的紊流(负向误差)等。雨量器在设计、安置和观测时应尽量避免或减少这些误差(Davie,2002)。

3.4.1 普通雨量器

使用历史最长且设置最为广泛的雨量器是非自记式的普通雨量器。图 3.3 为普通雨量器的结构图,由收集存储雨水的雨量桶和测量设备组成。收集储存雨水的容器是雨量器的主体,容器顶部为直接承接降水的承水器,不同型号雨量器的承水器口径差异很大,如德国的 Hellmann 雨量器器口直径为 15.96 cm(接水面积为 200 cm^2),英国的 Mark 2 器口直径为 12.70 cm(接水面积为 126.7 cm^2)等(Strangeways,2006)。我国标准雨量器采用的是直径为 20.0 cm 的正圆形承水器,接水面积为 314.2 cm^2。承水器下方是一个收集雨水的漏斗,雨水通过漏斗进入储水瓶保存,储水瓶的口径很小,以尽量减小储水期间蒸发造成的误差,漏斗和储水瓶安置在储水筒内。在测量时,可将储水瓶取出,将雨水倒入配套的量雨设备进行读数,如图 3.3 中,量杯被划为 100 分度,每一分度等于所配套雨量筒内水深 0.1 mm,通过读量杯刻度即可得到观测期间的降水量数据。

雨量器应该承接并测量到达地面的降水,所以承水器的理想安置高度应当和地面持平,雨量筒则可以通过竖坑埋在地下。但地面溅起的雨水会造成降水收集量的失真,雨量筒内部较深和漏斗形底部有效地阻碍了筒内雨水的溅出,却无法防止周围地面溅起的雨水进入承水器,导致测值高于真值。解决普通雨量器溅入误差的方法有两种,一种方法是在地面承水器周围设置 1 m^2 左右的防溅栅,如 Hydrology Ground-Level Gauge 的防溅栅由深 50 mm、间隔 50 mm 的多个小方格组成,可以很好地解决雨水溅入的问题,但这种装置无法测量降雪量,在寒冷地区无法常年使用。另一种方法是抬高承水器的安置高度,如我国雨量器承水器安置的标准高度为距离地面 70 cm,但筒体会增加流经大气的紊动,加大器口上方的风速,导致进入承水器的雨量少于真实值,所减少的接水量与风速及雨滴直径有关,且随着承水器高度的增加,误差也相应增大。如果在雨量器周围设置防风栅(图 3.3),就可以减小风的影响,从而提高测量精度。

3.4.2 自记式雨量计

自记式雨量计对降水过程进行自动连续记录,不仅可以测量降水量,还可以记录降水发生时刻和持续时间等信息。自记式雨量计分为机械式和电子式两大类。机械式自记式雨量计根据其传感原理不同,分为翻斗式、浮子式和重力式等。

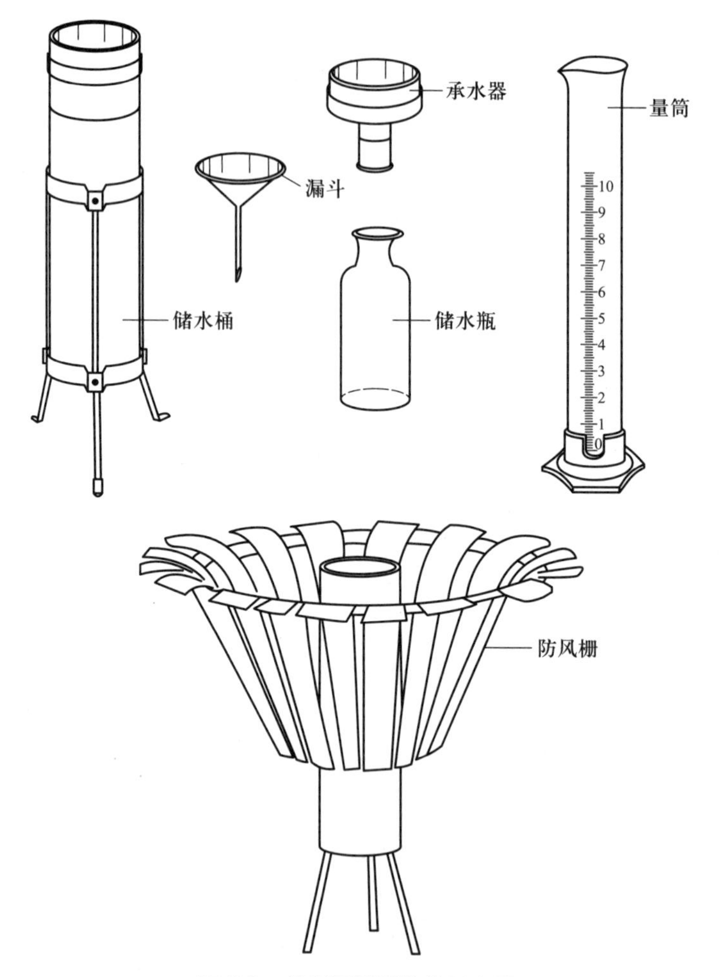

图 3.3　普通雨量器结构示意图

自记式雨量计都有时间记录系统和雨量记录系统。传统的机械式自记式雨量计主要通过传感装置和自记钟的共同作用来完成对降雨过程的记录。它的传感装置连接着自记笔，自记笔尖紧靠在记录纸上，采用机械装置使传感装置的位置变化（雨量变化）带动自记笔运动，并在记录纸上留下轨迹；记录纸安装在自记钟的钟筒上，通过钟的转动使自记笔在记录纸上留下轨迹；记录纸上的曲线是传感装置和自记钟共同作用的结果。

我国使用较多的虹吸式雨量计是利用浮子传感的自记式雨量计，主要部件包括承水器、浮子室、自记钟、自记笔、虹吸管和盛水器等（图 3.4）。可以转动的自记钟是自记式雨量计的时间记录系统（如一天自转一周）。自记钟的钟筒外安装记录纸。自记笔的笔尖和记录纸接触，随着自记钟转动在水平方向上画线，完成时间记录。雨水通过承水器收集后进入浮子室，浮子随着雨水进入而上升，与浮子相连接的自记笔同步上升，在垂直方向上画线，完成雨量记录。浮子室的容积有限，为了使雨量计连续工作并保持观测精度，当浮子室雨水储量达到一定阈值后便将其排出，并使自记笔复位，此时自记纸上的雨量记录也同步归零。虹吸式雨量计采用虹吸原理进行排水，当浮子室内水量达到一定阈值（通常为 10 mm 降水）时，雨水就通过虹吸管排至下方的储水瓶中，浮子及自记笔下降复位，在记录纸上留下竖直向下的虹吸线。虹吸式雨量计可用于一天的降水过程记录，但无法用于无人值守的站点。

翻斗式雨量计是当前应用最为广泛的自记式雨量计，其传感器为翻斗，有单翻斗、双翻斗和三层翻斗的多种设计方式。翻斗的工作原理简单，运行可靠，可以与多种记录装置联合使用。如图 3.5 所示，雨水由承水器收集后经漏斗注入翻斗，当水量达到一定值后，在重力作用下翻斗失去平衡而发生翻转，将斗中的雨水排出，翻转过程中触发某种开关（如翻斗上安装磁钢，翻动时触发磁簧开关等），形成可记录的信号。单翻斗在倒出斗中雨水后，翻斗复位开始下一轮记录过程，双翻斗则由两个翻斗轮流承接雨水。触发翻转发生的斗内最大存水量是关系到测量精度的重要设计指标，理论上若该水量越小则雨量分辨率越高，但翻斗越小，其误差也越大，一般认为斗内存水量应不小于 10 mL（Strangeways，2006）。翻斗式雨量计接水面积和设计雨量分辨率相乘所得的水量便是翻斗可容纳的最大设计水量。翻斗雨量计的问题在于其对雨量的记录是不连续的，只有当斗内水量达到设计值时才能翻转并输出一次数据。当雨强很大时，翻斗的过程虽然很短，但是在此期间仍有雨水可直接进入承水装置而造成所测雨量偏低。

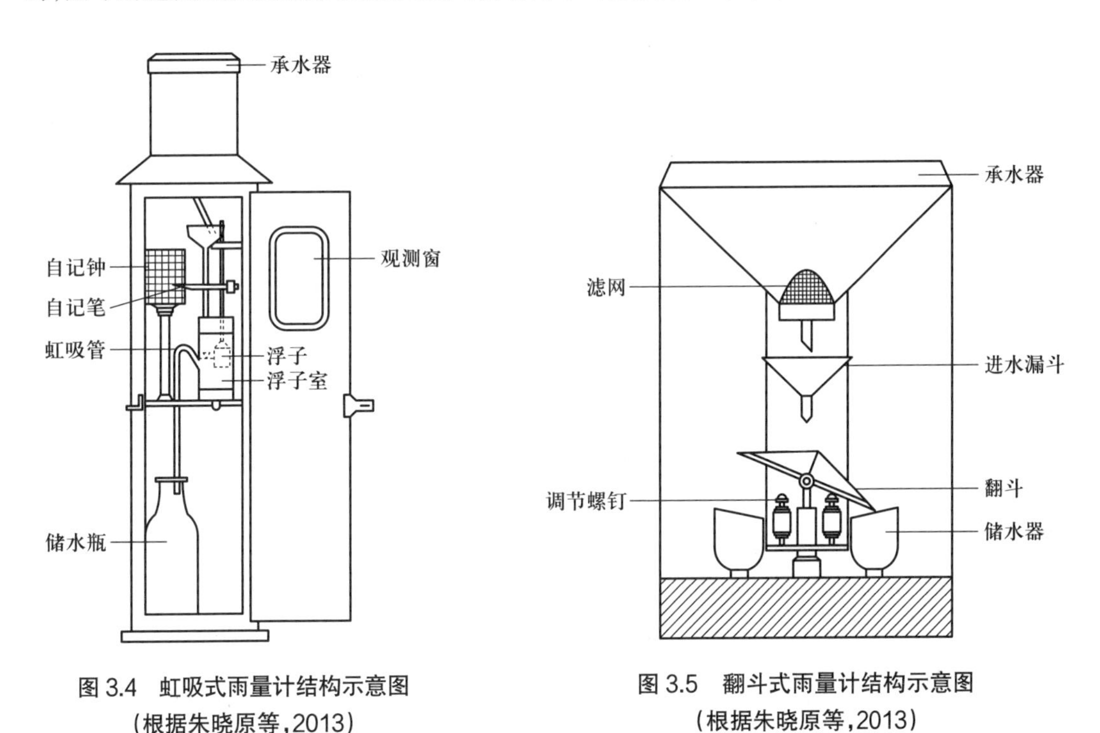

图 3.4 虹吸式雨量计结构示意图（根据朱晓原等，2013）

图 3.5 翻斗式雨量计结构示意图（根据朱晓原等，2013）

此外，其他新的测量并记录雨量的感应器或方法也不断应用到自记式雨量计的设计中。如容栅式雨量计采用容栅传感器测量所收集的水量，电子称重雨量计采用应变式称重传感器对水量测重，并通过电位计的变化来输出信号。这些电子式自记式雨量计适用于遥测，或者安置在长期无人值守的观测区域。

3.5　降水量观测及计算

3.5.1　普通雨量器观测

普通雨量器的降水量观测方法如下：

(1) 观测段次和时间

降水量观测段次和时间依降水多少而进行选择，少雨季节可采用 1~2 段次进行观测，多雨季节或遇暴雨采用 4 及以上段次进行观测，不同段次的具体观测时间可见表 3.2。以 2 段次为例，一个观测日内分别在北京时间 20 : 00 和翌日 8 : 00 进行两次观测。

表 3.2　降水量观测时刻

段次	选择原则	每日观测时刻(北京时间)
1	少雨季节	08 : 00
2		20 : 00、08 : 00
4	多雨季节暴雨	14 : 00、20 : 00、02 : 00、08 : 00
8		11 : 00、14 : 00、17 : 00、20 : 00、23 : 00、02 : 00、05 : 00、08 : 00
12		10 : 00、12 : 00、14 : 00、16 : 00、18 : 00、20 : 00、22 : 00、00 : 00、02 : 00、04 : 00、06 : 00、08 : 00
24		自本日 09 : 00 至次日 08 : 00，每小时观测 1 次

根据朱晓原等，2013

(2) 观测程序

观测人员应在观测时间之前携带备用储水瓶到达观测现场，检查雨量器是否有受损或漏水现象。到观测时间正点进行雨量观测并记录数据。如果在观测时间恰逢降雨，那么可将备用储水瓶放入雨量桶，将更换下的带有雨水的储水瓶拿到室内进行测量和记录。当遇到降水事件时，应该记录降水的起止时间，如果降水间歇大于 15 min，就可视它们为两次降水事件，分别记录起止时间。在降水结束后，应当立即进行降水量观测，以减小蒸发误差。

(3) 降水量观测

降水量观测采用雨量器专用的量雨杯进行，将储水瓶中的雨水仔细地倒入量雨杯，不要溅出雨水，同时储水瓶内的雨水需倒尽，以减少湿润误差。在读数时，用拇指和食指夹持量杯上端，使量杯自然下垂，视线和量筒中的雨水下凹面持平，读出最小刻度，并马上记录。如果储水瓶水量较多，就可以分多次读取，最后将数值相加并记录。

(4) 数据记录及处理

当日降水量达到 0.1 mm，即可作为降水日进行统计。以北京时间 8 : 00 为降水观测日的分界点，前一日 8 时至当日 8 时所测得的降水量为前一日的降水量。如表 3.3 所示，降水日 2017.09.01 的日降水量为 2017 年 9 月 1 日 8 时—9 月 2 日 8 时之间的降水量总和。2017.09.01 观测日发生了一次降水，对其起止时间进行观测并记录在“观测时分”列。在 18∶10 降水结束后马上对降水量进行观测并记录在“实测降水量”列(9.1 mm)，此后至 9 月 2 日 8 时正点观测期间，未有降水过程发生。9 月 1 日 8 时至 2 日 8 时之间的降水总量为 9.1 mm，这是 2017.09.01 观测日的日降水量，将观测日和日降水量数据填入“日降水量”列。同理，2017.09.02 观测日的日降水量统计自 9 月 2 日 8 时起至 9 月 3 日 8 时止，期间记录到两次降水事件(因降水的间歇超过 15 分钟，故将它们记作两次降水)，分别观测并记录降水量，20∶00 后未进行降水起止时间记录，于 9 月 3 日 8 时正点进行观测，并记录雨量。将期间所有实测降水量相加，得到 2017.09.02 观测日的日降水量为 30.5 mm。

表 3.3 降水记录表(2 段次观察)

(采用_2_段次)

日期	观测时分	实测降水量 / mm	日降水量		备注
			日期	mm	
2017.08.31	08∶00	0			
	20∶00	0			
2017.09.01	08∶00	0	08.31	0	
	12∶25—18∶10	9.1			一次降水
	20∶00	0			
2017.09.02	08∶00	0	09.01	9.1	
	09∶31—11∶40	10.2			一次降水
	11∶56—16∶25	18.7			一次降水
	20∶00	0			
2017.09.03	08∶00	1.6	09.02	30.5	未记起止时间
	……				

3.5.2 自记式雨量计观测

我国使用最多的自记式雨量计为虹吸式雨量计和翻斗式雨量计。以日记型虹吸式雨量计为例，它的观测方法如下：

(1) 观测段次和时间

降水观测日的划分原则是以北京时间(后同)每日 8 时为界。观测时间为每日 8 时正点观测一次。若遇降雨日，则在 20 时巡视仪器。在暴雨日增加巡视次数。

(2) 观测程序

观测人员携带备用储水瓶，提前到达观测点。在 8 时正点时，在记录纸的零刻度线上，用小垂线标注自记笔笔尖位置，用以校对自记钟进度，随后更换记录纸。若储水瓶中有水，则更换储水瓶，在室内读取水量并记录。

(3) 降水量观测

虹吸式雨量计所记录的降水量可以通过读记录纸得出，按 3.5.1 中普通雨量器的操作方法对储水瓶中的水量进行观测和记录，该值为自然虹吸水量。

(4) 数据记录及处理

自记表所记录的雨量数据如图 3.6 所示，自记纸的横坐标为时间轴，总长为 24 小时，自当日 8 时至翌日 8 时，每一格为 10 min；以纵轴为雨量，最小 1 格代表 0.1 mm 的降水。读取雨量数据并填写当日降水量观测记录表（表 3.4）。

表 3.4　2017 年 9 月 2 日 8 时至 3 日 8 时 降水量观测记录表

(1)	自然虹吸水量（储水器内水量）	=	30.0 mm
(2)	自记纸上查得的未虹吸水量	=	9.6 mm
(3)	自记纸上查得的底水量	=	9.1 mm
(4)	自记纸上查得的日降水量	=	30.5 mm
(5)	虹吸订正量 =(1)+(2)−(3)−(4)	=	0.0 mm
(6)	虹吸订正后的日降雨量 =(4)+(5)	=	30.5 mm
(7)	时钟误差 8 时至 20 时　　分钟　　20 时至 8 时　　分钟		

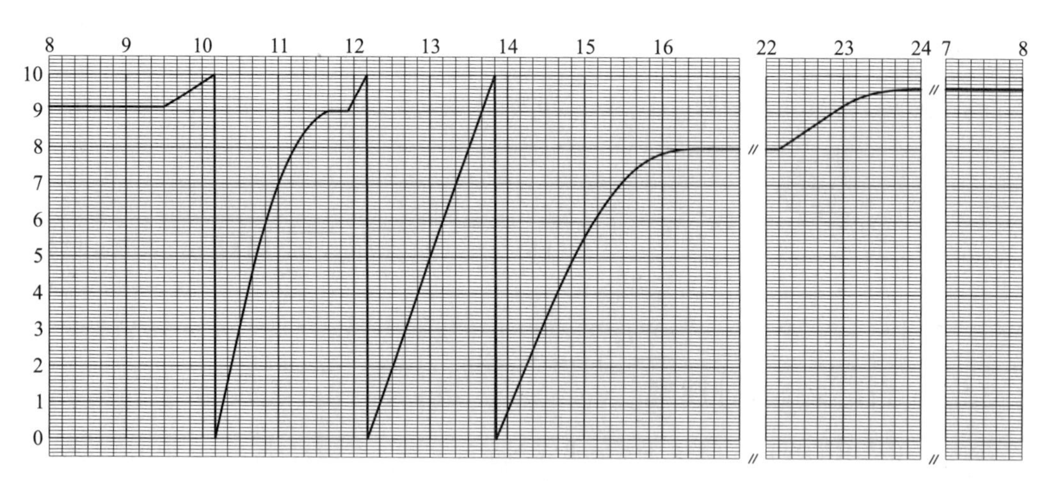

图 3.6　虹吸式雨量计自记表数据（9 月 2 日 8 时—9 月 3 日 8 时）

自记纸自左至右读取。自记纸上曲线记录的是累积降水量。曲线上任意一点为对应横轴时刻的累积降水量。纵轴的最大值为 10 mm，这是自记式雨量计浮子室的最大容水量。浮子室水面超过阈值后会发生虹吸作用，将浮子室内的水排至下方的储水瓶中保存，浮子随之下降，自记笔复位至零刻度线，在记录纸上留下自 10 mm 至 0 mm 的直线（即为虹吸线），如图 3.6 中 10∶10、12∶10 和 13∶50 左右的线迹。自 2017 年 9 月 2 日 8 时起，开始记录该观测日的雨量，发现一开始自记纸上为一条水平直线(自 8∶00—9∶30 左右)，说明该段时间无雨，其纵轴值为 9.1 mm，该值是该日测量的“底水量”(上次降水后，浮子室内水量没到 10 mm 阈值，未发生虹吸而留在浮子室内)，这部分雨量不能计入当天的降水量。至 9∶30 左右，曲线上升，此时当日的第一次降水开始，至 10∶10 左右曲线纵坐标值达到 10 mm，虹吸作用发生，曲线归零。此后曲线自零刻度线继续上升(降水继续)，直至 11∶40 左右，曲线再度保持水平，说明降水暂停，至 11∶56 之后再度上升。由于降水间歇已经超过 15 min，所以 9∶30—11∶40 可以视为一次降水。同理可知，在 11∶56—16∶25 和 22∶10—23∶50 各发生一次降水，23∶50—翌日 8∶00，曲线一直保持水平，其值为 9.6 mm，是未发生虹吸的水量，但要计入当天的降水量。

记录纸上的日降水量可用以下公式计算：

$$P=(s\times n)+p_1-p_0 \tag{3.6}$$

式中：P——日降水量(mm)；

s——发生虹吸时的设计雨量(10 mm)；

n——当日发生虹吸的次数；

p_1——观测结束时未发生虹吸的水量(mm)；

p_0——观测开始前便存于浮子室的底水量(mm)。

在整个观测期间，一共发生了 3 次虹吸过程，未虹吸水量为 9.6 mm，底水量为 9.1 mm，通过计算可得当天记录纸上显示的日降水量 $P=(10\times 3)+9.6-9.1=30.5$ mm。

对 9 月 3 日 8 时采集的储水瓶水量进行观测，得到自然虹吸水量为 30.0 mm。将所得数据填入表 3.4，可得虹吸订正量为 0 mm，当天日降水量为 30.5 mm。

主要参考文献

[1] Baldocchi D D，Falge E，Gu L，et al. Fluxnet：a new tool to study the temporal and spatial variability of ecosystem-scale carbon dioxide，water vapor，and energy flux densities [J]. Bulletin of the American Meteorological Society，2001，82：2415-2434.

[2] Davie T.Fundamentals of hydrology [M]. London: Routledge，2002.

[3] Shaw E M，Beven K K，Chappell N A，et al.Hydrology in practice [M].4th ed. Boca Raton：CRC Press，2010.

[4] 水利部 . SL 21-2015，降水量观测规范[S].

[5] Strangeways I.Precipitation：theory，measurement and distribution [M].Cambridge：Cambridge University Press，2006.

[6] 程海龙，覃秋忠，劳世毓 . E601B 型蒸发器观测后加水与汲水问题分析[J]. 气象研究与应用，2009，30(4)：88-89.

[7] 中国气象局 . 地面气象观测规范[M]. 北京：气象出版社，2003.

[8] 朱晓原，张留柱，姚永熙 . 水文测验实用手册[M]. 北京：中国水利水电出版社，2013.

第4章 水位与流量观测

4.1 概 述

水位指水体的自由水面至某一特定基本水准面(称基面)的铅垂距离,单位为m。水位观测是水文观测中最基本的项目之一。水位观测较为简便。水位不仅可直接用于水文预报,同时也是流量测验、泥沙测验中必不可少的观测指标。

水位是相对于某个基面而言的,基面相当于水位高程的零点。常采用的基面有绝对基面和测站基面等。一般将某一海滨地点的平均海平面高程设为绝对基面(高程为0.00 m),如我国目前采用的1985国家高程基准。测站基面以测站历年最低水位或河床最低点之下0.5~1.0 m为一个假定基面,选用测站基面往往有利于测站水位资料的连续性,且水位数据相对简单且直观。但不同测站基面选取的差异会导致不同测站间的水位数据缺乏可比性,所以测站基面需要和绝对基面进行接续测量。

流量指单位时间内通过某个过水断面水体的体积,单位为m^3/s。流量是反映河流湖泊等水量及其变化的指标,是开展水资源开发和管理、水利工程建设、农业灌溉和水旱灾害防治等工作时必须掌握的基础资料。流量观测指通过直接测量(实测)或间接推算流量的工作。

4.2 水位观测仪器

水位观测的实质是确定水面的高程,按观测方法的不同,分为直接观测和间接观测。直接观测方法如读取水尺。间接方法为利用基于不同原理的传感器对其他物理量的测量来反映水位变化。这些传感器可以基于机械、电子、压强和声波等原理。

4.2.1 水尺

直读式水尺是最简易的水位观测设备,是无须任何辅助设备便可直接读取水位的标尺。它可简称为水尺。水尺的使用历史悠久,是水位观测设备中的重要组成部分。直立式水尺是水尺中最为常见的,一般采用耐腐蚀的材料制成,或在水尺表面进行搪瓷烤瓷处理,其长度为1 m,宽度不小于5 cm,最小刻度为1 cm,误差小于0.5 mm,刻度、数字和底板的颜色对比鲜明,便于肉眼识别,如图4.1中的E字形水尺板。

当水位超过单个水尺的测量范围时,往往需要布设水尺断面,如图4.1A所示,断面走向垂直于水流方向,相邻两个水尺的测量范围应有不小于15 cm的重合区(ISO4373:2008)。

图 4.1 中的 A 为该测站的基本水尺断面，由 4 条水尺组成，编号为 P_1~P_4，各条水尺的零点高程可见表 4.1。

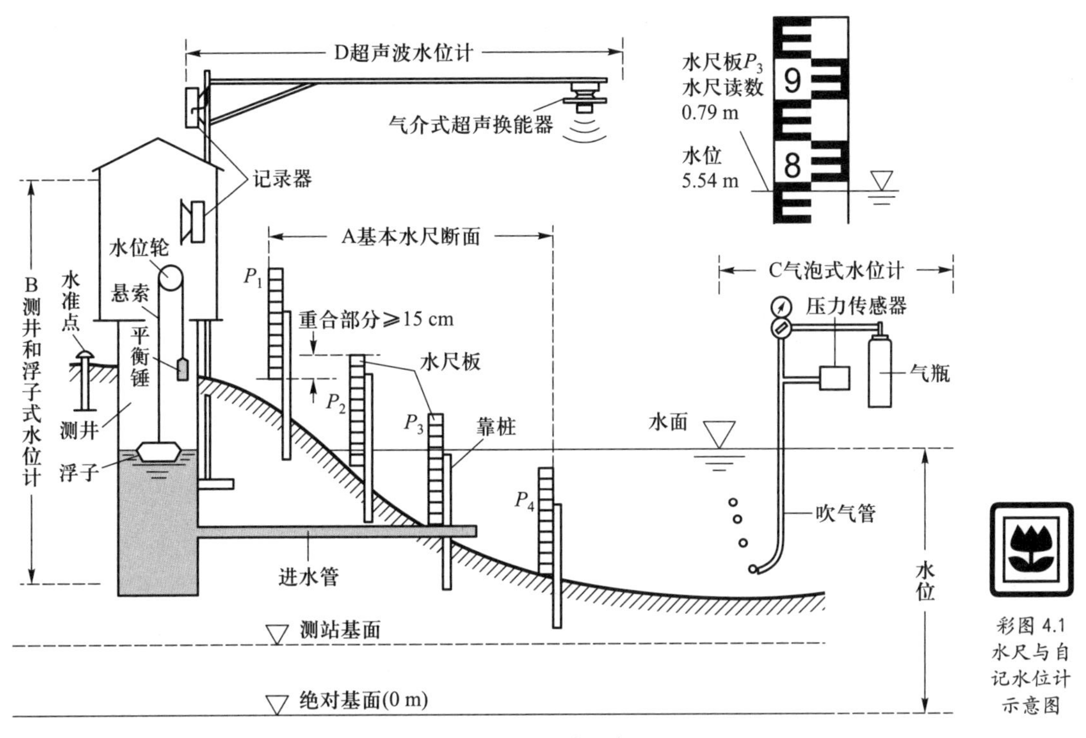

彩图 4.1 水尺与自记水位计示意图

图 4.1 水尺与自记水位计示意图

表 4.1 基本断面水尺零点高程

水尺编号	零点高程/m
P_1	6.10
P_2	5.35
P_3	4.75
P_4	4.20

4.2.2 自记水位计

自记水位计是能够自动、连续观测水位变化过程的观测仪器。它采用某种方法感应水位的变化，通过传感器对水位变化进行编码式的输出，以记录器存储数据，从而实现对水位的连续测量。按水位感应方式的不同，自记水位计分为浮子式水位计、压强式水位计、超声波式水位计、雷达水尺、激光水尺和电子水尺等多种类型。本书主要介绍浮子式水位计、压强式水位计和超声波式水位计。

4.2.2.1　浮子式水位计

浮子式水位计是我国广泛使用的自记水位计,一般都安装在测井中。测井通过进水管与观测水体相连,井内水位和观测水体相同(图 4.1B)。测井内的浮子随着水位的变化而升降,在平衡锤的作用下,连接浮子的悬索也相应地上下移动并带动水位轮,从而实现水位记录或对水位进行编码式的输出。

4.2.2.2　压强式水位计

压强式水位计根据水体静水压强和水深成正比的原理进行水位的间接观测,采用压强感应器测量水体中某一点的压强 p,有:

$$p = \rho g h + p_0 \tag{4.1}$$

式中:p_0——水面的大气压强(Pa);

ρ——水体的密度($kg \cdot m^{-3}$);

g——重力加速度($m \cdot s^{-2}$)。

通过该式可得到压强感应器所在位置至水面的距离(水深 h)。水面的水位(Z)是测点处的高程(Z_0)和水深(h)之和,即:

$$Z = Z_0 + h \tag{4.2}$$

根据测压方式的不同,压强式水位计分为投入式水位计和气泡式水位计。投入式水位计采用压阻式压强传感器,通过压强传感器和变送器将静水压强转换成模拟电信号输出。一些先进的投入式水位计也采用更为稳定的陶瓷电容压强传感器。气泡式水位计采用压强传递原理(图 4.1C),将水下测点处的静水压强引到岸上进行测量。如果将一根吹气管的管口固定在水下测点处,吹气管另一端连接密闭的吹气管腔,通过吹气管向水中吹放气泡,使管口处的静水压强和管腔内气压达到平衡,那么安装在管腔内的压强传感器便可测得静水压强。压强式水位计多用在无法设立测井的水域。

4.2.2.3　超声波式水位计

超声波(声波)式水位计根据声波的传播时间和距离成正比的关系来实现水位的间接观测。通过换能器向所测水面发射一定频率的声波脉冲,声波到达水面后发生反射,换能器接收到反射波,并记录从发射至接收到反射波之间的历时,便可测算出换能器与水面之间的距离 h,即:

$$h = \frac{1}{2} v t \tag{4.3}$$

式中:v——声波在测量介质中的传播速度(m/s);

t——声波从换能器至水面之间的往返历时(s)。

水面的水位 Z 可由公式

$$Z = Z_0 \pm h \tag{4.4}$$

计算得出。

式中：Z_0——换能器安装的高程，当超声波换能器安装在大气中时（气介式，图 4.1D），水位等于 Z_0 和 h 的差值；当换能器安置在水下时（液介式），水位为 Z_0 和 h 之和。

4.3 水位观测方法及计算

4.3.1 水位的人工观测

4.3.1.1 观察次数

水位观测频率取决于水位波动情况，以能测得完整的水位变化过程为原则。河道水位观测次数可见表 4.2。

表 4.2 河道水位观测次数

水位波动情况	观测次数	观测时间
平稳	1	08：00
变化缓慢	2	08：00、20：00
变化较大、缓慢峰谷	4	02：00、08：00、14：00、20：00
变化剧烈、洪水	>4	每 1~6 h 观测一次
暴涨暴落	加测	每 30 min 或数分钟观测一次

根据《水位观测标准》（GB/T 50138—2010）

4.3.1.2 观测程序

水位人工观测一般以两人为一组进行。观测人员提前到达测站水尺断面，观察水位位置，确定用来读取水位的水尺并记录在表 4.3 中“水尺编号”列，于正点读取水尺读数并记录。

4.3.1.3 水位人工观测

直接读取水面截于所选定水尺的读数（图 4.1），记录在表 4.3 中“水尺读数”列，读记至 0.01 m 精度。在读取水位时，观测人员应蹲下，使视线尽量平行于水面，避免产生折光效应。若水位有明显波动，则读取最高和最低水尺读数，记两者的平均值。当水位涨落需要更换读数的水尺时，可用相邻水尺对水位进行比测。如表 4.3 中 9 月 2 日 0 时，P_3 水尺读数已达 0.92 m，此时应更换至 P_2 水尺进行水尺读取，数值为 0.32 m，根据两条水尺的零点高程（表 4.1）换算得到两条水尺所测得水位均为 5.67 m（因两者水位差<0.02 m，故符合《水位观测标准》）。

4.3.1.4 数据记录和处理

将水尺读数和该水尺的零点高程相加，便得到水位数据。

$$Z = Z_{0i} + h_i \tag{4.5}$$

式中：Z——水位（m）；

Z_{0i}——i 水尺的零点高程（m）；

h_i——i 水尺的读数（m）。

如表 4.3 所示，2017 年 9 月 1 日 08∶00 和 20∶00 均采用 P_3 水尺，该水尺的零点高程为 4.75 m，水尺的读数分别为 0.79 m 和 0.81 m，故当天 8 时和 20 时的水位分别为 5.54 m 和 5.56 m。

表 4.3　某站基本水尺水位记载表

2017 年 9 月

日	时∶分	水尺编号	水尺零点高程/m	水尺读数/m	水位/m	日平均水位/m	流向	风及起伏度	备注
1	08∶00	P_3	4.75	0.79	5.54				
	20∶00	P_3	4.75	0.81	5.56	5.55			
2	00∶00	P_3	4.75	0.92	5.67				
	00∶00	P_2	5.35	0.32	5.67				换水尺
	08∶00	P_2	5.35	0.40	5.75				
	14∶00	P_2	5.35	0.60	5.95				
	16∶00	P_2	5.35	0.75	6.10				
	18∶00	P_2	5.35	0.87	6.22				
	20∶00	P_2	5.35	0.85	6.20				
	24∶00	P_2	5.35	0.70	6.05				
3	…	…	…	…	…	…			

4.3.2　水位的自动观测

自记式水位计在投入使用之前必须进行比测，即采用水尺读数或水准测量的方法，对同步的自记数据进行检验。在比测时，应对测站水位变幅分多个段次分别进行，每段次比测次数应大于 30 次，比测结果系统误差不应超过 1 cm。

4.3.2.1　参数设置

在采用自记式水位计进行水位长期观测时，应根据所采用的水位计的特点和观测任务对观测参数进行调整，如采样段次和采样频率等。不同类型的自记式水位计往往有着不同的采样频率，一般可按照仪器推荐的采样频率设定，但必须达到观测任务的要求。在汛期，需重新设置观测段次和加密测次。

4.3.2.2　设备维护

自记式水位计的水位观测过程一般无须工作人员参与，大大节省了人力资源，但设备的检查、维护和修理成为测站重要的日常工作。

对设备进行定期和不定期的检查是水位自动观测能否正常进行的重要保障，一般在检查时要注意以下事项：① 自记式水位计的工作状态正常与否，水位计的传感器能否正常运行是检查的重点。② 能源供给系统是否正常。一些自记式水位计安置在无人值守的测站，电力、太阳能或其他能源的稳定供给必须予以保障。③ 数据记录、存储和传输系统是否正常。一般应在汛前、汛中和汛后进行全面的检查和测试。

4.3.2.3 数据记录处理和摘录

应根据自记式水位计的类型和水位观测的需求制定数据收集的规范。如果是以纸介质模拟记录的，那么应当定期回收和更换记录纸。如果是以固态存储器记录的，那么需要定期读取内存中的数据并加以记录和备份。

自动记录的数据应进行必要的处理和摘录。若水位过程中断，则应当予以内插补足，若瞬时水位数据波动明显则应进行平滑处理。对每日 8 时的水位必须摘录(8 时为水位的基本定时观测时间)。

4.3.2.4 水位校测

水位校测即采用水尺(或悬垂式、测针式水位计)读取水位，对自记式水位计的数据进行检验。日记式自记式水位计在每日 8 时定时校测 1 次，长周期自记式水位计可每周校测一次。若发现自记水位数据与校测数据的系统偏差超过 2 cm，则应重新设置水位计(朱晓原等，2013)。

4.3.3 平均水位计算

4.3.3.1 算术平均法

当一日内的水位变化不大，或变化虽较大但仍采用等时距观测时，可以采用算术平均法计算当天的日平均水位：

$$\overline{Z}=\frac{1}{n}\sum_{i=1}^{n}Z_i \tag{4.6}$$

式中：$\overline{Z}$——日平均水位(m)；

n——一日内水位的观测次数；

Z_i——第 i 次观测到的水位值。

如表 4.3 所示，2017 年 9 月 1 日观测了两次水位，但水位变化不大，因此可采用算术平均法求出当天的日平均水位为 5.55 m。

4.3.3.2 面积包围法

算术平均法对时间采用等权重处理，所以不适用于水位变化剧烈或者观测时距不相等的情况。面积包围法也称作 48 加权法，是一种对时间进行加权的平均水位计算方法，适用于不等时距观测的日平均水位计算，其计算公式为：

$$\overline{Z}=\frac{1}{48}\left[Z_0T_0+Z_1\left(T_0+T_1\right)+Z_2\left(T_1+T_2\right)+\cdots+Z_{n-1}\left(T_{n-2}+T_{n-1}\right)+Z_nT_{n-1}\right] \tag{4.7}$$

式中：n——一日内水位的观测次数；

Z_0——当日 0 时水位(m)；

Z_n——24 时水位(m)；

$Z_1, Z_2, \cdots, Z_{n-1}$——第 1,2,⋯,$n$−1 时刻的水位(m),如 0 时和 24 时的水位未测,可根据相邻两次水位直线内插获得;

$T_0, T_1, \cdots, T_{n-1}$——0 时至 1 时观测时刻,1 时至 2 时观测时刻,⋯,n−1 至 24 时观测时刻的时间间隔(h)。

以表 4.3 中 2017 年 9 月 2 日的观测数据为例,当天由于水位有较明显的上升过程,因此观测人员加大了观测频次,各观测时距不等,各观测时段和水位如表 4.3 所示。用公式 4.7 计算(面积包围法。图 4.2)得到当日平均水位为 5.92 m,用公式 4.6 计算(算术平均法)得到平均水位为 5.99 m,两者相差 7 cm。根据《水位观测标准》(GB/T 50138—2010),当两种方法的计算结果差距大于 2 cm 时,应采用面积包围法计算平均水位。

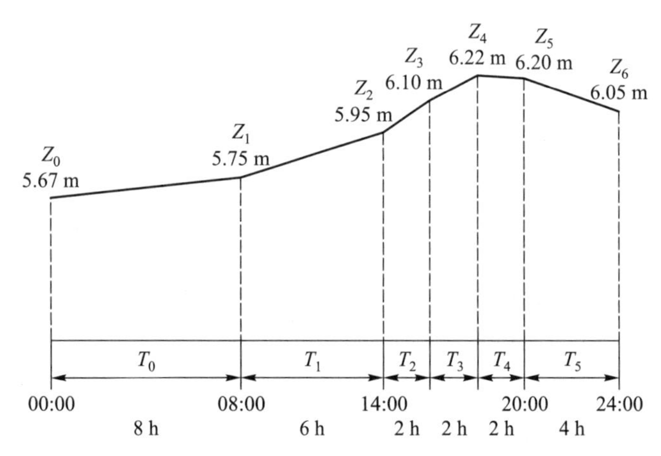

图 4.2　面积包围法示意图(以表 4.3 数据为例)

4.4　断 面 测 量

流量测验(简称测流)的主要方法有流速面积法、水力学法、化学法、物理法和直接法等(表 4.4)。因篇幅所限,本书不赘述物理法。

表 4.4　流量测验方法

方法	原理	基本操作	适用水情
流速面积法	流量定义:过水断面流速与面积的乘积	实测断面面积和流速,计算获得流量	流量较稳定的河段
水力学法	能量转换和守恒原理	采用量水(水工)建筑物测量其他水力学要素(不测流速和面积),通过水力学公式计算获得流量	流量较小的河流
化学法	示踪剂浓度与流量成反比	在上游断面投入一定浓度的示踪剂,在下游断面采集水样测量示踪剂浓度,计算稀释因子,获得流量	水流湍急、紊流程度高、断面不规整
直接法	直接测量	测量流过某断面的水体体积或质量	流量极小或实验室测流

流速面积法是根据流量概念，通过测定断面流速和面积，并由面积和流速的乘积来推算流量的方法。

$$Q=\bar{v}\cdot A \tag{4.8}$$

式中：Q——流量（m^3/s）；

$\bar{v}$——断面平均流速（m/s）；

A——过水断面面积（m^2）。

流速面积法是应用最为广泛的测流方法，世界上约 90% 的河流测流工作基于该方法进行（Shaw et al.，2011）。测流工作主要包括了断面面积测量、流速测量和断面流量计算三大部分。

河流断面分为纵断面和横断面。纵断面为从上游至下游沿中泓线所切取的河底高程剖面，在水文测验中涉及得较少。横断面为垂直于河道（或水流平均流向），水面和湿周所围成的剖面（图 4.3）。横断面随着水位的升降而发生变化。自由水面和湿周所围成的断面称为水道断面（简称断面）。历年最高洪水位以上 0.5~1 m 的假想水位与河底围成的横断面称为大断面。

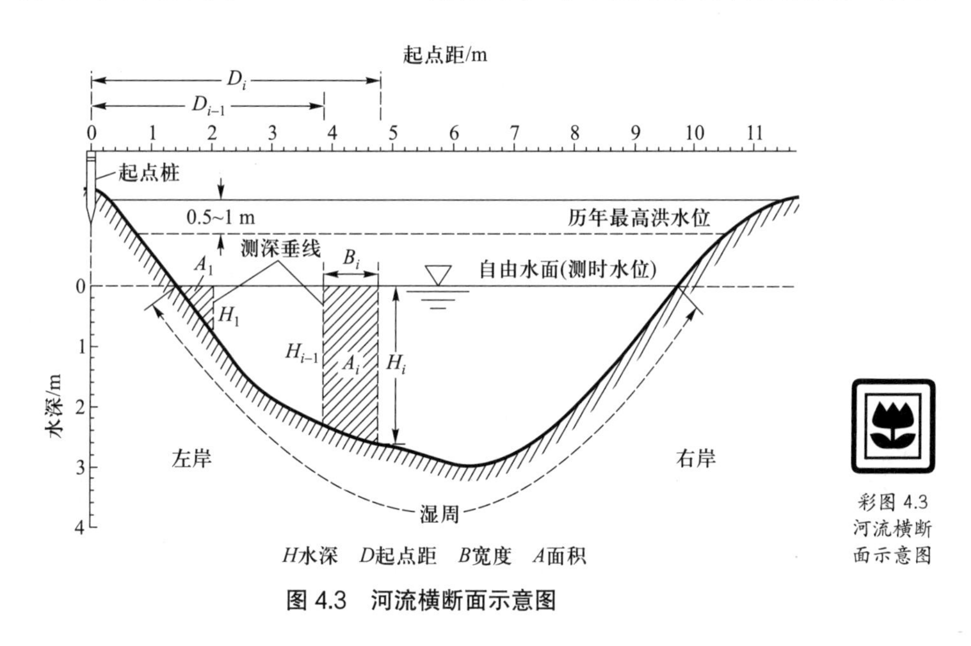

图 4.3 河流横断面示意图

断面面积是采用流速面积法计算流量时不可缺少的参数。断面测量是流量测验中的重要步骤，其精度直接关系到流量计算的结果。断面测量包括了测深垂线布设、起点距和水深测量等主要内容。测深垂线宜均匀分布。在河床地形转折处、断面的最低点应布设至少 1 条垂线。两条垂线的间距不小于 0.5 m。

4.4.1 起点距测量

如图 4.3 所示，在河道横断面左岸高水位处设立断面起点桩，定义沿断面延伸方向任意一点至起点桩的水平距离（即各垂线至起点桩的水平距离）为起点距 D，相邻两条垂线间的宽度按下式计算：

$$B_i = D_i - D_{i-1} \tag{4.9}$$

当条件允许时，如在渡河建筑（如桥梁）或地面标志上已经有距离标记的、可进行涉水作业等，可采用测距仪器直接测量起点距。当无法进行直接测量时，常用的间接测量方法有平面交会法、极坐标交会法、全球导航卫星系统（如北斗卫星导航系统）定位法、断面索法和计数器法等。

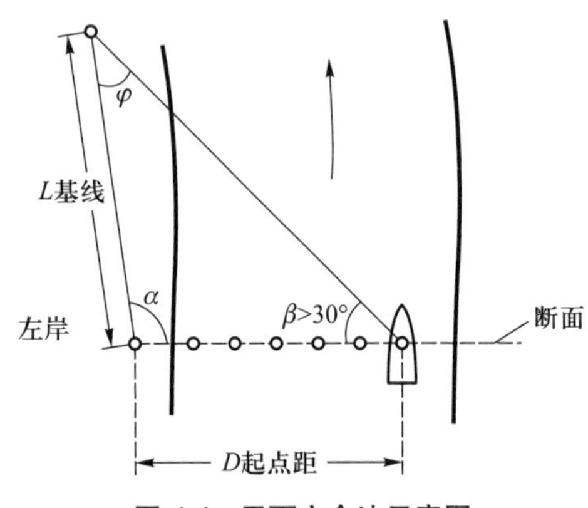

图 4.4　平面交会法示意图

图 4.4 为采用平面交会法测量起点距的示意图，在左岸设立基线 L，已知 L 的长度。基线的两个端点和断面垂线所在点围成一个三角形，在基线端点架设经纬仪，测量基线与断面垂线的水平夹角（α）。根据公式：

$$D = L\frac{\sin\varphi}{\sin(\alpha+\varphi)} \tag{4.10}$$

可计算得出起点距 D，当基线和断面垂直时（α=90°），公式可简化为：

$$D = L\tan\varphi \tag{4.11}$$

北斗卫星导航系统在较宽断面或开敞水域（如湖泊、海滨）的起点距测量方面有着很大的应用前景。利用北斗卫星导航系统测距有绝对定位和相对定位两种方法。绝对定位方法最为简便，只需一台北斗卫星导航系统的接收机便可确定所在位置的三维坐标，但误差一般都在 2~3 m 之间（观测 10~20 min）。相对定位方法需要两台以上的接收机同时工作，如卫星导航系统差分测量法，一台接收机安置在已知坐标的固定参考点上连续工作（基准站），另一台接收机则可移动至各待测点测量（流动站），在观测结束后，数据经解算可得到各测点的位置，误差在 0.2~2 m 之间。利用实时动态（real time kinematic，RTK）载波相位差分技术，其测量精度可以达到厘米级。这种技术已经在断面测量中得到应用。

4.4.2　水深测量

水深测量的仪器主要有测深杆、测深锤、铅鱼和超声波测深仪等（图 4.5），其适用条件和使用方法等内容可见表 4.5。测深杆一般在水深小于 6 m 时使用，可直接从测杆刻度上读出水深。测深锤则多使用于水库、湖泊或流速慢的河流。在测量时将测深锤抛入垂线上游处，待锤体接触河底，当测绳与水面垂直时，通过测绳上的标记读出水深。铅鱼一般需要安置在悬索上，在测量时将铅鱼放到断面河底，通过悬索标记或计数器读出水深。铅鱼测深法是当前我国江河断面的主要测深方法。

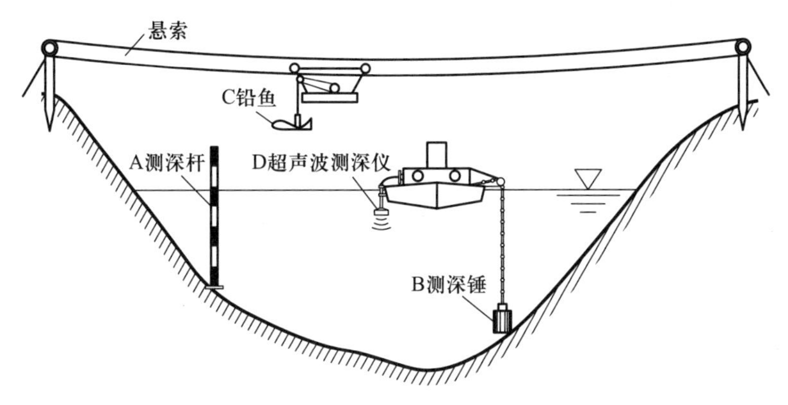

图 4.5 测深工具示意图

表 4.5 测深工具及方法

测深工具	适用条件	工作平台	水深读取
测深杆	水浅流缓	涉水、测船、测桥	直接读取
测深锤	水深流缓	测船、测桥	直接读取
铅鱼	水深流急	悬索、测船	直接读取、计数器
超声波测深仪	水深沙少	测船、悬索	公式计算

超声波测深仪是利用超声波在不同介质的界面上定向反射的特性来间接探测水深的，原理与超声波水位观测方法一致，不同之处在于测深时将换能器没入水中，向河底发射声波。由于换能器存在盲区，所以在水浅的水域不宜使用超声波测深，当水体泥沙含量较大时，泥沙也会对测深造成干扰。

4.4.3 断面面积计算

断面面积计算的基本思路是：测深垂线将形状不规则的断面分割成若干个形状（梯形、三角形）近似规则的部分，以部分断面之和逼近真实断面。即：

$$A=\sum_{i=1}^{n}A_i \tag{4.12}$$

式中：A——水道断面面积（m^2）；

A_i——分割后第 i 部分的面积（m^2）。

我国水利部门采用平均分割法，将相邻两条测深垂线、垂线间水面和河底所围成的区域视作梯形，如图4.3 A_i所示，以两条垂线的水深为梯形两条底边，垂线间的宽度B_i为梯形的高，故有：

$$A_i=\frac{1}{2}\left(H_{i-1}+H_i\right)\times B_i=\frac{1}{2}\left(H_{i-1}+H_i\right)\times\left(D_i-D_{i-1}\right) \tag{4.13}$$

式中：B_i——两条测深垂线起点距之差（m），按公式 4.9 计算；

H_i——第 i 条测深垂线的深度（m）；

D_i——第 i 条测深垂线的起点距（m）。

靠近两岸的部分按三角形面积进行计算，如图 4.3 所示，A_1 是以第 1 条测深垂线的水深 H_1 为底、垂线至岸边的距离为高的直角三角形。

4.5 流 速 测 量

流速为水质点在单位时间内移动的距离。如果断面水流为恒定流，那么断面内流速的分布主要受河岸和底床特征的影响。如图 4.6a 所示，在摩擦力作用下，靠近河底和两岸的流速较小，表面水流流速则易受到风的影响。垂线流速分布如图 4.6b 所示，垂线最大流速往往出现在水面之下，远离河岸的区域。垂线平均流速一般和 0.6h（h 为相对水深，自水面向下水深/总水深）处的流速相当。可见断面上流速存在显著的差异，测量断面平均流速是测流工作中的一个难点。通过布设一定数量的测速垂线来控制流速在断面上的横向变化，在垂线上选择若干测点进行点流速测定，以控制流速垂向变化，在条件允许的情况下，若测线和测点布设的数量越多，则测量的精度越高。

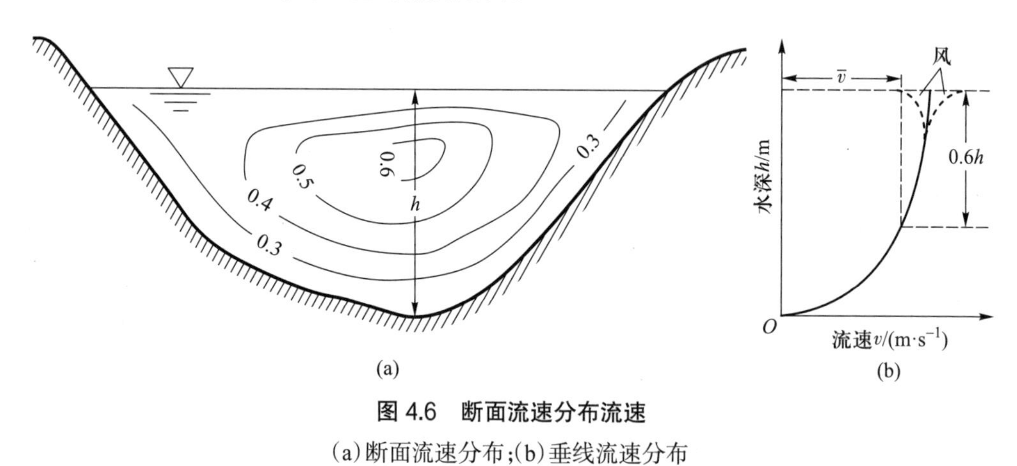

图 4.6　断面流速分布流速

（a）断面流速分布；（b）垂线流速分布

4.5.1　流速测量仪器

测量流速的设备称为流速仪。依据测量原理不同，可将流速仪分为机械式的转子式流速仪、基于电磁感应定律的电磁流速仪和利用多普勒效应测流的声学流速仪等几种类型。传统的流速仪一次仅能测定一个点的流速（如转子式流速仪、电磁流速仪），在对大江大河进行测流时工作量极大；声学多普勒流速剖面仪（ADCP）可以测定流速剖面，在测流工作中不断显示出优势。以下主要介绍转子式流速仪、ADCP、电波流速仪三种测流设备。

4.5.1.1　转子式流速仪

转子式流速仪是一种传统的测流设备。18 世纪末已出现旋桨式流速仪，至今其技术不断完善成熟，一直是测流的主力设备，常被直接称为"流速仪"。转子式流速仪是根据水流对转子（旋杯、旋桨）的动量传递原理进行工作的。当流速超过某个临界值时，由水流驱动的转子角速度与该点的水流速度在一定范围内成近似的线性关系。虽然从流体力学角度分析其运动机理十分复杂，但是其结果却十分简单和便于应用，即流速和转子转率间的关系为：

$$v = a + bn \tag{4.14a}$$

$$n = \frac{N}{T} \tag{4.14b}$$

式中：v——水流的时均流速（m/s）；

n——转子的转率（s^{-1}）；

a、b——均为经验系数，b 为水力螺距（m），a 为常数（m/s）；

T——测速历时（s）；

N——测速历时 T 期间转子的总转数。

每台流速仪在出厂前，都会进行校对，以确定 a、b 值，给出针对该流速仪特定的经验公式。在测流时只要测定转率 n 值，就可计算得出流速 v。

转子式流速仪主要由感应、发信和定向等部分组成，辅助部分有计数、悬挂和特殊附件等。如图 4.7 所示，流速仪的感应部分为转子，有旋桨式和旋杯式两种主要类型。旋桨的旋转轴为水平式，叶片数量有双叶、三叶和四叶，一般旋向为左旋。旋桨式流速仪可以适应高流速、高含沙量的环境，是我国主要的测流设备，如 LS25-1、LS25-3、LS20B、LS10 和 LS1206B 等（LS 为流速的拼音缩写，数字为流速仪的理论水力螺距）。旋杯为圆锥形，旋杯式流速仪由 3 个或 6 个旋杯构成转子，它们的旋转轴垂直，旋转方向为逆时针（俯视）。我国主要的旋杯式流速仪有 LS68、LS78 和 LS45 等。流速仪通过发信部分产生并输出指示转子旋转圈数的信号，早期普遍采用机械接触丝方式产生信号，当前定型的流速仪多使用干簧管部件（磁激式），

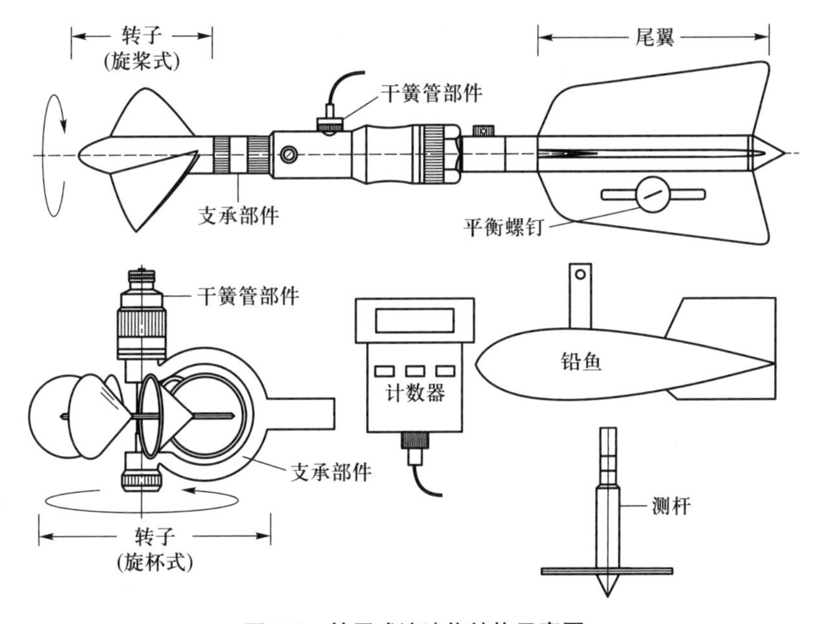

图 4.7 转子式流速仪结构示意图

此外还有光电式和电阻式等类型。输出的信号可以通过计数器自动记录,也可以采用人工计数方法。尾翼是流速仪的定向部件,在测速范围内可保证流速仪自动对准流向并保持稳定。

4.5.1.2 声学多普勒流速剖面仪

多普勒效应指当固定频率的振动源与观察者存在相对运动时,观察者接收到的辐射波频率并不等于振源的频率,而是发生一定的变化(频移)。声学多普勒流速剖面仪(acoustic doppler current profiler,ADCP)是利用多普勒效应进行测速的流速仪。ADCP 最初设计应用于洋流流速剖面观测等海洋研究,现在也大量应用于河口和河流的测流工作。

如图 4.8 所示,当振源和观察者相对接近时,观察者接收到的振波频率增加,反之则减小。当两者之间不存在相对运动时则无此效应。这种频率的变化称为多普勒频移(f_D),有:

$$f_D = f' - f_0 = f_0 \frac{V}{C} \tag{4.15}$$

式中:f_0——振源发出的振动频率(Hz);

f'——观察者接收到的振动频率(Hz);

C——振源波动的传播速度(m/s);

V——振源与观察者之间的相对运动速度(m/s)。

ADCP 的换能器可以发射一定频率的声波,并接收被水体中反射物(泥沙、气泡和微生物等)反射回来的声波,由于换能器接收到的声波是经反射回来的,所以对于 ADCP 而言,换能器测得的频移为:

$$f_D = 2 f_0 \frac{V}{C} \tag{4.16}$$

通过计算可获得反射物和换能器之间的相对速度。若假定颗粒物运动速度等于水流流速,则得到水流相对于换能器的相对速度。

ADCP 一般设有 3 个(或 3 个以上)换能器(图 4.8)。各换能器与 ADCP 中轴线成一定的夹角(波束角)。可以测得在波束方向上的,水流和换能器之间的相对速度。如图 4.8b 所示,换能器 1 和 2 分别发射声束 1 和 2,假定在小范围内水流为均匀流,则水流流速 $v_A=v=v_B$,换能器 1 可测得在声束 1 方向上的流速分量 v_1,换能器 2 可测得在声束 2 方向上的流速分量 v_2。如果该 ADCP 设有 3 个换能器,那么可以得到 3 个声束方向上的流速(即声束坐标系上的流速分量),通过转换可得到 ADCP 坐标系(三维直角坐标系)下的流速分量,再利用罗盘数据进行转换,得到大地坐标系(东向、北向和垂直)下的流速和流向。

一台 ADCP 相当于多台普通流速仪同时工作,可以测得不同深度水流的流速。ADCP 在工作时可以设置一定厚度的深度单元(bin),它向水中发射声波后,通过计量返回信号的时间间隔,来实现不同深度的流速测量。

不同厂家生产的 ADCP 外观存在差异,一般呈圆柱体的形状。图 4.8c 为某厂家生产的走航式 ADCP 外观。该仪器为一体式设计,主体为一个 4 声束换能器,电子部件、磁通门罗盘、倾斜计、温度传感器和底跟踪部件等均整合在一起。

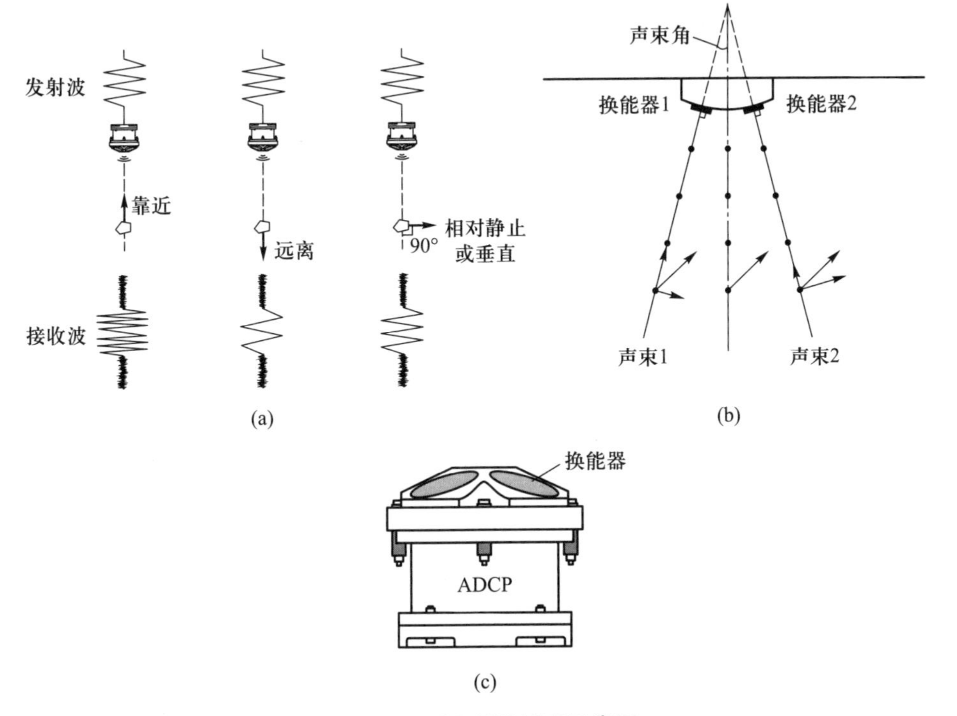

图 4.8　ADCP 测速原理示意图

(a)原理;(b)角度;(c)外观

4.5.1.3　电波流速仪

电波流速仪是一种非接触式流速测量设备,其测速原理也是多普勒效应。与 ADCP 不同,电波测速一般采用微波波段的电波。如图 4.9 所示,电波测速仪沿着 AO 方向发射微波,其中一部分微波被反射回来,测速仪接收这部分微波并计算多普勒频移 f_D,根据公式

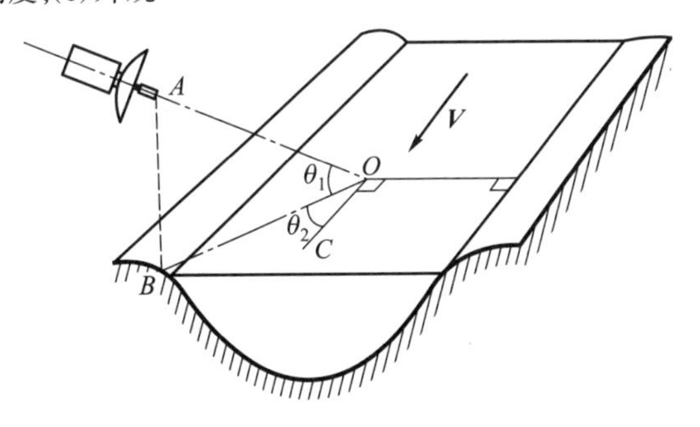

图 4.9　电波测速原理示意图

$$f_D = 2 f_0 \frac{V_{AO}}{C} \tag{4.17}$$

可以计算 V_{AO}。

式中:f_0——电波流速仪所发射的微波的初始频率(Hz);

f_D——接收到的发生了多普勒效应的微波频率(Hz);

C——为振源波动的传播速度(m/s);

V_{AO}——水表面流速在 AO 方向上的分量(m/s)。

面 AOB 垂直于理想水平面,BO 为 AO 在水平面上的投影,θ_1($\angle AOB$)为俯角;OC 为垂直于横断面的水流方向。θ_2($\angle BOC$)为方位角。通过 θ_1 和 θ_2 的余弦值,可以计算出表面水

流在垂直于断面方向上的流速值，即

$$V_{AO} = V\cos\theta_1 \cdot \cos\theta_2$$

式中：V——水体表面流速 (m/s)。

电波测速通过水面上的漂浮物或波浪对微波的反射得以实现，所测得的是反射物的运动速度，其测量的精度相对较差，一般认为它无法达到转子式流速仪的精度，在水面平静时测速效果不佳。电波测速的优势在于其设备安置方便，测流时无须接触水体，当水流流速快、紊动强时，比较有利于电波测速的进行。电波流速仪适用于在洪水时替代流速仪或浮标进行测流。

4.5.2　流速测量方法

4.5.2.1　测速垂线布设

测速垂线的布设要能控制断面地形和流速沿河宽分布的主要转折点，在此基础上宜均匀分布（朱晓原等，2013）。垂线布设数量随测流精度需求和断面宽度的不同而异，我国所采用的方法如表 4.6 所示。ISO 748:2007 中对垂线布设数量的要求较高，对宽度>5 m 的断面，要求设立不少于 22 条垂线。测流垂线一旦确定，就宜固定不变，以便于进行多次测流数据的比较。

表 4.6　我国精测法、常规法最少测速垂线数目

水面宽/m		<5	5	50	100	300	1 000	>1 000
精测法	窄深	5	6	10	12	15	15	15
	宽浅	—	—	10	15	20	25	>25
常规法	窄深	3~5	5	6	7	8	8	8
	宽浅	—	—	8	9	11	13	>13

根据朱晓原等，2013

垂线平均流速采用垂线若干深度上的点流速平均值来计算获得。若垂线深度不同，则所需测速点的数量也不同。如表 4.7 所示，当垂线水深小于 1.5 m 时，采用 0.6h 处的点流速即可代表垂线平均流速，随着垂线深度增加，计算垂线平均流速所需的点流速也相应增加。如图 4.10 所示，靠近河岸的垂线①和⑩深度不足 1.5 m，因此采用一点法测量计算垂线平均流速；垂线②和⑨深度在 1.5~2.0 m 之间，因此采用 0.2h 和 0.8h 两点法；垂线③~⑥和⑧深度均在 2.0~3.0 m 之间，因此采用 0.2h、0.6h 和 0.8h 三点法进行测速和计算，垂线⑦深度达到 3 m，因此采用五点法。

表 4.7　垂线平均流速测量及计算方法

	水深范围/m	测速点布设位置 *	垂线平均流速计算方法 **
一点法	<1.5	0.6h	$V_m=v_{0.6}$
两点法	1.5~2.0	0.2h 和 0.8h	$V_m=(v_{0.2}+v_{0.8})/2$
三点法	2.0~3.0	0.2h、0.6h 和 0.8h	$V_m=(v_{0.2}+2v_{0.6}+v_{0.8})/4$
五点法	>3.0	0.0h、0.2h、0.6h、0.8h 和 1.0h	$V_m=(v_{0.0}+3v_{0.2}+3v_{0.6}+2v_{0.8}+v_{1.0})/10$

*h 为相对水深，即仪器入水深度与垂线水深之比

** V_m 为垂线平均流速，$v_{0.0}$，$v_{0.2}$，…，v_1 为 0.0h，0.2h，…，1.0h 处的点流速

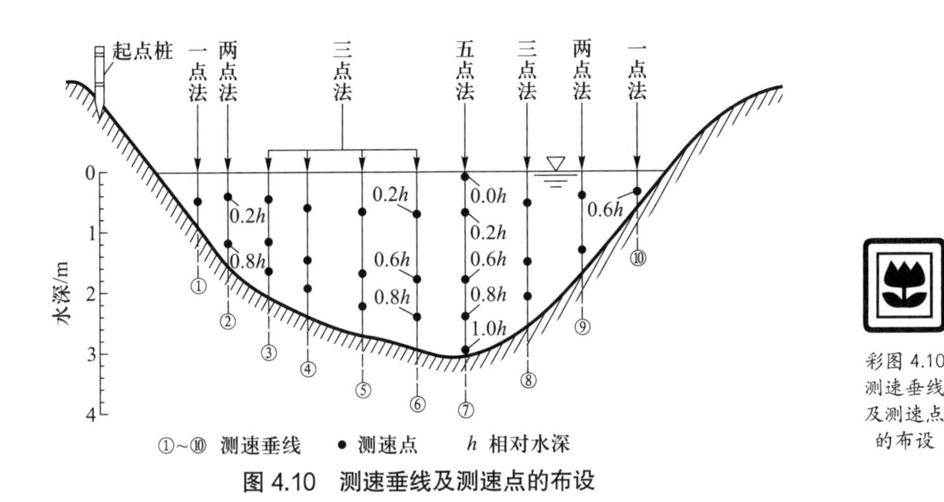

图 4.10 测速垂线及测速点的布设

彩图 4.10 测速垂线及测速点的布设

4.5.2.2 流速仪流速测量

可根据断面具体情况，依托适宜的渡河设施进行流速测量。断面设有水文缆道、测桥(或所设断面处有交通桥梁)的，可采用这些设施，也可采用测船为渡河设施。

以转子式流速仪测速为例，首先应注意所测流速是否处在流速仪测速范围内。如果实测流速较低，那么在接近流速仪测速范围的低阈值时，可能会导致测速误差较大。测深垂线和测速垂线宜保持一致，测速一般与测深同时进行。当安装并测试流速仪完毕后，应根据垂线深度和对应的测速点分布，调整流速仪位置并将它固定到预定深度。当流速仪开始稳定转动后，可开启自动计数器或人工计数。为了消除水流脉动的影响，流速仪测速历时一般在 30~100 秒之间，可根据具体流速仪的使用要求执行。在人工计数时需注意，当观察到某一信号(如光、音响)时开始计时，记录观察到的信号数量，达到预设观察历时(如 50 秒)，待收到下一次信号时结束测流，记录下实际测流历时和期间信号数量(起始的信号不计入)，将信号数转变为转子总转数。信号频率较高的流速仪不适合采用人工计数。每台转子式流速仪的转子转速和水流速度经验公式都是唯一的，如果实测期间动用了多台流速仪，那么必须将流速仪编号准确记录下来。如表 4.8 所示，测线 5 水深为 2.70 m，分别于 0.54 m($0.2h$)、1.62 m($0.6h$) 和 2.16 m($0.8h$)3 个深度进行流速测量(三点法)，将测速历时 T 和期间的总转数 N 记录下来，计算流速仪测流期间的转率 n，采用测量所用流速仪的流速计算公式计算各所测水深处的测点流速，分别为 $v_{0.2}$=0.79 m/s，$v_{0.6}$=0.72 m/s 和 $v_{0.8}$=0.64 m/s，按表 4.7 中三点法垂线流速计算公式计算，可得垂线 5 的平均流速为 0.72 m/s。

表 4.8 流速仪测速记录表

测线 5	流速仪位置		测速记录			测点流速
垂线水深 H/m	相对水深	测点水深/m	历时 T/s	转数 N	转率 n/s^{-1}	v/(m·s^{-1})
2.70	$0.2h$	0.54	55	165	3.00	0.79
	$0.6h$	1.62	50	136	2.72	0.72
	$0.8h$	2.16	60	144	2.40	0.64
流速计算公式：$V = 0.040 + 0.250n$ 垂线平均流速：$V_m = (v_{0.2} + 2v_{0.6} + v_{0.8})/4$				垂线平均流速：0.72		

4.5.2.3　ADCP 流速测量

ADCP 可直接测量垂线深度上多个单元的流速，故无须在点流速的测量上耗费大量的时间和精力，且 ADCP 在垂线上测速单元的数量远多于传统的流速仪可布设的测点数量，在深度较大的断面测量上有着巨大的优势。走航式 ADCP 则可以安装在测船上，随着测船在断面上航行便可以收集流速数据，大大提高了测流的效率。这种方式在宽阔水域优势更为明显，已得到广泛应用。利用 ADCP 测流主要包括以下步骤：

第一步是安装。按安装基座的不同，ADCP 测流可分为固定安装测流和走航式测流两种主要方式。基座的选择往往取决于测流方式的选择，固定安装是将 ADCP 安置在固定的基座上，将 ADCP 当作一条直线上的多个流速仪来使用。固定基座如图 4.11a 所示，一般以测船（非走航，锚定）、浮标或河底为基座，ADCP 垂直于水面安置，换能器自水面向下探测（测船、浮标基座）或由水底向上探测（河底基座）。水平安装是将 ADCP 固定安装在河岸（图 4.11），对断面水平剖面上的流速分布进行测量，如果要得到断面平均流速，就应先建立剖面流速和断面平均流速之间的关系，或基于垂线流速分布原理计算垂线平均流速，再计算得到断面平均流速。有的

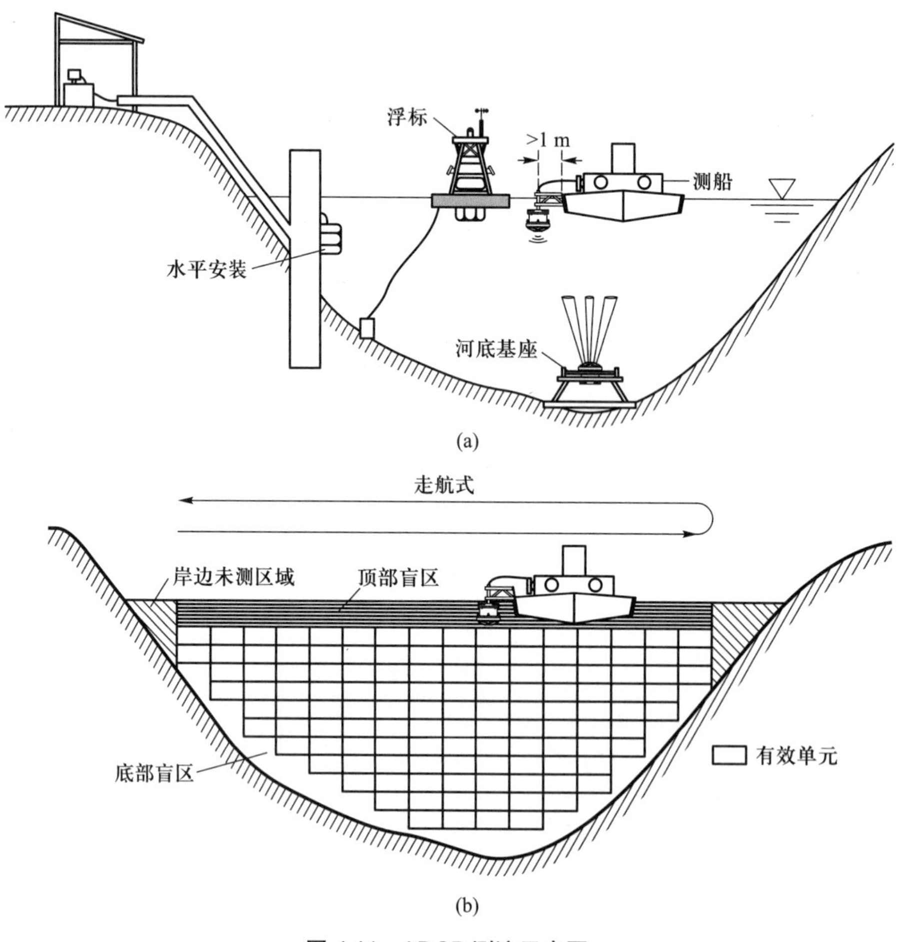

图 4.11　ADCP 测流示意图

水平安装基座可以上下运动，测定不同水平剖面的流速。水平安装法可以节省测船、浮标基座所需消耗的大量人力和资源，在大型断面且有固定水文测站的情况下有着极大的应用价值。

在采用走航式测流时，ADCP 须安置在测船上，一般将 ADCP 安装在船舷外，以避免船体对测流的影响。如果测船为铁质，那么 ADCP 与船舷距离应不小于 1 m，以避免船体对 ADCP 罗经的干扰，或使用外部罗经。测船在断面上行驶的过程中，便可测定所经过水面之下的垂线流速分布。但需要注意的是，走航式 ADCP 观测的是船行速度和水流速度两者的合成值。走航式 ADCP 采用“底跟踪”方法测定船速，再计算出水流的速度。当断面底部存在推移质时，“底跟踪”方法就会失效。

第二步是准备。针对不同的测流要求和断面特点，选择适宜的 ADCP 安装方式，如巡测需采用测船走航式测量，对小断面则可采用三体浮船（ADCP 专门配置）为载体等。测流前需对 ADCP 及其外部设备逐一检查清点，携带必要的配件。

第三步是现场测流。按要求安装完 ADCP，在测量前进行仪器自检，设定测流参数，如 ADCP 测流模式、通信设置、数据采集模式、盲区设定、测深单元设定、记录方式等，按照实际情况在仪器软件中进行配置。需注意盲区的设置不应小于仪器生产厂家推荐的最小值，测深单元尺寸也不可小于设备允许的下限。ADCP 的固定测流方法按流速仪法进行即可，测量时间不能过短。在采用走航式测量时，测船从断面一岸的下游驶入断面，当接近断面起点时，测船沿断面以正常船速行驶至断面另一岸终点，为半测回，当流量稳定时进行 2 个测回的观测，流量变化剧烈时可减少测回数目，一般宜完成一个测回。

第四步是数据处理。ADCP 的数据获取一般采用实时模式（real time），在测验结束时可采用软件的“回放”功能对每组原始数据进行审查，以保证数据的完整性和正确性。如果发现参数设置不合理，就应当及时调整并增加测回数目。限于声学测量方法的限制，ADCP 测流存在盲区，如换能器之上的水面的盲区、水底的盲区，另外走航式还涉及对岸边流量的忽略（图 4.11），这些在进行断面流量计算时都需加以考虑。

4.6 流量计算

流量计算方法有分析法、图解法和等值线法等，应用最广泛的为分析法。分析法计算简便，主要计算思路为：断面流量为部分流量之和。采用垂线将断面划分为若干部分，划分方法为平均分割法（mean-section method）。

流量计算方法为：

$$Q=\sum_{i=1}^{n} q_i \tag{4.18a}$$

$$q_i=\overline{V}_i A_i \tag{4.18b}$$

$$\overline{V_i}=\frac{1}{2}\left(v_{\mathrm{m}(i-1)}+v_{\mathrm{m}i}\right) \tag{4.18c}$$

式中：Q——断面流量（m^3/s）；

　　q_i——第 i 部分流量（m^3/s）。

断面流量为各部分流量之和，如图 4.12 所示，以垂线为部分断面的分界线，由相邻两条垂线、两者间的河面和河底构成一个梯形；将靠近岸边的两个断面视作三角形。部分流量 q_i 为部分平均流速 $\overline{V_i}$ 和部分断面面积 A_i 的乘积。$\overline{V_i}$ 等于相邻两条垂线的平均流速 $v_{m(i-1)}$ 和 v_{mi} 的平均值。近岸断面的部分平均流速采用 $\overline{V}=\alpha v_m$ 计算，α 为岸边流速系数（斜坡岸边 α=0.67~0.75，通常取 0.7）。部分断面面积 A_i 的计算方法参见 4.5.3。

如图 4.12 所示，采用平均分割法，用 10 条垂线将断面分割为 11 个部分，将最靠近岸边的两部分 A_1 和 A_{11} 视作三角形，将 A_2~A_{10} 视作梯形。各条垂线的起点距 D 和垂线水深 H 如表 4.9 所示，相邻两条垂线间的宽度 B 为起点距之差。宽度和平均水深（此处为相邻两垂线深度的平均值）的乘积即部分断面面积，将左岸和右岸的水深计作零，如表中 A_1 作三角形，其面积为 $A_1=B_1\times H_1/2=0.26\ m^2$；将 A_5 视作由垂线 4、垂线 5、宽度 B_5 和垂线间河底围成的梯形，其面积 $A_5=B_5\times(H_4+H_5)/2=2.54\ m^2$。部分平均流速为相邻两条垂线平均流速的平均值，如 A_5 的部分平均流速 $\overline{V}_5=(v_{m4}+v_{m5})/2=(0.64+0.72)/2=0.68\ m/s$；岸边部分则采用岸边流速系数来计算，如 A_1 的部分平均流速 $\overline{V}_1=\alpha V_{m1}=0.7\times0.52=0.36\ m/s$。部分流量 q 是相应的断面平均流速和面积的乘积，如 $q_1=A_1\times\overline{V}_1=0.26\times0.36=0.10\ m/s$。断面流量 Q 是所有部分流量之和，为 $11.7\ m^3/s$。

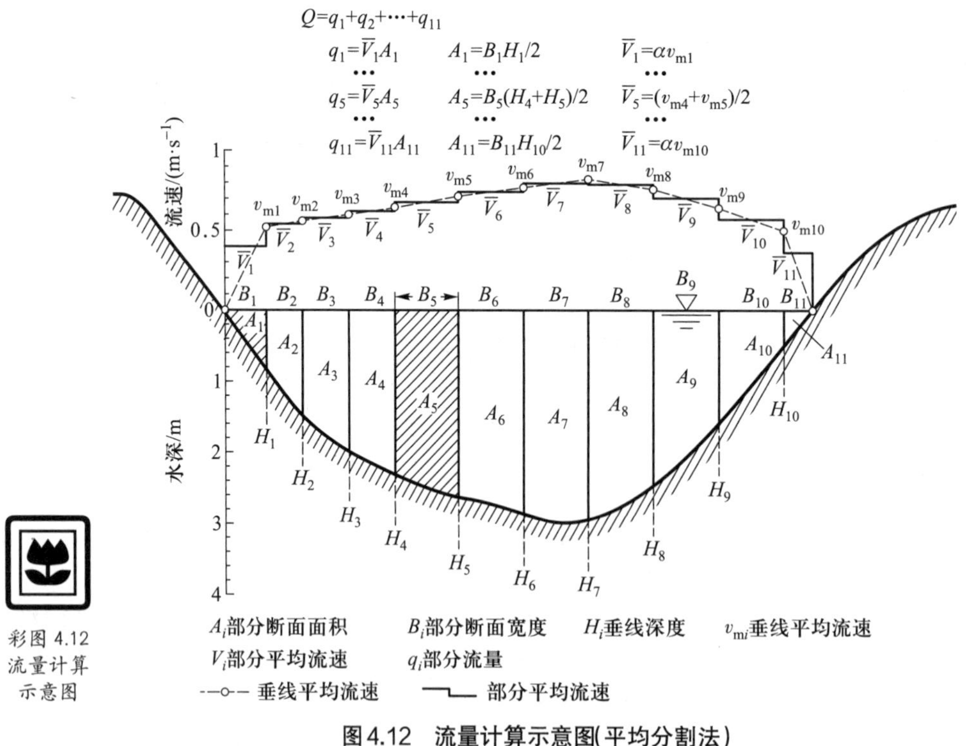

图 4.12　流量计算示意图（平均分割法）

表 4.9 流速仪法断面流量计算表

测线	起点距 D/m	测线水深 H/m	垂线平均流速 $v_m/(m \cdot s^{-1})$	宽度 B/m	平均水深 $(H_i+H_{i-1})/2$/m	部分面积 A/m^2	部分平均流速 $\overline{V}/(m \cdot s^{-1})$	部分流量 $q/(m^3 \cdot s^{-1})$	备注
左岸	1.00	0.00	0.00						
				0.60	0.44	0.26	0.36	0.10	
1	1.60	0.88	0.52						
				0.50	1.24	0.62	0.54	0.33	
2	2.10	1.60	0.56						
				0.70	1.83	1.28	0.58	0.74	
3	2.80	2.06	0.60						
				0.60	2.22	1.33	0.62	0.83	
4	3.40	2.38	0.64						
				1.00	2.54	2.54	0.68	1.73	
5	4.40	2.70	0.72						
				0.90	2.80	2.52	0.75	1.89	
6	5.30	2.90	0.78						
				0.70	2.95	2.07	0.80	1.65	
7	6.00	3.00	0.82						
				1.00	2.76	2.76	0.79	2.18	
8	7.00	2.52	0.76						
				1.00	2.11	2.11	0.70	1.48	
9	8.00	1.70	0.64						
				0.90	1.15	1.04	0.57	0.59	
10	8.90	0.60	0.50						
				0.50	0.30	0.15	0.25	0.04	
右岸	9.40	0.00	0.00						
								断面流量 Q=11.7	

4.7 水力学法测流

水力学法测流不直接测量断面面积和流速，而是测量其他水力学要素，通过水力学公式来计算获得流量。它的主要方法有量水建筑物法、水工建筑物法和比降面积法等。常见的测流建筑物有测流堰和测流槽，其规格多样，在小流域测流方面有着极大的优势。以下主要以薄壁三角堰为例介绍水力学法测流的原理和方法。

4.7.1 测流堰原理

具有自由水面的水流越过障壁而形成降落的急变流称为堰流，障壁称为堰。测流堰为一个设置于明渠内的阻水建筑（图 4.13），受其影响，堰体上下游两侧的水流流态发生显著变化。堰体上游水位流速缓慢，水位壅高形成缓流，水流 Froude 数（Fr，见公式 4.19）<0.5；在接近堰口处，水流受局部侧向挤压或底坎挤压而收缩，水面逐渐下降而流速增大，过堰后水流形成舌状射流（水舌），$Fr>1$，堰体下游未发生淹没。当堰流发生时，过堰流量 Q 和堰体上游一定距离上的水位（水头）之间存在一定的关系，测流堰测流原理即通过测量水头来计算流量。

$$Fr=\frac{\bar{v}}{\sqrt{gZ}} \tag{4.19}$$

式中：Fr——Froude 数，即弗劳德数，量纲为 1；

$\bar{v}$——平均流速（m/s）；

g——重力加速度（m/s^2）；

Z——水深（m）；

$\sqrt{gZ}$——浅水波波速（m/s）。

测流堰类型众多，如果根据堰顶的厚度划分，那么可将其分为薄壁堰、宽顶堰、实用堰和剖面堰等。薄壁堰的厚度很小（<0.67 倍堰上水头），不会影响水流的过流能力。薄壁堰按照薄壁缺口的形状分为三角形堰（V 形堰）、矩形堰、梯形堰和等宽堰等。不同类型的测流堰的测流上限和精度存在较大的差异。

以薄壁三角堰为例（图 4.13），测流堰由堰体、行进河槽和水头观测断面等组成，其水力特征值包括堰高（h'）、堰顶高程、堰上水头（h）、堰上总水头（H）等。堰顶高程指堰体上缘最低点的高程，往往作为水头计算的零点（图 4.13 O–O' 基准面）。堰上水头指堰体上游水面未发生下降处的水位与堰顶高程之间的高程差 h，这是观测堰测流中所需观测的对象，流量的计算便以 h 与 Q 之间的关系为基础。

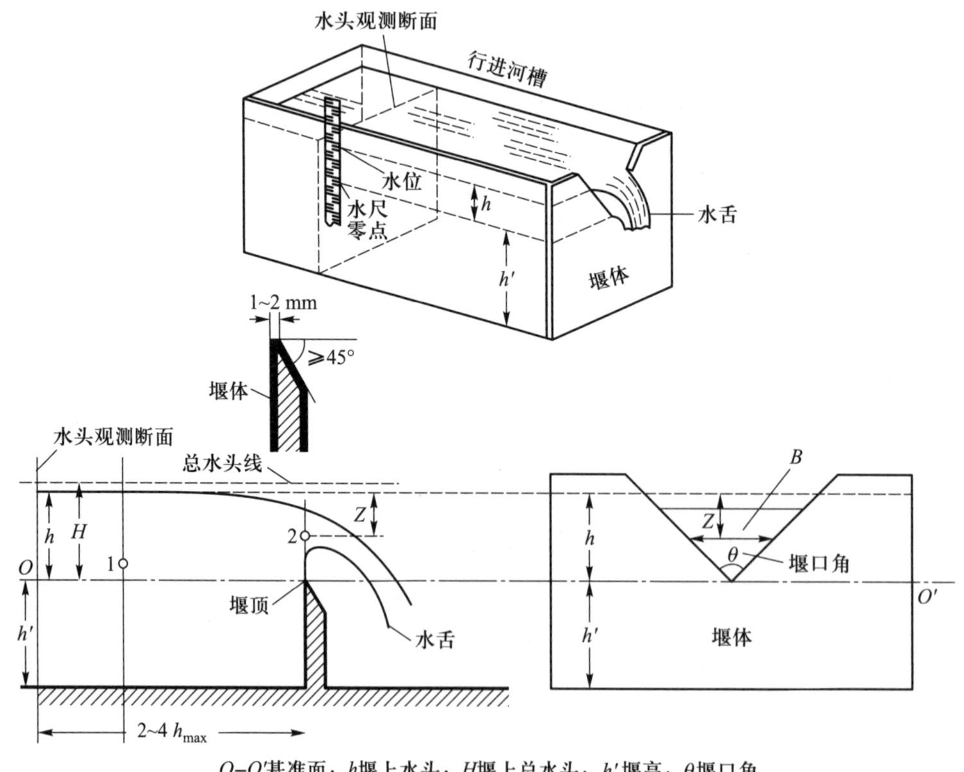

彩图 4.13
薄壁三角
堰示意图

O–O'基准面；h堰上水头；H堰上总水头；h'堰高；θ堰口角

图 4.13　薄壁三角堰示意图

其中，$h'=p/(\rho g)$。

如图 4.13 所示，以 $O-O'$ 为基准面（堰顶高程），根据伯努利方程：
由于断面 1 处总水头 $H_1=Z_1$（位置水头）$+p_1/(\rho g)$（压力水头）$+v_1^2/(2g)$（速度水头），$Z_1+p_1/(\rho g)=h$（堰上水头），所以 $H_1=h+v_1^2/(2g)$
由于断面 2 处总水头 $H_2=Z_2+p_2/(\rho g)+v_2^2/(2g)$，$Z_2+p_2/(\rho g)=h-z$，所以 $H_2=(h-z)+v_2^2/(2g)$

如果忽略断面 1 和断面 2 之间的摩擦作用，那么两个断面之间能量守恒，可知：$H_1=H_2$，即 $h+v_1^2/(2g)=(h-z)+v_2^2/(2g)$，有 $v_2=\sqrt{2gz+v_1^2}$

堰顶上方微厚部分流量 $\mathrm{d}Q=v_2\mathrm{d}A=\sqrt{2gz+v_1^2}\,\mathrm{d}A$，$A$ 为过水断面面积。

对 v_2 和 $\mathrm{d}A$ 求积分可得：$Q=\int v_2\,\mathrm{d}A=\int_{z=0}^{h}\sqrt{2gz+v_1^2}\,w\mathrm{d}z$；$w$ 为堰上深度为 z 处的堰宽，一般为有关 z 的函数，对于矩形堰，则 $w=B$，积分后可得：

$$Q=\frac{2}{3}B\sqrt{2g}\left[\left(h+\frac{v_1^2}{2g}\right)^{\frac{3}{2}}-\left(\frac{v_1^2}{2g}\right)^{\frac{3}{2}}\right];$$

由于 $v_1^2/(2g)\ll h$（行进河流流速极小可忽略），可得 $Q\approx\frac{2}{3}B\sqrt{2g}h^{\frac{3}{2}}$；设定包含行进流速影响在内的堰流量系数为 C，则得到堰流计算公式的一般形式：

$$Q=C\frac{2}{3}B\sqrt{2g}h^{\frac{3}{2}} \tag{4.20}$$

对于三角堰而言，$w=2(h-z)\tan(\theta/2)$，则三角堰的通用流量计算公式为：

$$Q=C\frac{8}{15}\tan\left(\frac{\theta}{2}\right)\sqrt{2g}h^{\frac{5}{2}} \tag{4.21}$$

式中：θ——堰口角（°）；
C——流量系数，与水头、堰口角和堰宽等因素有关。

4.7.2 测流方法

量水堰测流的基本思路是通过对堰上水头 h 的测量，利用堰流计算公式求得流量，故量水堰测流包含了 4 个关键点，分别为堰型的选择、堰上水头的测量、堰流公式的选择和流量计算。

不同的量水建筑物适应的流量情况、限制条件和进度都存在较大的差异，具体可参考《水文测验实用手册》（朱晓原等，2013）。薄壁三角堰一般适用于流量为 0.001~1.80 m^3/s 的河段，最佳测量范围为流量<0.1 m^3/s。常用的三角堰堰口角 θ 值为 90°（$\tan(\theta/2)=1$）、53° 8′（$\tan(\theta/2)=0.5$）和 28° 4′（$\tan(\theta/2)=0.25$），最常用的是 90°。

堰上水头（水位）测量的精确性直接关系到流量计算结果的可靠性，水位测量仪器和方法等可见本章 4.1~4.3。堰上水头 h 是水头观测断面的水位和“水尺零点”之间的高程差（图

4.13)。水尺零点即堰顶高程在测量水头的水尺(或其他测量工具)上的水位读数。故水头测量的要点在于水尺零点的准确测定和水位测量精度的保证。水头测量断面如果距堰体过近,就会受到形成水舌所造成的水面下降的影响;如果距离堰体过远,那么断面与堰体间的水头损失过大,可导致较大的流量估算误差,所以断面宜选取在上游距离堰体 2~4 倍最大水头处(ISO 1438:2008)。有条件的测站可以在水头测量断面设立静水井以提高水位观测的精度,水位观测步骤及要求可参照 4.3。

4.7.3 流量计算

薄壁三角堰的通用流量计算公式为公式 4.21,该公式的适用条件为:

$h/P \leqslant 0.4$,$h/B \leqslant 0.2$,h 介于 0.05~0.38 m 之间,$h' \geqslant 0.45$ m(Herschy,2009),行进河槽的 $Fr<0.5$,各符号含义同前文。

当采用标准三角堰方式进行测流时,已知 θ 大小,流量系数 C 需根据具体情况确定。在多数情况下(当 $h>0.2$ m,$45°<\theta<120°$),C 可近似取值 0.58(Çengel & Cimbala,2014)。也可查阅 ISO 1438:2008,根据 θ 和 h 确定 C 值。

对于标准化的薄壁三角堰,也可以采用经验公式(Herschy,2009):

在堰口角=90° 时,有

$$Q = 1.365h^{\frac{5}{2}}\ (\mathrm{m^3 \cdot s^{-1}}) \tag{4.22a}$$

在堰口角=53° 8′时,有

$$Q = 0.682h^{\frac{5}{2}}\ (\mathrm{m^3 \cdot s^{-1}}) \tag{4.22b}$$

在堰口角=28° 4′时,有

$$Q = 0.347h^{\frac{5}{2}}\ (\mathrm{m^3 \cdot s^{-1}}) \tag{4.22c}$$

主要参考文献

[1] Çengel Y A, Cimbala J M. Fluid mechanics: fundamentals and applications [M]. 3rd ed. New York: McGraw-Hill, 2014.

[2] 住房和城乡建设部,国家质量监督检验检疫总局. GB/T 50138—2010,水位观测标准[S].

[3] Herschy R W. Streamflow measurement [M]. 3rd ed. Abingdon: Taylor & Francis, 2009.

[4] ISO 1438:2008, Hydrometry—Open channel flow measurement using thin-plate weirs [S].

[5] ISO 4373:2008, Hydrometry—Water level measuring devices [S].

[6] ISO 748:2007, Hydrometry—Measurement of liquid flow in open channels using current-meters or floats [S].

[7] Shaw E M, Beven K J, Chappell N A, et al. Hydrology in practice [M]. 4th ed. London: Spon Press, 2011.

第 5 章　潮汐观测

5.1 概　　述

海洋潮汐是一种海水面的周期性升降现象。我国古代将发生在白天的水位涨落称为“潮”，发生在夜晚的水位涨落称为“汐”。潮汐主要是由月球、太阳等天体的引潮力所造成的。如图 5.1 所示，在潮汐的涨落过程中，水位上升阶段称为涨潮，水位下降阶段称为落潮。涨潮至最高水位称为高潮，落潮至最低水位称为低潮，高潮位和低潮位之差称为潮差，在高潮和低潮时水面暂时保持不变的现象称为平潮。进行潮汐观测的测站称为验潮站，它们的主要监测对象是潮位变化、特征潮位，以及水温和盐度等。

潮位即潮水的水位（或称潮水位）。由于周期性涨落，潮位始终处在变化的过程中。在一个太阴日（约 24 h 50 min）中，半日潮潮区内海水发生两次明显的涨落过程，相邻两次的高潮、低潮及潮期历时可能不同，即可存在潮汐的日不等现象。由于日、地和月三者相对位置的变化，月球和太阳引潮力的相互叠加或抵消效应导致在半月周期内出现大小潮变化，即潮汐的月不等现象。

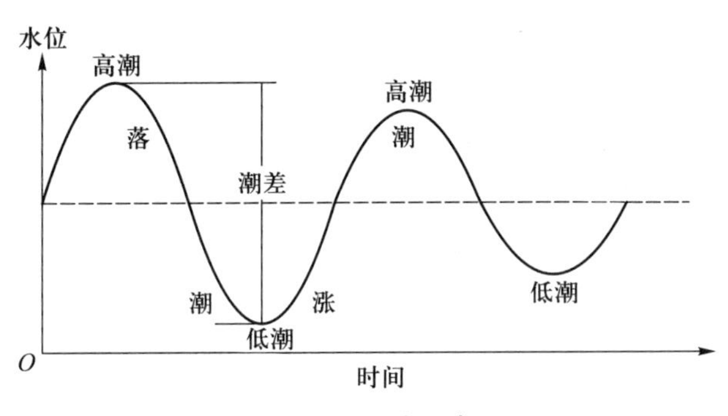

图 5.1　潮汐要素

5.2 传统的潮位观测方法

传统的潮位观测主要是依托验潮站进行的。验潮站是指通过在选定的地点，安装自记式验潮仪或水尺来记录验潮站周围区域的水位变化，进而了解地区潮汐变化规律。世界上第一台自动潮汐测量仪安装在英国伦敦泰晤士河口的 Sheerness 处。我国 1985 国家高程基准便是以青岛验潮站 1952—1979 年间的潮汐观测数据为根据处理得到的。当前全球约有 2 000 多个长期验潮站，这些验潮站的潮位观测数据累积的时间长度为几十年到几百年不等。

验潮站的优势主要在于它能提供相对较长时段的潮位观测资料，而且潮位测量的精度较高。但验潮站也存在明显的缺陷：① 验潮站站点分布具有一定的局限性，当前全球验潮站主要分布在北半球，南半球较少，而且验潮站通常分布在邻近陆地或岛屿的地区，无法建造在远海区域，因而无法采集到远海区域的潮位数据；② 验潮站潮位测量结果包含验潮站所处地区地壳垂直形变的影响，因而通过验潮站得到的潮位变化并非潮位的绝对变化情况，通常需要结合与验潮站并址的 GNSS（全球导航卫星系统）测站数据来获取潮位的绝对变化；③ 全球范围内不同地区的验潮站观测得到的海平面变化实际上是相对不同的参考基准得到的，不同地区的验潮站彼此之间并不存在统一的框架基准，因而各验潮站的潮位观测结果缺乏可比性；④ 验潮站选址条件要求较高，因而建造成本较高，而且容易受到风暴海潮等恶劣天气的破坏，以及生物污染等，需要进行定期维护（贺正训，2019）。

传统的潮位观测方法主要有潮汐表验潮、水尺验潮和验潮仪验潮等。

5.2.1　潮汐表验潮

潮汐表是潮汐预报表的简称。目前有三种潮汐表：第一种是指刊载沿海若干地点未来一定时期内潮汐涨落情况的专门资料；第二种是指能够显示沿岸各港口逐时潮位，以及每次高、低潮出现的时间和潮高的表格；第三种是根据沿岸各港口的潮汐调和常数和潮汐预报公式制定的预报各港口每一时刻潮位或高潮与低潮出现时间和高度的表格（李颖，2012）。

最早的潮汐表可以追溯到中国唐代。唐代大历年间（公元 766—779 年）窦叔蒙在他的潮汐专论——《海涛志》中，专门介绍了一种潮汐预报图表“涛时图”的制作方法。他在《论涛时》这一章里写道：“涛时之法，图而列之。上致月朔、朏（fěi）、上弦、盈、望、虚、下弦、魄、晦；以潮汐所生，斜而络之，以为定式。循环周始，乃见其统体焉，亦其纲领也”。窦氏所述，是一种制作潮时预报图的方法。窦叔蒙在《海涛志》一书中提出了根据月相推算高潮时刻的图表法，这是保存下来的介绍潮汐预报方法的最早的文献，大约比英国的《伦敦桥潮候表》早 434 年。中国古代有着发达的航海、渔业、制盐、潮灌、海战、海岸工程建设等海洋活动。这些活动离不开对潮汐时刻及其变化规律的掌握。“天下至信者莫如潮，生、落、盛、衰，各有时刻，故潮得以信言也”。中国古代潮汐学家大都进行过验潮工作。欧洲最早的潮汐表是大英博物馆所珍藏的《伦敦桥潮候表》的手稿，它出现于公元 1213 年。19 世纪 60 年代末，英国开尔文和 G. H. 达尔文等人提出了潮汐调和分析方法，后来还设计和制造了机械的潮汐推算机，使潮汐表的编算工作得到迅速发展。我国现代的潮汐记录始自青岛大港的验潮井，该处是中国现代潮位观测的第一批观测站之一。由于这里的潮位资料不仅早而且时间比较长，因此该站成为研究中国近海的潮汐变化和预报的重要基地。从 1924 年 3 月开始，青岛观象台把验潮自记仪的记录纸的更换收集工作，委托给青岛港港务科负责，并将收集的记录纸定期送交青岛观象台天文磁力科。天文磁力科进行整理分析，计算编制青岛的《潮汐预报表》供港口和航船使用。《潮汐预报表》刊载于每年出版的《青岛节候表》上。青岛观象台在成立了海洋科后，对潮汐的观测更加重视，并将胶州湾的调查资料也用于潮汐预报，一直编制到“七七事变”时。日本投降后，青岛观象台很快恢复了正常工作，潮汐表也随之恢复编制工作。现在我国潮汐表的编制借助现代科技的手段不断更新，每年海洋出版社都出版一套由国家海洋信息中心编辑的《潮汐表》(李颖，2012)。

潮汐的形成与月球和太阳的引潮力有关，潮汐可以看作由许多频率不同的分潮叠加而成，而每个分潮都可以用含有分潮振幅 H 和分潮迟角 g 的余弦函数表示，因此潮位的数学表达式可以表示为：

$$h\left(x,t\right)=a_0+\sum_{i=1}^{N}f_iH_i\left(x\right)\cos\left(\omega_i t+v_i+u_i-g_i\left(x\right)\right)i \tag{5.1}$$

式中：a_0——长期平均水位高度(m)；

f_i——分潮 i 的交点因子，量纲为 1 ；

H_i——分潮 i 的平均振幅(m)；

ω_i——分潮 i 的角速度(rad·s^{-1})；

v_i——分潮 i 的格林尼治零时天文初相角(rad)；

u_i——分潮 i 的交点订正角(rad)；

g_i——分潮 i 的迟角(rad)；

i——分潮序数；

t——时间(s)。

根据实测的潮汐资料通过调和分析的方法可以获得当地的各分潮的调和常数。潮汐表验潮法主要考虑 M_2、S_2、N_2、K_2、K_1、Q_1、P_1、O_1 等 8 个分潮。根据当地这 8 个分潮的调和常数即可对高潮和低潮出现的时间，以及最大潮差进行预测，将预测数据以潮汐预报表的方式提供给用户。

潮汐表观测法的精度与调和常数有关，如果获取当地潮汐调和常数的观测资料时间越长，潮汐预报就越准确。调和常数的精度还受到风浪的影响，在无风、浪的情况下，潮汐表的精度可以达到 10 cm。在风、浪较大的情况下，利用该方法验潮的最大误差可以控制在 1 m 左右(宁一伟，2018)。

5.2.2 水尺验潮

水尺验潮即采用水尺读取潮水位的方法，水尺的构成在 4.2 节中已论述。水尺验潮最为简单，也便于水准联测，费用较低。但水尺验潮观测精度有限，尤其是安置在开敞式水域的水尺，它们易受波浪对水位读取的干扰，人力投入也较大。

5.2.3 验潮仪验潮

验潮仪验潮是将验潮仪放在水下某一位置固定，以一定的时间间隔对潮位高度进行自动记录，采用水准联测的方法得到验潮仪位置的海拔，从而计算得到水面的瞬时海拔。该方法使用设备自动采集记录数据，而且观测精度较高。常用的验潮仪有浮子式与引压钟式验潮仪、声学验潮仪和压强式验潮仪等。

5.2.3.1 浮子式与引压钟式验潮仪

这两种验潮仪均属于有井验潮仪。浮子式验潮仪类似于浮子式水位计(见 4.2),同样需要在测井(即验潮井)中进行水位测量。验潮井是专为潮汐观测设置的建筑物,分为岛式和岸式两大类。如图 5.2 所示,浮子式验潮仪安置在井筒中,岛式验潮井的井筒安置在海上,可通过引桥和海岸相连,岸式验潮井的井筒则安置在岸上。通过进水口(或输水管)连通,井筒内的水位和海面高度保持基本一致,进水口一般设置在理论最低潮位之下 0.5~1.0 m 处,若海区波浪较大,则可在进水口上方 0.5 m 范围内设置消波器。井筒上方的仪器室可安装各种验潮设备,并为工作人员提供工作场所。

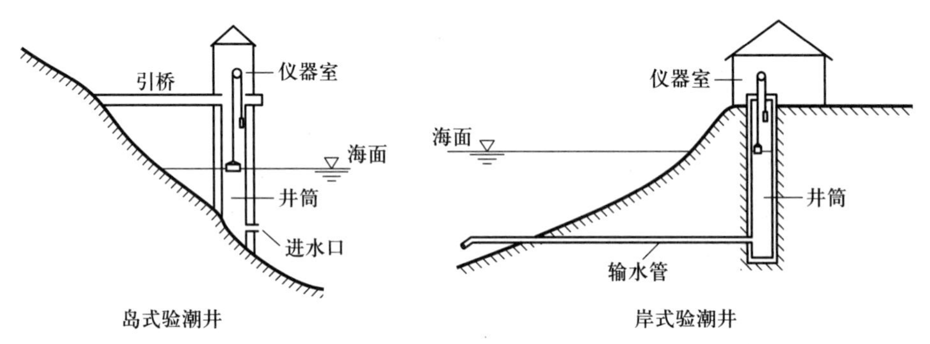

图 5.2 验潮井示意图

引压钟式验潮仪是将引压钟放置于水底,将海水通过管路引到海面以上,由自动记录器进行记录。为了消除波浪的影响,需在水中建立验潮井,即从海底竖一井至海面,其井底留有小孔与井外的海水相通,采用这种“小孔滤波”的方法可以滤除海水的波动,这样井外的海水在涌浪的作用下起伏变化,而由于小孔的“阻挡”作用,井内的水位几乎不受影响,只随着潮汐而变化。井上一般要建设房屋以保证设备的工作环境(阮锐,2001)。

这两种验潮仪由于安装复杂,须打井建站,适用于岸边的长期定点验潮。其特点是精度较高,维护方便,但一次性投入费用较高,不机动灵活,对环境要求高(如供电、防风、防雨等)。国内的长期验潮站大多采用这两种设备(阮锐,2001)。

5.2.3.2 声学验潮仪

声学验潮仪的原理与超声波水位计相同(见 4.2.2)。它们通过检测声波发射与海面回波返回到声探头的历时来计算出探头至海面的距离,从而得到潮位的变化数据。声学验潮仪分为液介式和气介式两种。液介式换能器安置在海底,测定海底和海面的距离;气介式换能器安置在不被海水淹没的海面上方,测定换能器与海面之间的距离。

气介式声学验潮仪的安装一般需在海底打桩,将验潮仪安装在桩的顶部,并保证其在高潮时不被淹没。通过联测的方法找到大地基准面与验潮仪零点的关系。这种验潮仪的特点在于:由于其安装位置可距海面较近,声波在空气中的行程短,因此精度较高;由于设备安装在水上,因此可通过岸电线路供电,即使在无岸电线路而采用电池时,更换电池也比较方便,且这种设备成本较低。但是由于它存在打桩的安装要求,所以它需要以海岸作为依托,不能离岸较远,因此测量水深一般较浅(阮锐,2001)。

将探头安置在水中的声学式验潮仪的第一种方法是将一个声学探头安放在海底,定时垂直向上发射声波,并接收海面的回波以测量安放点的水深。这种方法由于声学探头需要有电缆连接,因此不能离岸较远。第二种方法是采用类似于测深仪的原理,选择一块平坦的海区,将声学探头放置于海面固定载体上,一般为测船或固定漂浮物。声学探头定时向海底发射声波,通过检测海底回波以检测载体所在位置的水深。这两种声学验潮方法的特点是,精度较低,首先仪器本身存在至少几厘米的固有误差,另外测量精度与声学探头的姿态有关,同时一般水声换能器有一定的盲区,因此根据换能器的不同,安放位置需要有一定的水深。而在此深度范围内,海水中的声速不是恒定的,它随海水温度及盐度的变化而改变,同时还受到海水中的悬浮物等因素的影响,水深越浅,影响越大。因此声速误差将影响测深精度。声学验潮仪在离岸较远的验潮点不便使用,在冬季岸边海水结冰后,声学验潮仪一般无法工作(阮锐,2001)。

5.2.3.3 压强式验潮仪

压强式验潮仪与压强式水位计的原理相同。压强传感器可安装在水下固定深度,测定该深度处的静水压强,通过它便可计算出压强传感器与水面间的距离。需要注意的是,海水的密度是随着温度和盐度变化的,所以采用压强式验潮仪需要海水的温度和盐度数据。

压强式验潮仪的第一个特点是(以海军海洋测绘研究所研制的便携式验潮仪和自动验潮仪为例)适应性强,测量水深为 0~200 m,能适应不同深度的海区。即使海面结冰,用它也仍然能验潮。在较浅水域,一般深度小于 10 m 时,可安装水尺,将验潮仪与水尺安装在一起,将零点归算到水尺上,通过联测的方法找到大地基准面与水尺零点的关系,从而找到验潮仪零点与大地基准面的关系。同时还可将验潮仪的数据通过发射无线电的方式由其天线发射出去,使 10 km 内的用户均能实时接收到潮汐数据。当在较深水域验潮时,可使验潮仪工作在自容状态,按预置的时间间隔定时启动工作,将测得的潮汐数据记录在仪器内部的存储器中,待测量任务结束后,由潜水员将设备捞出,再通过接口读出所记的潮汐数据。在水深过深,潜水员无法打捞的水域,可在验潮仪上加装声学释放器,在测量任务结束要打捞时,通过声代码发射接收机,向验潮仪发出声指令,验潮仪在接到声指令后,控制声学释放器释放,自动脱钩上浮到海面。压强式验潮仪的第二个特点是精度高,压强测量精度可达 0.1%FS(阮锐,2001)。

压强式验潮仪的缺点首先是当设备工作于自容方式时,设备没有电缆通到水面上,因此其供电只能依靠电池,由于其有水密性要求,因此更换电池不方便。其次是这种验潮仪成本较声学式验潮仪高。压强式验潮仪数据在计算时如果已进行了联测,即找到了验潮仪零点与大地基准面的关系,就可直接将潮汐数据归算到任一已知基准面(如黄海平均海平面)上。如果布放点水深较深,无法进行联测,那么验潮仪的工作时间应当长一些,一般为半个月或一个月甚至更长,对长时间的潮汐数据进行处理,算出调和常数,找出整个测量期间的平均海面,以此面作为基准面算出潮汐数据(阮锐,2001)。

5.3　北斗卫星导航系统在潮位观测中的应用

随着差分卫星导航系统技术的发展，采用全球导航卫星系统（如北斗卫星导航系统）进行潮位测量的方法也开始兴起，但目前尚处在实验阶段。采用北斗卫星导航系统验潮，需利用已知精确三维坐标的差分北斗卫星导航系统基准台，基准台采用 RTK（real time kinematic，实时动态）技术将修正量实时发送给北斗卫星导航系统终端，北斗卫星导航系统终端接受卫星信号并采用基站发送的修正量，确定所在的三维位置，精度可以达到厘米级。

卫星测高技术的概念是 1969 年由著名学者 Kaula 首次提出的。之后，美国国家航空航天局（NASA）等机构发射了一系列带有测高仪的卫星对其是否能用于高度测量进行了验证性实验。其中，1992 年由美国 NASA 与法国 CNES（国家太空研究中心）联合发射的 Topex/Poseidon（T/P）卫星成功运行标志着精确的海洋卫星测高方法的开始，其测高精度迄今为止仍是最高水平。卫星测高技术经过几十年的发展，其技术和性能日趋成熟，世界各国先后发射了多代测高卫星，我国目前也已经发射了海洋系列测高卫星，初步建立了海洋卫星监测体系。利用卫星测高技术研究全球海平面变化比验潮站技术具有独特的优势，主要体现在卫星测高技术空间覆盖范围广，能够获取全球范围尺度的数据，且卫星测高技术拥有绝对测高能力，其获取的海平面变化为相对于地心的海平面变化，不受地球板块运动的影响。因此，卫星测高技术逐渐成为研究全球尺度海平面变化的重要手段和数据来源。不过，卫星测高技术也存在不足之处，一方面是其对陆海边缘地区的潮位变化监测精度较低，效果并不理想；另一方面，由于卫星轨道太高，测高卫星的运行周期过长，因此它无法对海平面潮位变化进行高时间分辨率的监测（贺正训，2019）。

5.3.1　常用导航卫星系统技术验潮方法

目前常用的导航卫星系统技术验潮方法有三种：基于 RTK 技术验潮、基于 PPK 技术验潮和基于 PPP 技术验潮。

5.3.1.1　基于 RTK 技术验潮

RTK 定位技术使用的是载波相位实时动态差分法，具有较高的定位精度，在野外的定位精度可以达到厘米级。RTK 系统主要由基准站和流动站组成。基准站包括电源、无线电数据链电台、双频导航卫星系统接收机和导航卫星系统天线。流动站除了上述设备以外还包括相关的软件和手册。在工作时，在空间坐标已知的位置架设基准站，对空间卫星进行连续跟踪。同时利用无线电通信把观测到的卫星轨道和姿态等参数和基准站的空间坐标发送给流动站。流动站利用接收到的数据，根据空间距离坐标公式，对观测值进行实时差分计算，得到基准站的空间坐标位置。流动站可以保持静止状态，也可以随载体一起运动。目前 RTK 技术已经很成熟，通过差分技术能够消除定位过程中的很多误差，例如，卫星钟差、接收机钟差和部分对流层延迟误差，从而实现在动态环境中具备很高的定位精度，一般可以获得厘米级甚至是毫米级的水平定位精度和厘米级的高程定位精度，为验潮技术的发展提供了良好的定位基础。但是 RTK 技术的缺点是其数据传输容易受到距离的影响，一般有效定位距离在 15 km 以内。因此，该方法不适用于远海验潮（宁一伟，2018）。

5.3.1.2　基于 PPK 技术验潮

PPK 技术是利用载波相位，基于广播星历，进行事后差分的技术。其原理是采用一个或多个基准站与流动站同时观测，利用基准站和流动站的广播星历文件、观测文件和已知基准站的坐标，通过基准站和流动站的空间位置关系，从而计算得到流动站的空间坐标位置。最后根据坐标转换，把流动站的坐标转换成在当地坐标系下的空间坐标位置。由于 PPK 技术使用的是差分定位的方法，消除了流动站对流层延迟和电离层延迟等误差的影响，因此定位结果的精度在厘米级以内。PPK 技术验潮模式是基于事后处理的模式。在工作时，它只需要基准站和流动站分别记录原始数据，因此不受站点之间的通信距离的影响，其有效工作距离可以达到 300 km 以上。在远距离验潮时可以优先选用 PPK 技术。但 PPK 技术基于局域差分原理，所以基准站和流动站在一定距离内对定位卫星同步同轨观测值之间存在相关性，因此会对 PPK 定位产生局域差分误差，且该误差会随着作用距离的增大而增大（宁一伟，2018）。

5.3.1.3　基于 PPP 技术验潮

PPP 技术是基于非差相位的精密单点定位技术，定位原理是利用单台导航卫星系统接收机的载波相位观测值和伪距观测值实现单点定位的方法。它根据 IGS（International GNSS Service，国际 GNSS 服务）等相关组织提供的卫星轨道和卫星钟差的精密数据，以及各项误差改正项的模型来降低误差精度，从而实现高精度定位。在卫星导航系统定位中，存在很多误差项，例如，与卫星相关的误差、卫星与接收机之间的钟差，以及传播过程中的对流层和电离层的延时误差。想要获得高精度的定位必须对这些误差项进行订正。PPP 定位技术利用双频无电离层组合，消除电离层误差的影响。可采用经典观测 Uofc 模型，对接收机的钟差、模糊度、对流层延迟等参数进行计算，从而获得接收机的精确位置。基于事后星历的 PPP 定位精度能达到厘米级（宁一伟，2018）。

相比于 RTK、PPK 工作模式，PPP 工作模式具有作业机动性强、无须架设基准站、测站间的通信不受距离限制、定位精度高等优点，使用单台接收机即可直接获得高精度的卫星导航系统接收机三维坐标，从而可以提高验潮精度。

5.3.2　GNSS 接收机端

随着全球导航卫星系统（GNSS）在各领域应用的日益深入，GNSS 接收机端也受到了更多的关注和研究，其接收记录的 GNSS 信号数据更多的潜在应用价值被挖掘，GNSS 技术被证明可以利用接收机接收到的反射信号进行遥感研究。事实上，GNSS 卫星发射的信号除了直接被接收机接收的直射信号外，还有部分 GNSS 信号经过各种反射面反射之后被接收机接收。从反射面反射回来的 GNSS 延迟信号蕴含着直射信号与反射信号两者间的差异信息。这些差异信息主要包括反射信号的波形、幅值、相位、频率和极化特性等特征参数的变化。通过对这些特征参数进行研究分析，并结合 GNSS 接收机天线位置和反射面介质信息，可以有效获取 GNSS 测站周边反射面的物理特性，如频率参数可应用于监测积雪厚度和海平面的变化，相位参数可应用于探测土壤湿度变化，振幅参数可应用于监测降水量等，因而它成为了一种不同于传统手段的 GNSS 遥感技术（贺正训，2019）。

目前，GNSS 多路径遥感技术主要有两种，一种是基于双天线的 GNSS-R（GNSS reflections）遥感技术，另一种是基于单天线的 GNSS-MR（GNSS multipath reflectometry）遥感技术。GNSS-R 遥感技术的原理是通过两副特殊研制的天线来分别接收 GNSS 直射信号和反射信号，通过对 GNSS 信号码延迟和相关函数波形及其后延特性进行分析，并结合电磁波散射理论，进而获取测站周边地表反射面各特征参数。其主要特点是需要两副天线进行工作，其中，一副天线的方向指向天顶，用来接收右旋极化信号，即直射信号，用于定位功能，另一副天线的方向朝下，用来接收由反射面反射的左旋极化信号，即反射信号。GNSS-R 遥感技术的优势在于其成本不高、功率小，以及时空分辨率高等特点，因而在海洋和湖面测量高度、海面风速、土壤湿度等领域得到了广泛研究与应用，但是由于其必须使用特殊的左旋极化和右旋极化两副 GNSS 接收机天线才能对 GNSS 信号进行有效的接收和处理，对 GNSS 接收机硬件制造要求较高，这在一定程度上制约了 GNSS-R 遥感技术进一步的开展与应用。不同于 GNSS-R 遥感技术对硬件的严苛要求，GNSS-MR 遥感技术只要基于常规大地测量型 GNSS 接收机接收到的观测数据就可对海平面潮位变化、积雪深度、土壤湿度、植被生长，以及冻土等地表环境参数进行监测。因此，当前全球范围内密集分布着的大量 GNSS 测站可为 GNSS-MR 遥感技术提供实时、全天候、长时段、高采样率的观测数据。凭借着对硬件设备要求不高、低成本、丰富的数据来源、高时空分辨率，以及能获取绝对变化等优势，GNSS-MR 遥感技术正成为当前 GNSS 遥感领域的一大研究热点（贺正训，2019）。

5.4　潮位观测流程

潮汐的观测主要包括潮位的变化，高低潮潮位及其出现的潮时。若要保障潮位变化过程测量数据的准确和完整，则必须做好测站位置选择、仪器安装及调试、水准点设定的工作，并且确保观察、记录和数据处理的规范性等。

5.4.1　验潮基准面的确定

潮位是潮水面至固定基准面的高程，要测记水位必须首先确定基准面。验潮站潮位升降的起算面称作验潮基准面，也称作验潮零点或水位零点等，潮位在其之上为正，反之为负。潮位站的基准面一般都设置在当地的最低低潮位（或略低于此潮位），即保证验潮井不会露底。如果有条件，那么应将验潮站基面和国家基面或地区性基面联系起来，如我国现用的绝对基面是“1985 国家高程基面”，上海地区常用“吴淞零点”作基准面。

5.4.2　潮位读取和记录

潮汐观测采用北京时间，观测日的分界点为 24 时，潮位记录单位为 cm（± 1 cm），潮时记录单位为 min（± 1 min），潮时的记录格式为四位计时法。当潮位在验潮基面以下时，潮位数值须加“-”号。

观测所用仪器应当视现场条件而定。观测前应当对仪器进行检查，以保证设备的可靠性。

一般测站应每隔 1 h 或 30 min，于每半点或整点观测一次潮位，整点必须进行观测。在整点（或半点）之前 1 min 开始采集水位信息，每 3 s 采集一次，连续进行 1 min，数据经平均后计作该整点（或半点）的潮高（GB/T 14914—2006）。在高低潮前后，应每隔 5~15 min 观测一次潮位（GB/T 12763.2—2007），以保证观测到高低水位的出现，所得潮位数据应当及时记录。如表 5.1 所示，观测人员在发现 6 : 00 后潮位上升极缓之后，每 15 min 观测潮位一次；至 06 : 30 发现潮位基本停止上升，于 06 : 35 再度加测一次，潮位未有变化；至 06 : 45 发现水位开始下降之后恢复到每半点或整点观测。

表 5.1 潮汐观测记录表示例

时间（h : min）	潮高/cm	时间（h : min）	潮高/cm
00 : 00	82	06 : 00	158
00 : 30	93	06 : 15	159
01 : 00	105	06 : 30	160
01 : 30	116	06 : 35	160
02 : 00	130	06 : 40	160
02 : 30	139	06 : 45	159
03 : 00	144	07 : 00	157
03 : 30	148	07 : 30	152
04 : 00	151	08 : 00	145
04 : 30	154	08 : 30	139
05 : 00	156	09 : 00	131
05 : 30	157	…	…

根据《海滨观测规范》（GB/T 14914—2006）

5.5 潮汐数据的插值与校正方法

5.5.1 潮位插值方法

插值方法历史悠久，是一种基本的数值方法。早在我国古代《周髀算经》和《九章算术》中便有关于一元插值方法的相关介绍和应用。隋朝著名天文学家刘焯将三次内插法应用到天文学中，为古代历法学发展做出了重大贡献和突破。此后，随着 17 世纪牛顿（Newton）、格雷格里（Gregory）和 18 世纪拉格朗日（Lagrange）等科学家有关新插值方法的提出，数值方法理论得到进一步完善，加上计算机技术飞速发展，插值方法在图像重建、土木工程外观设计、数值化天气预报、地理信息数据缺损处理，以及社会经济现象的统计分析等方面得以普遍运用（杨锋，2016）。

已知函数 $y=f(x)$ 的定义域为 $[m,n]$，点 $m \leqslant x_0 < x_1 < \cdots < x_n \leqslant n$ 对应的函数值为 y_0，$y_1,\cdots,y_n$。如果想知道函数 $y=f(x)$ 在其他点的值，就需要构造一个简单的函数 $g(x)$。它在 $m \leqslant x_0 < x_1 < \cdots < x_n \leqslant n$ 前提条件下，满足下式：

$$g(x_i) = f(x_i) \quad (i = 0,1,\cdots,n) \tag{5.2}$$

在点 $\bar{x}$ 处，$g(\bar{x})$ 无限逼近 $f(\bar{x})$，点 $x_0,x_1,\cdots,x_n$ 称作插值节点，$[m,n]$ 称作插值区间，函数 $y=f(x)$、$g(x)$ 分别称作被插值函数和插值函数。根据被插值函数 $y=f(x)$ 在节点构造插值函数 $g(x)$ 的过程称为插值法。

$$g_n(x) = a_0 + a_1 x + \cdots + a_n x^n \tag{5.3}$$

式中：a_i——实数，$i=0,1,\cdots,n$。

若插值函数 $g(x)$ 次数小于 n，则它为多项式插值；若 $g(x)$ 为分段多项式，则它为分段插值；如果 $g_n(x)$ 为有理式和三角函数等函数类型，就将其看作对应的函数插值。

运用广泛的插值方法主要有线性（linear）插值法、拉格朗日（Lagrange）插值法、牛顿（Newton）插值法、分段线性插值法（piecewise linear interpolation）、分段埃尔米特（Hermite）插值法、分段三次样条插值法，以及三角函数插值法（杨锋，2016）。

在常见的插值方法中，分段埃尔米特插值法在次数较高时稳定性无法得到保障，且计算过程较为复杂；分段线性插值法虽然在节点处光滑性较差，但是其具有很好的稳定性和收敛性，重要的是实现容易和计算简便；分段三次样条插值法虽然光滑性效果最好，但是基于高低潮位数据进行插值时，函数形式无法确定，节点处一阶微商求解困难，加之程序实现过程复杂。根据潮汐产生机制，潮汐由不同分潮叠加而成，潮波在水流中以三角函数波形传播，与周期为 2π 的三角多项式插值函数高度契合，具有较好的收敛性和连续性，原理简单清晰，实现过程较为容易（杨锋，2016）。

5.5.1.1　三角波插值

线性插值法原理简单清晰，是计算机图形学和数学中最为基础和运用广泛的一种插值方法。现有函数 $y=f(x)$ 在区间 $[a,b]$ 内有意义，函数 $y=f(x_i)$ 在 x_i 处的函数值为 y_i。假设函数 $y=f(x)$ 在节点 x_0 和 x_1 的值为 y_0 和 y_1。构造函数 $L(x)$（公式 5.4）通过节点 (x_0,y_0) 和 (x_1,y_1)，同时在除节点 x_0 和 x_1 以外的其他点 $\bar{x}$ 处逼近函数 $y=f(x)$，满足 $L(x_i) \approx f(x_i)$。函数 $L(x)$ 如下所示：

$$L(x) = y_0 + \frac{y_1 - y_0}{x_1 - x_0}(x_1 - x_0) \tag{5.4}$$

构建诸如上式方程的过程，称为线性插值。

潮波在水流中以正（余）弦波形传播，潮位过程复杂多变，如果仅仅选取一个潮位过程首尾两个高低潮数据进行线性插值，那么其结果显然不能有效地拟合潮位过程，同时也毫无意义（图 5.3）。但如果选取相邻两个高低潮位数据作为端点，那么采用分段线性插值法就能很好地拟合高低潮位过程(图 5.4)。选取相邻两个高低潮位作为端点进行线性插值拟合逐时潮位的方法称为三角波插值。假设潮位数据的过程曲线函数为 $y=f(x), x_1, x_2, \cdots, x_n \in [a, b]$ 表示出现高低潮位的时刻，$f(x_1), f(x_2), \cdots, f(x_n)$ 为高低潮时刻对应的潮高，记为：

$$y_i = f(x_i) \quad (i = 0, 1, \cdots, n) \tag{5.5}$$

式中：n——高低潮位数据个数。

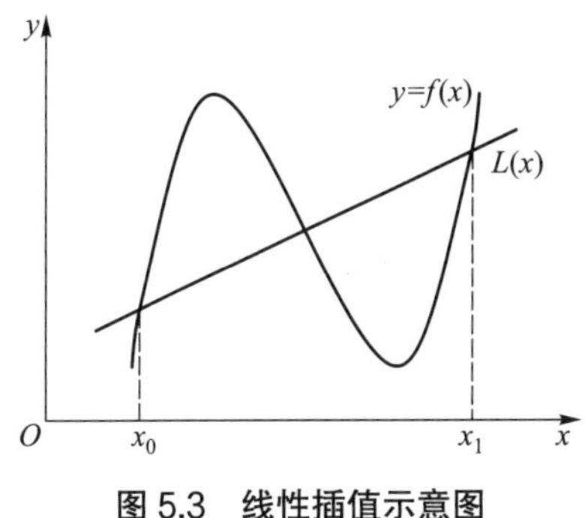

图 5.3 线性插值示意图

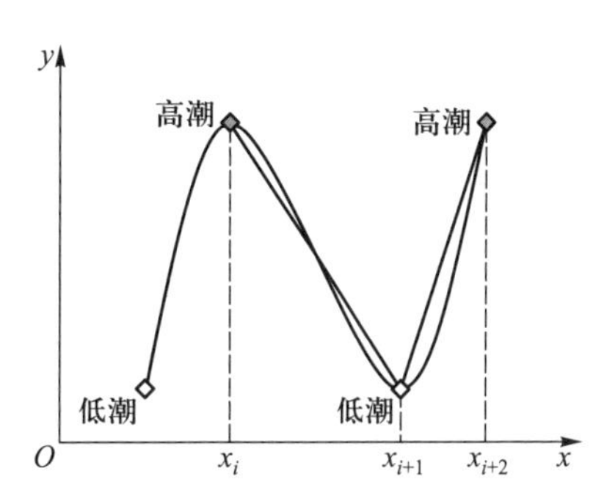

图 5.4 三角波插值示意图

分段线性插值的思路就是将插值区间分成 $n-1$ 个子区间$[x_i, x_{i+1}]$，然后在每个子区间内构造一个线性函数 $I(x)$。

$$I(x) = \frac{x - x_{i+1}}{x_i - x_{i+1}} y_i + \frac{x - x_i}{x_{i+1} - x_i} y_{i+1}, \quad x \in [x_i, x_{i+1}] \tag{5.6}$$

每个子区间线性函数式满足：

$$I_n(x) = \sum_{i=0}^{n} y_i l_i(x) \tag{5.7}$$

其中：

$$l_i = \begin{cases} \dfrac{x - x_{i-1}}{x_i - x_{i-1}}, x_{i-1} < x < x_i, 且 i \neq 0 \\ \dfrac{x - x_{i+1}}{x_i - x_{i+1}}, x_i < x < x_{i+1}, 且 i \neq n \\ 0 \qquad ,其他 \end{cases} \tag{5.8}$$

5.5.1.2 正弦波插值

潮汐现象是一种有规律的周期性的上升下降运动。根据潮汐学理论，潮位可表示为多个三角函数叠加的函数形式。正弦波插值是一种以三角函数为插值函数的适用于周期函数的插值方法。潮位方程是一个以 2π 为周期的函数，令潮位方程为 $y=f(x)$，则 $x_1, x_2, \cdots, x_n$ 对应的函数值 $f(x_0), f(x_1), \cdots, f(x_n)$ 即高低潮时刻的潮高。根据 Lagrange 插值原理，存在一个多项式 $p_n(x)$，满足

$$p(x_k) = f(x_k) \quad (k=0, 1, \cdots, 2n) \tag{5.9}$$

$p_n(x)$ 为三角函数插值多项式，其次数小于等于 n。

取一个 n 阶三角多项式

$$t_k(x)=\frac{\sin\frac{x-x_0}{2}\cdots\sin\frac{x-x_{k-1}}{2}\sin\frac{x-x_{k+1}}{2}\cdots\sin\frac{x-x_n}{2}}{\sin\frac{x_k-x_0}{2}\cdots\sin\frac{x_k-x_{k-1}}{2}\sin\frac{x_k-x_{k+1}}{2}\cdots\sin\frac{x_k-x_n}{2}},\quad 0\leqslant k\leqslant 2n \tag{5.10}$$

将其简写成

$$t_k(x)=\sum_{\substack{l=0\\ l\neq k}}^{2n}\frac{\sin\frac{x-x_l}{2}}{\sin\frac{x_k-x_l}{2}},\quad 0\leqslant k\leqslant 2n \tag{5.11}$$

显然，公式 5.10 和公式 5.11 都为 n 次三角多项式，按照 Lagrange 插值原理，人们称之为 Lagrange 插值基本多项式，$t_k(x)$ 满足关系

$$t_k(x)=\delta_{kl}=\begin{cases}1,l=k\\ 0,l\neq k\end{cases}\quad l,k=0,1\ 2,\cdots,2n \tag{5.12}$$

$$\begin{aligned}p_n(x)&=\sum_{k=0}^{2n}f(x_k)t_k(x)\\&=f(x_0)t_0(x)+f(x_1)t_1(x)+\cdots+f(x_n)t_n(x)\end{aligned} \tag{5.13}$$

令 $x=x_k$，则有

$$p(x_k)=f(x_k)\quad(k=0,1,\cdots,2n) \tag{5.14}$$

所以当节点 $x_0,x_1,x_2,\cdots,x_n$ 互异，任意两个节点的差值不是 $2n$ 的整数倍，且函数 $f=(x)$ 在节点的值确定时，那么有且仅有一个多项式 $p_n=(x)$ 满足公式 5.14。

潮位所受的影响因素太多，若将所有节点都纳入计算的话，则函数复杂程度和计算量太大，拟合精度得不到保障，并且毫无必要。当只选取相邻两个节点进行正弦波插值时，插值效果和精度都较为适宜，故最终 n 的大小为 2。所以运用正弦波插值法针对高低潮数据进行插值时，只需选取相邻两个高低潮点作为端点，假设一阶三角插值函数 $p_1=(x)$ 为整个区间的插值函数，则其在节点处的值等于高低潮位，同时根据上面三角多项式的推导过程，可知 $p_1=(x)$ 在每个区间内的表达式为：

$$p_1(x)=f(x_i)+\left(f(x_{i+1})-f(x_i)\right)\left(\sin\frac{x+x_i}{x_{i+1}-x_i}\times\frac{\pi}{2}\right)\Big/2,\quad x\in[x_i,x_{i+1}] \tag{5.15}$$

5.5.2　潮汐校正方法

潮汐校正方法有如下四种。

(1) 潮汐表校正。潮汐预报是根据月、日的运动规律，用潮汐调和常数计算，推算出潮位的逐时逐日变化过程、高潮时和低潮时。由于其只有高、低潮时刻和潮高，所以它不能真实

地反映潮汐变化的规律和每个时刻的潮高(秦学彬,2014)。

首先利用潮汐表提供的高、低潮时刻和潮高,采用如公式5.16所示的三次多项式拟合公式计算出多项式系数,然后在验潮时,根据采集水深的时间和多项式系数计算出采集水深时的潮高。最后进行潮汐校正。

$$H = a_0 + a_1 t + a_2 t^2 + a_3 t^3 \tag{5.16}$$

式中:t——潮汐时间(s);

H——潮高(m);

a_0、a_1、a_2、a_3——分别为多项式系数。

(2) 单站潮位校正。当施工区域范围小或生活母船靠近工作区域时,可以采用验潮仪、RTK、PPP等方法在施工区域内建立一个验潮站,用该验潮站的潮位资料来进行潮位校正(秦学彬,2014)。

(3) 双站校正。当施工区域范围较大,用一个验潮站的潮位不能控制整个区域时,可以采用双验潮站进行潮位校正。这种情况下的潮位校正方法有线性内插法、潮位分带校正法、时差法和最小二乘参数法(秦学彬,2014)。

线性内插法是当施工区域位于A、B两个验潮站之间,且两站间的同相潮时和潮高与两站之间的距离成比例时,可采用线性内插的方法进行潮位校正。通过水深采集点在两个验潮站之间的投影距离可计算潮位(秦学彬,2014),公式如下。

$$H_{水} = H_{\mathrm{A}} + \left(H_{\mathrm{A}} - H_{\mathrm{B}}\right) \times \frac{a}{a+b} \tag{5.17}$$

式中:$H_{水}$——水深采集点的潮高(m);

H_{A}、H_{B}——分别是验潮站A、验潮站B的潮高(m);

a、b——水深采集点在两个验潮站之间的投影距离(m)。

潮位分带校正法是当采用多站验潮时,可以按下式把站与站之间的区域分成若干的条带,分带的界线方向与潮波传输方向垂直,每条分带的潮高相等,用于潮位校正(秦学彬,2014)。

$$K = \Delta\xi / \sigma_Z \tag{5.18}$$

式中:K——分带数;

σ_Z——测深精度;

$\Delta\xi$——当两个验潮站深度基准面重叠时,同一时刻两个验潮站之间的最大潮位之差。

时差法是将两个验潮站的潮位视为信号,运用数字信号处理技术中互相关函数的变化特性,通过研究两个信号的波形求得两个信号之间的时差,进而求得两个验潮站的潮时差,求得水深采集点相对于验潮站的时差,然后通过时间归化,求出水深采集点的潮位校正值(秦学彬,2014)。

最小二乘参数法是利用两个验潮站潮位之间的关系获得两个验潮站的潮汐参数,再求取水深采集点的潮汐参数,最后得到水深采集点的潮位。

若$T_{\mathrm{A}}(t)$、$T_{\mathrm{B}}(t)$为A、B两个验潮站从各自基准面起算的水位,则两个验潮站在同步观测时段内的潮位信息之间的关系可表示为：

$$T_{\mathrm{B}}(t)=\gamma T_{\mathrm{B}}(t+\delta)+\varepsilon \tag{5.19}$$

式中：γ——潮差比，量纲为 1；

δ——潮时差（s）；

ε——基准面偏差（s）。

在潮位校正中，潮位校正值的空间内插是由潮差比、潮时比、基准面偏差的空间内插而实现的。

(4) 多站校正。当施工区域范围较大，用一个验潮站的潮位不能控制整个区域时，或为了克服海底地形差异和风浪造成的潮汐变化不均匀的影响，提高验潮精度，可采用多个验潮站的潮位资料进行潮位校正。可根据验潮站的位置和潮高进行曲面拟合，再根据水深数据采集点的位置求取该点的潮高，进行潮位校正（秦学彬，2014）。

5.6　表层海水温度和盐度观测

温度和盐度是海水最基本的理化指标，采用压强式验潮仪进行潮位观测时，温度和盐度（简称温盐）数据是计算水深时不可缺少的参量。表层海水温度和盐度观测要求观测并记录水面至 0.5 m 水深处的海水温度和盐度。若有条件，则温盐观测尽量要在温盐井中进行。如图 5.5 所示，温盐井是为了观测表层海水的温盐特征而专门设置的建筑物，一般可以建造在验潮站或验潮井旁，井筒内径一般不小于 0.4 m，在理论高潮位和低潮位之间每隔约 0.5 m 设置一个进水孔，以保证井筒内外水体的自由交换。温盐探测器可设置在水面下 0.5 m 内，且可随海面升降而升降，如图 5.5 所示安装在浮子下方。

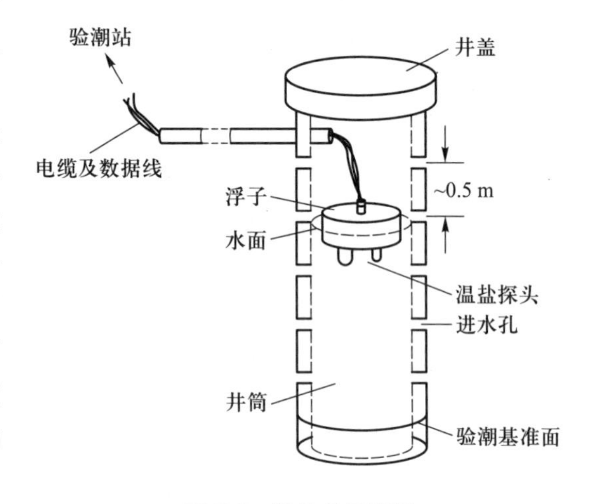

图 5.5　温盐井示意图

表层海水温度记录到 0.1 ℃精度，盐度记录到 0.01‰精度，每半小时或一小时采集温盐数据一次，半小时或一小时前 1 min 开始采样，每 3 s 采样一次，取 1 min 内的平均值作为该半小时或一小时时的温度和盐度数据（GB/T 14914—2006）。

主要参考文献

[1] 国家质量监督检验检疫总局，国家标准化管理委员会 . GB/T 12763.2—2007，海洋调查规范 第 2 部分：海洋水文观测[S].

[2] 国家质量监督检验检疫总局,国家标准化管理委员会 . GB/T 14914—2006,海滨观测规范[S].
[3] 贺正训 .GNSS-MR 技术用于潮位变化监测及软件设计[D]. 西安:长安大学,2019.
[4] 李颖 . 潮汐表与国民经济[J]. 时代经贸,2012(04):38-39.
[5] 宁一伟 . 基于 GPS 浮标数据的表层海流反演和潮位测量[D]. 天津:天津大学,2018.
[6] 秦学彬 . 远程海上验潮方法研究[D]. 东营:中国石油大学(华东),2014.
[7] 阮锐 . 潮汐测量与验潮技术的发展[J]. 海洋技术学报,2001(03):68-71.
[8] 杨锋 . 基于高低潮数据的潮汐调和分析方法研究及应用[D]. 南京:南京师范大学,2016.
[9] 朱晓原,张留柱,姚永熙 . 水文测验实用手册[M]. 北京:中国水利水电出版社,2013.

第 6 章　泥沙测验

6.1 概　　述

泥沙指在河道水流作用下移动的或曾经移动过的固体物质。如图 6.1 所示，根据在水流、河床中的位置，泥沙可分为冲泻质和床沙质。冲泻质指颗粒较细，长期处于悬浮状态的泥沙，一般以平均粒径 60 μm 来区分冲泻质和床沙质（Boiten，2005）。根据泥沙的运动状态，泥沙又可分为床沙质、悬移质和推移质。自河底泥沙粒径两倍处起，至水面间运动的泥沙称为悬移质，包含了冲泻质和床沙中发生悬浮的部分。推移质指在河床表面以滚动、滑动和跳跃形式运动的泥沙，运动过程中和底床之间存在连续接触（Boiten，2005）。天然河流中悬移质泥沙往往是推移质泥沙的数十倍至数千倍，本章将就河流悬移质泥沙测验和泥沙颗粒分析进行介绍。

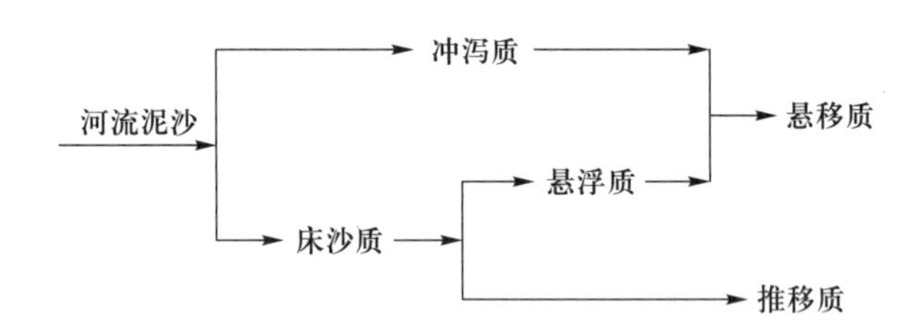

图 6.1　按泥沙运动方式分类示意图

6.2 悬移质泥沙测验

悬移质泥沙简称悬沙。悬沙测验的主要目的是测定断面上的悬移质输沙率。基于测验原则的不同可将悬沙测验方法分为直接测量法和间接测量法（van Rijn L C，1993）。悬沙输移可由下式表示：

$$s=\overline{U_sC_s}=\overline{\left(u_s+u_s'\right)\left(c_s+c_s'\right)}=u_sc_s+\overline{u_s'c_s'} \tag{6.1}$$

式中：s——某一深度的时均悬沙输移率；

U_s 和 C_s——分别为瞬时悬沙颗粒速度和瞬时悬沙含量；

u_s 和 c_s——分别为时均悬沙颗粒速度和时均悬沙含量；

u_s' 和 c_s'——悬沙颗粒速度脉动和悬沙含量脉动。

由公式 6.1 可知，一段时间内的时均悬沙输移率 s 是该时段内瞬时悬沙颗粒速度和瞬时悬沙浓度的时均值 $\overline{U_s C_s}$，可分为时段内悬沙输移的时均项 $u_s c_s$ 和脉动项 $\overline{u_s' c_s'}$。直接法采用测量某个深度（或某深度范围）的 $\overline{U_s C_s}$ 值，其中包括了时均项和脉动项。间接法则假定脉动项 $\overline{u_s' c_s'}$ 为零，且悬沙颗粒速度与水流流速相同，通过同时测量水流的时均流速和时均悬沙浓度来计算时均输沙率，有研究表明其计算值比实际值偏小 1%~10%（van Rijn L C，1993），但由于采样仪器的限制，直接法往往无法展开。目前，我国一般采用间接法来进行输沙率的测验。其基本思路与测流时的流量模型概念一致，通过设立采样垂线将断面分割为若干部分，同时测定其流量和悬沙浓度，计算部分断面的输沙率，累加部分断面输沙率获得断面输沙率。

6.2.1 悬移质泥沙采样器

悬沙采样器的基本原理为收集观测点的水–沙混合样（或泥沙），以测定悬沙浓度、输移或粒度特征。按照采样时间的不同，悬沙采样器可分为瞬时式和积时式采样器。除了机械式采样器外，近年来，利用光学和声学原理测量水体浊度，进而估算悬沙含量的测量仪器发展得也十分迅速。

6.2.1.1 瞬时式采样器

图 6.2 所示的仪器为瞬时式采样器，其主体为一个采样瓶或采水筒（容积一般不小于 0.5 L），采样误差主要来自采水瓶（筒）采样时的进水流速和周围水流流速的差异，当瓶（筒）进水流速大于周围流速时，采集的数据偏小；当瓶（筒）进水流速小于周围流速时，采集的数据则偏大（van Rijn L C，1993）。图 6.2a 为瓶式采样器，其主体为一个金属容器，容器内可竖直放置采样瓶，在采样时瓶口用瓶盖塞住，在瓶盖上拴绳子，将采样器放置到采样深度时拉开瓶盖，水样灌满采样瓶后即可收起采样器并取样。由于采样瓶竖直放置，采样时瓶口进水流向与周围天然水流流向不同，因此会导致采样误差。当瓶口方向与水流方向夹角小于等于 35° 时，采样误差相对较小；当夹角大于 35° 时，所得含沙量偏大，特别是沙粒

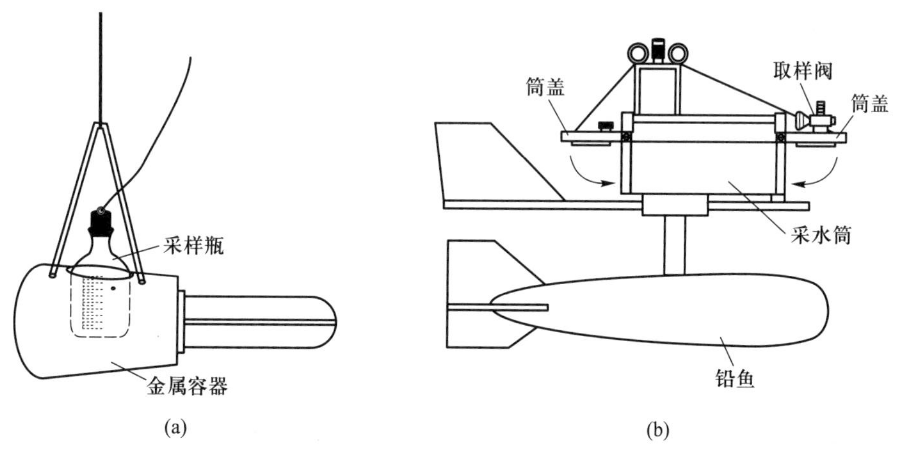

图 6.2 瞬时式泥沙采样器（根据 van Rijn L C，1993）

（a）瓶式采样器；（b）横式采样器

(粒径>50 μm)的含量(van Rijn L C,1993)偏大,因而此类采样器更适用于冲泻质的采集(Boiten,2005)。图 6.2b 为横式采样器,其特点是采水筒水平放置,在采样时先将两侧瓶盖打开,将采样器放置到采样深度,筒内水流流向和周围水流一致,在采集时通过分拉(锤击或遥控)方式将瓶盖合上,从而采集到水样,可通过一侧筒盖上的取样阀取得水样。横式采样器采样效率很高,且尽量减少了筒内流速和周围流速差异所导致的误差,因此在我国被广泛使用。瞬时采样器均采用间接法测验泥沙,应该获得一段时间内的时均泥沙浓度,但由于此类采样器的采样时间很短,不可避免地受到泥沙脉动的影响,因此可采取在同一测点多次采样的方法来消除脉动误差(朱晓原等,2013)。

6.2.1.2　积时式采样器

与瞬时采样器极短的采样时间不同,积时式采样器可以采集一段时间内某测点、垂线或水平线上的悬沙水样(SL07—2006),较长的采样时间可部分消除泥沙脉动带来的采样误差,一般认为 300 s 的采样时间可比较显著地减少泥沙脉动造成的误差(van Rijn L C,1993)。按采样器的工作原理不同,积时式采样器可分为瓶式、调压式和皮囊式等;按采样方法不同,它们又可分为积点式和积深式等(如表 6.1)。采样器外形设计成流线型以减少对水流的阻滞效应,采样器进水口的流速需同周围水流等速(isokinetic)或尽量相近,以尽量减少采样产生的误差。如图 6.3d 所示,当进水管流流速 V_n 等于天然水流流速 V 时,采样泥沙含量 C_S 等于天然水体悬沙含量 C;当 $V_n>V$ 时,$C_S<C$,反之亦然。瓶式采样器一般采用调压方式来达到采样管和天然水流等速的目的,如 US DH-81(图 6.3d)。皮囊式采样器则不需要调压设备,只需要在采样前将皮囊(采样袋)中的空气基本排空,就可在采样时达到自动调压的作用(如图 6.3c US DH-2)。

表 6.1　典型泥沙采集器参数

型号		产地	采样特征	储样	最大采样深度
瞬时式	Kemmerer Bottle	美国	冲泻质,1.2~6.0 L	筒	不限
	Niskin Bottle	荷兰	冲泻质,2.5 L	筒	不限
积点式	Delft Bottle	荷兰	悬沙(粒径>100 μm)*	—	不限
	US P-61-A1	美国	悬移质,1.0 L	皮囊	≈55 m
	AYX2-1 悬移质泥沙采样器	中国	悬移质,2.0~2.5 L	瓶	≈40 m
积时式	US DH-81	美国	悬移质,0.8 L	瓶	≈4.5 m
	US DH-2	美国	悬移质,1.0 L	皮囊	≈10 m
	ANX-3 积时式悬移质采样器	中国	悬移质,3.0 L	皮囊	≈20 m

*Delft Bottle 直接采集粒径 100 μm 的悬沙,不采集水样

图 6.3c 和 d 为 US DH-2 和 US DH-81 积深式泥沙采样器简图。在工作时将采样器降至水底,以固定速率升高采样器位置,通过采样器进水口收集垂线上的水样。若用采样瓶存贮样品(如 US DH-81),则采样深度一般不超过 4.5 m(Davis,2005);若采用皮囊(或采样袋)

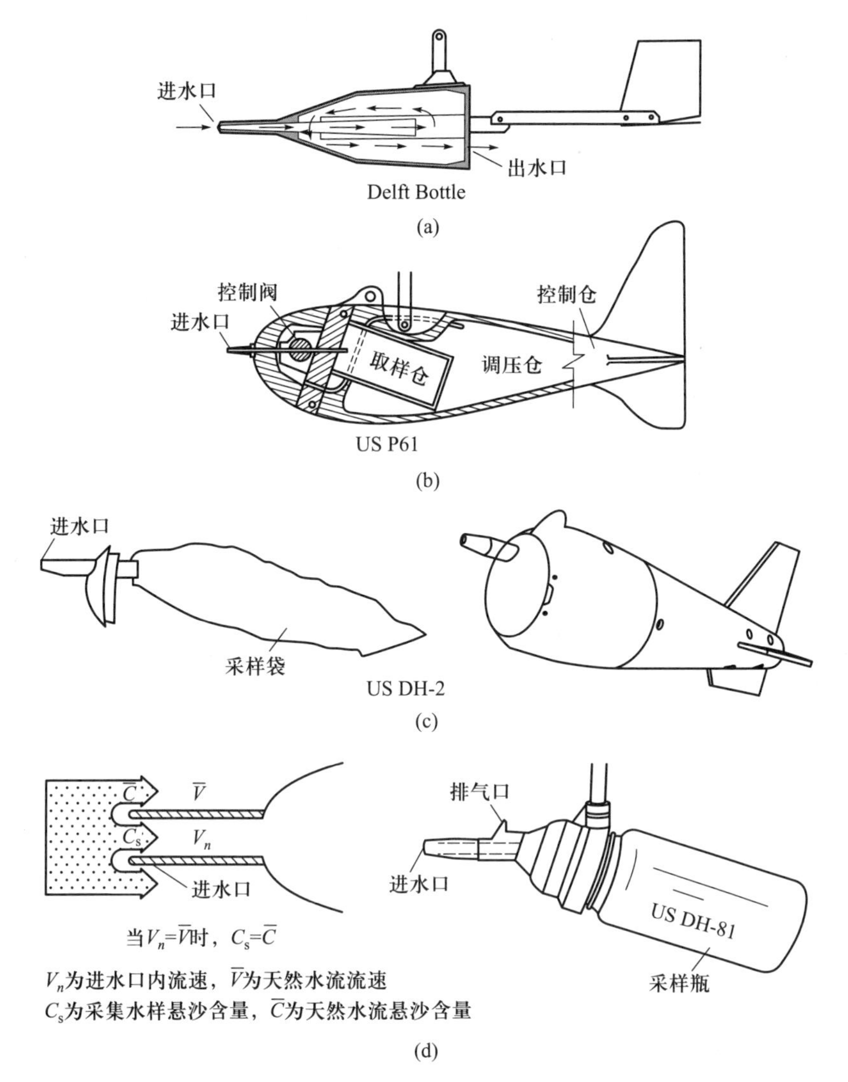

图 6.3 积时式泥沙采样器（根据 Davis，2005；Edwards & Glysson，1999；Beverage & Williams，1989）

存贮样品，则采样深度主要取决于进水口大小和储水袋的容积，如 US D－99（进水口口径为 7.62 或40.64 cm，储水袋容积为 6 L）的最大采样深度可达 67 m（Davis，2005）。为了采集高流速和大水深条件下的水样，采样器可安置在重物内部，如安置在呈流线型的铅鱼里。

积点式采样器外形与积深式采样器相似，两者的差异在于积点式采样器可采集某个（或多个）特定采样深度上的水样，其功能较积深式采样器更为多样。积点式采样器设计有控制采样阀门遥控装置（如图 6.3b），当到达预定深度时开启阀门开始采样，在采样结束时则关闭阀门。

图 6.3a 为 Delft Bottle 采样器，它在采样方式上属于积点式采样器。这种采样器并非采

集水沙混合物，而是采用直接测量法采集水中的悬沙。水和沙从进水口进入采样器，在采样器内部流动速度下降，泥沙沉降在采样器中，水流则从出水口排出。Delft Bottle 采样器只能采集粒径 > 100 μm 的泥沙，无法收集细颗粒泥沙，这大大限制了它在悬沙采样工作中的应用。

6.2.1.3　光学与声学测沙仪

光学和声学测沙仪并不直接测量悬沙含量，也无须进行水沙样品的采集，而是依据比浊法（nephelometry）原理测定水体的浊度，通过建立浊度与悬沙含量的回归关系实现对悬沙含量的估算（薛元忠等，2004；ISO 11657：2014）。相对于机械式采样器，光学和声学方法的优势在于实现了对悬沙含量非接触式的连续测量（van Rijn L C，1993；Boiten，2005）。

光学和声学测沙法的基本原理如图 6.4 所示，以光（声）在水沙混合物中传播时的衰减强度与泥沙含量之间存在一定的关系为前提。光学测沙仪的主体由光源及接收器组成，由光源激发固定光强(I_0)的光束，所发射光束的光强因水沙混合物的吸收和散射而降低，由透射计或散射计接收并记录下透射光强（I_t）和某个散射角（θ）下的散射光强（I_s）。根据导致光声信号衰减机理的不同，测量水体泥沙含量的方法可分为透射法、散射法和透射 – 散射法。透射法（公式 6.2）依据比尔 – 朗伯（Beer-Lambert）定律，测量一定体积下的泥沙颗粒对光源 I_0 的光强的削弱程度。在固定光程（l）的两端分别设置光源和接收器，由透射计记录被削弱的光强 I_t，两者间的关系如公式 6.2 所示。散射法需在与发射光源呈一定角度（散射角）的位置上设置接收器（散射计），散射计可以接收到被测量体积中的泥沙颗粒所散射的一部分光线的光强 I_s，其与 I_0 的关系如公式 6.3 所示，k_2 和 k_3 为校准系数。也可联合使用透射和散射法，如果透射和散射所经的光程相同，那么将公式 6.2 和公式 6.3 相除，可得透射/散射强度比与泥沙含量之间的线性关系（公式 6.4）。

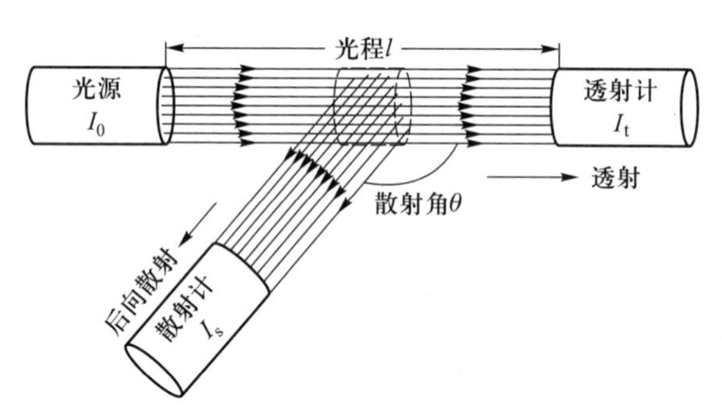

图 6.4　光学和声学方法原理（根据 ISO 11657）

$$I_t = I_0 e^{-k_1 Cl} \tag{6.2}$$

式中：C——泥沙含量；

k_1——校准系数。

$$I_s = k_3 I_0 c e^{-k_2 C} \tag{6.3}$$

$$I = \frac{I_s}{I_t} = k_4 C \tag{6.4}$$

应用较为广泛的光学测沙仪为光学后向散射浊度计（optical backscatter sensors，OBS），其基本特征可见表 6.2。自 20 世纪 80 年代以来，OBS 已经被广泛应用在科研、工程和环境监测等领域(Downing,2006)。OBS 以近红外段光线为光源,原理在于较长的波长可以尽量减少光线在测量仪器之间的干涉现象,水体对红外光线的高吸收率也可以减少外界环境对测量结果的影响。OBS 所发射的光线遇悬浮物发生散射,由红外接收管接收后向散射(散射角>90°)信号,后向散射信号稳定,且对有机物和气泡的散射率都较小,可较好地体现悬沙对光线散射的影响。OBS 通过 A/D 转换器将接收到的散射信号转换成数字信号输出,可以采用自记录方式将数据存储在内存中,从而实现长期监测。

激光测沙基于米氏散射原理,当光线波长与颗粒物相当时,入射到颗粒物上的光线能量大部分被散射到特定的角度上(前向散射),颗粒物越小,散射角度越大,反之亦然。通过测定散射角信息,还可以反演出各粒级泥沙颗粒的粒径分布特征,最终得到泥沙含量。现场激光散射透射仪(laser in situ scattering and transmissometry,LISST)可对 1.25~500 μm 之间 32 个粒级区间的泥沙粒径分布进行测量。

声学测沙原理如图 6.4 所示,测量流速剖面的 ADCP,理论上其声信号可用以估算悬沙浓度。但声波的衰减不但受到泥沙含量的影响,而且也受到泥沙颗粒粒径分布的显著影响,如细颗粒可导致声波的黏滞损失,过粗的颗粒则可造成明显的散射,这导致将声波衰减信号转换成泥沙含量的数据后处理工作十分复杂(Gray & Gartner,2009)。

表 6.2 光学、声学测沙仪器 *

仪器	原理	测量值	测量范围	率定与否	费用
光学后向散射浊度计(OBS)	光学散射原理	浊度	粉沙及黏土,<2 g/L 沙,<10 g/L	必须率定	低
现场激光散射透射仪(LISST)	米氏散射原理	粒径分布	0.1~1 g/L	无须率定	高
声学反向散射计(ABS)	声学散射原理	浊度	1~10 g/L	后处理复杂, 必须率定	高

* 依据 ISO 11657:2014

6.2.2 悬移质泥沙采集

最理想的悬沙测验方法是采集一段时间内通过断面的所有悬沙,但显然这种方法难以实现。由于断面不同位置的悬沙含量均存在变化,因此为了测定断面的平均悬移质含沙量,一般采用的方法为:设立测沙垂线,在垂线上设定一定数量的采样点采集悬沙样并计算垂线平均含沙量,在断面上布设足够多的测沙垂线,通过多个垂线平均含沙量计算出断面平均悬沙含量。所以,在悬沙采集工作中包含了垂线上的测点布设、断面上的垂线布设和测点样品采集等主要步骤。

6.2.2.1 垂线测点布设

自水面至底床,悬沙含量存在显著差异,如图 6.5 所示。为了推求垂线平均悬沙含量,需要在垂线上设点采集水样,主要方法包括选点法、积深法和垂线混合法(表 6.3)。

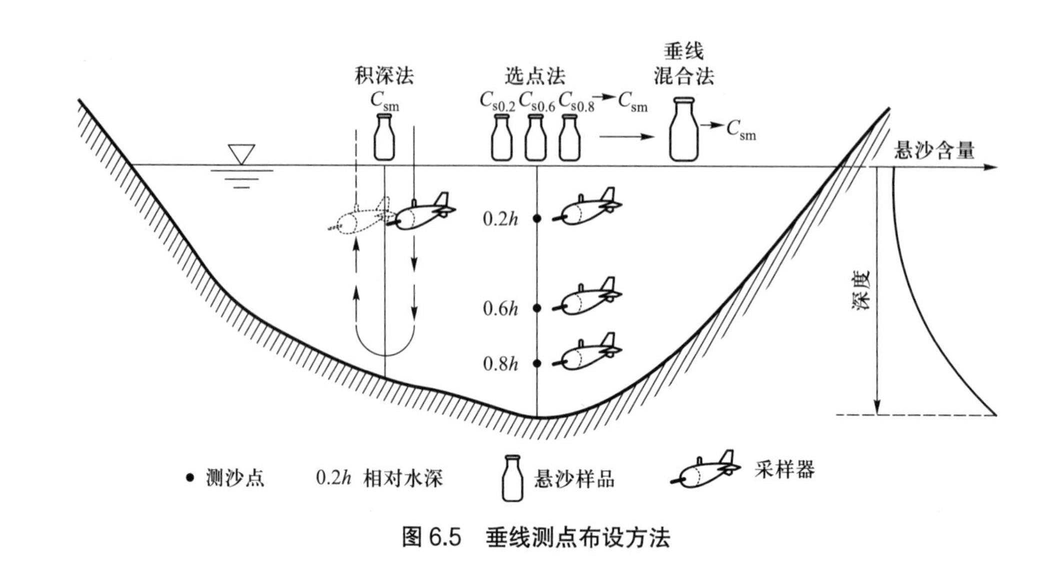

图 6.5 垂线测点布设方法

表 6.3 垂线测点布设方法

采样方法	仪器	样品数量	垂线平均悬沙含量计算
选点法	积点式	采集多个	加权平均
积深法	积深式	采集单个	无须计算
垂线混合法	积点式	采集多个合并	无须计算

选点法是一种选择测沙垂线上的若干测点，采集水样并测定悬沙含量，再通过流速加权法计算垂线平均含沙量的方法。一般来说，测沙点和测流点是一致的，测沙的同时也要进行流速的测验。垂线测点布设方法可见表 6.4，一点法只需采集 0.6 相对水深处的水样并计算该点的悬沙含量。垂线平均悬沙含量 $C_{sm}=\eta C_{s0.6}$，$C_{s0.6}$ 为 0.6 相对水深处的悬沙含量，η 为通过实测数据确定的系数，如果缺少资料，那么一般取值 1.0。在运用多点法测量时，采用流速加权法进行垂线平均值的计算。若采用三点法（图 6.5），实测 $0.2h$、$0.6h$ 和 $0.8h$ 处的流速并采集水样，三个测点处的流速分别为 $v_{0.2}$、$v_{0.6}$ 和 $v_{0.8}$，悬沙含量为 $C_{s0.2}$、$C_{s0.6}$ 和 $C_{s0.8}$，各点悬

表 6.4 选点法垂线平均悬沙含量样品采集及计算方法

	测点布设位置 *	垂线平均含沙量计算方法 **
一点法	$0.6h$	$C_{sm}=\eta C_{s0.6}$
二点法	$0.2h$ 和 $0.8h$	$C_{sm}=(C_{s0.2}v_{0.2}+C_{s0.8}v_{0.8})/(v_{0.2}+v_{0.8})$
三点法	$0.2h$、$0.6h$ 和 $0.8h$	$C_{sm}=(C_{s0.2}v_{0.2}+C_{s0.6}v_{0.6}+C_{s0.8}v_{0.8})/(v_{0.2}+v_{0.6}+v_{0.8})$
五点法	$0.0h$、$0.2h$、$0.6h$、$0.8h$ 和 $1.0h$	$C_{sm}=(C_{s0.0}v_{0.0}+3C_{s0.2}v_{0.2}+3C_{s0.6}v_{0.6}+2C_{s0.8}v_{0.8}+C_{s1.0}v_{1.0})/(10V_m)$

*h 为相对水深，即采样器入水深度与垂线水深之比。

**V_m 为垂线平均流速，C_{sm} 为垂线平均悬沙含量，$v_{(0.0,0.2,\cdots,1)}$ 为 $0.0h$、$0.2h$、…、$1.0h$ 处的点流速，$C_{s(0.0,0.2,\cdots,1)}$ 为 $0.0h$、$0.2h$、…、$1.0h$ 处的悬沙含量。

沙含量按各自流速权重累加，则可得到垂线平均悬沙含量 C_{sm}（表 6.4），如 $C_{s0.2}$ 的权重为 $v_{0.2}/(v_{0.2}+v_{0.6}+v_{0.8})$。在采用选点法进行垂线测量时，需采用积点式采样器（表 6.3）。

积深法采用积深式采样器，通过升降采样器位置，在垂线上连续采集混合水沙样，由该水沙样来确定垂线的平均悬沙含量。积深法适用于流速不太高且水深适宜条件下的悬沙采集，当水深过大时，采样器无法收集到整个垂线上的水样，则需改用选点法。在采样时，将采样器降至和水面接触的位置，保持进水口出露于水面之上，通过尾翼调整采样器方向。待采样器和水流方向保持平行，以恒定速率降低采样器位置，到达垂线底部后再以等速升高采样器。如图 6.5 所示，取水口进入水面时采样即开始，在采样器下降和上升的过程中采集垂线上的水沙样品，直至采样器脱离水面，采样结束，收集样品，这种方法也称双程积深法。需要注意的是，当垂线水深 $\leqslant 10$ m 时，提放采样器的速度不能超过垂线平均流速的 1/5；在垂线水深 >10 m 时，提放速度应小于垂线平均流速的 1/3。当采样器下降至垂线底部时，应立即拉升采样器，不得在河底停留（Edwards & Glysson，1999）。在取样时如果发现采样瓶中水样已满，就说明在采样器到达垂线某一点时，采样瓶中已经注满了水样，采样器未能采集该点之后的垂线上的样品，这会导致所采集的样品不具有代表性，应当弃去重新采集。此时，可选用口径较小的进水管或适当加大采样器提放速度。

垂线混合法需在垂线的若干测点上采集水样，将所采集的水样混合成一个样品，该混合样的悬沙含量即垂线平均悬沙含量。这种方法与选点法的差异在于，选点法采集并计算得出多个测点的悬沙含量，再通过加权平均来求得垂线平均值；混合法则将采集的多个水样混合成一个，无须进行多个测点悬沙含量的计算（图 6.5）。在应用垂线混合法采样时，一般采用按取样历时比例进行混合，即不同采样点的采样时间是不同的，其作用相当于对不同测点的样品赋予不同的权重。假设垂线上所有测点的取样总历时为 t，表 6.5 列出了不同取样方法中各测点采样历时比例，如三点法，$0.2h$、$0.6h$ 和 $0.8h$ 三个点的采样时间均为 $1/3t$。由于混合法采样时对取样历时有要求，因此一般采用有取样控制阀的采样器（如积点式采样器）进行取样。

表 6.5 垂线混合法取样位置与历时

取样方法	取样点布设位置 *	取样历时 **
二点法	$0.2h$ 和 $0.8h$	$0.5t$ 和 $0.5t$
三点法	$0.2h$、$0.6h$ 和 $0.8h$	$1/3t$、$1/3t$ 和 $1/3t$
五点法	$0.0h$、$0.2h$、$0.6h$、$0.8h$ 和 $1.0h$	$0.1t$、$0.3t$、$0.3t$、$0.2t$ 和 $0.1t$

*h 为相对水深，即采样器入水深度与垂线水深之比

** 垂线总的取样历时为 t

6.2.2.2 断面垂线布设

如果要保证断面平均悬沙含量的测量精度，就需要在断面上布设数量足够的测沙垂线。断面测沙垂线的布设应当考虑悬沙含量的横向分布（沿断面方向）规律，在一般情况下可大

致均匀布设，或者是中泓密，两边疏。在采用多条垂线计算断面平均悬沙含量时产生的内插误差，取决于垂线的数量和分布。当各条垂线间距相等，断面垂线数量达到 12 条时（假定 20 条垂线测定值为真值），其相对内插误差≤5%（van Rijn L C，1993）。我国现行的断面垂线布设数量标准是：一类站不少于 10 条，二类站不少于 7 条，三类站不少于 3 条。

6.2.2.3　测点样品采集

在采集悬沙样品之前，应熟悉测验断面的水情和沙情特征，确定断面垂线数量和布设的位置。根据断面特征和测验目的，选择合适的采样设备和采样方法。另外，在采样前需对各类设备进行检查。

测验断面输沙率需要断面流量和悬沙含量数据，测流和测沙垂线应当同步设定，且两者应重合。按规范方法测定各垂线的起点距和水深，若采用选点法采样，则根据实测水深计算出采样器的入水深度。按前文所述方法采集悬沙样品，同时测定流速，若需进行泥沙颗粒分析，则需加测水温。

6.2.3　悬移质泥沙含量测量

悬沙含量（suspended sediment concentration，SSC）一般用单位体积或质量的水沙混合物中的悬浮泥沙干物质的体积或质量来定义，常见单位如 mg/kg（ppm）或 mg/L 等。当利用机械式采样设备采集了水沙混合物样品后，就可以选择烘干法、过滤法或置换法来确定 SSC 的值。若采用光学或声学测沙仪测定水体浊度，则需要对浊度和 SSC 的关系进行率定。

6.2.3.1　烘干法

烘干法采用烘干称重的方式分离出水样中的泥沙，以称重的方法确定泥沙的质量，并计算悬沙的质量分数 W_{SS} 或悬沙含量 C_{SS}，用于测量的水样体积一般不少于 0.5 L（BS ISO 4365:2005）。基本流程如下：

① 测定水样的体积 V 或水样（悬沙+水）质量（m_2-m_1），其中 m_2 为水样和装水样的容器质量（悬沙+水+容器），m_1 为容器质量（容器需烘干后称重）。

② 沉淀浓缩样品，沉淀时间一般不小于 24 h（GB/T 50159—2015），当泥沙基本沉淀后，采用虹吸管吸去上清液。

③ 将浓缩后的泥沙倒入事先干燥并称重过的蒸发皿中（蒸发皿质量为 m_3），用少量去离子水清洗采样瓶数次，将泥沙和去离子水一并倒入蒸发皿。将蒸发皿置于烘箱中，起始温度设置在 85~95 ℃，以防止沸腾泼溅而损失样品，待样品基本烘干后，于 101~105 ℃条件下继续烘至少 1 h，移至干燥器中冷却。

④ 称取蒸发皿和泥沙的质量 m_4（蒸发皿+悬沙）。

⑤ 应用公式 6.5 或公式 6.6 计算 W_{SS} 或 C_{SS}。

$$W_{SS}=\frac{m_4-m_3}{m_2-m_1} \tag{6.5}$$

$$C_{SS}=\frac{m_4-m_3}{V} \tag{6.6}$$

烘干法一般适用于泥沙颗粒较粗的样品类型。细颗粒较多的样品其沉降浓缩过程所需的时间很长，去除上清液和转移浓缩样品至蒸发皿的过程都不可避免地产生误差，若水样中的溶解质含量较高，则需进行校正，具体做法可参见 GB/T 50159—2015。

6.2.3.2 过滤法

过滤法采用一定孔径（一般为 0.45 μm）的滤膜和真空抽滤装置将泥沙从水样中分离出来，称重并计算 W_{SS} 或 C_{SS}。基本步骤如下：

① 测量水样体积 V 或质量（m_2-m_1）；

② 采用过滤装置和滤膜（滤膜需事先烘干称重，质量为 m_7）过滤水样；

③ 将带有泥沙的滤膜置于坩埚中，在 101~105 ℃条件下烘干至恒重，放入干燥器中冷却；

④ 称取滤膜和干泥沙的质量（m_8，干滤膜+干泥沙）；

⑤ 校正过滤过程中滤膜的质量损失，事先称重空白滤膜（质量为 m_5），用和样品同等体积的去离子水过滤膜，经上述烘干步骤，称取烘干后的空白滤膜质量（m_6），m_5-m_6 即为过滤过程中滤膜的质量损失，至少做三个空白取平均值；

⑥ 根据公式 6.7 和公式 6.8 计算 W_{SS} 或 C_{SS}。

$$W_{SS}=\frac{(m_8-m_7)+(m_5-m_6)}{m_2-m_1} \tag{6.7}$$

$$C_{SS}=\frac{(m_8-m_7)+(m_5-m_6)}{V} \tag{6.8}$$

当水样中悬沙主要为粗颗粒时，可以进行沉淀浓缩样品的步骤，以减少过滤所需的时间。当样品中含有大量细颗粒物质或样品总量较少时，则不可进行沉淀浓缩。

6.2.3.3 率定法

当采用光学或声学方法测定 SSC 时，浊度数据和 SSC 数据之间关系的率定是必不可少的步骤，即需要建立浊度和 SSC 之间的经验关系。当浊度计在某测点工作时，采用机械式采样设备，采集该测点处的水样，在实验室中按标准方法测定 SSC，建立两者的经验关系。如果受限于现场采样条件，无法采集水样，那么也可采集测点处的悬沙，在实验室中率定。

当 SSC 较高时，浊度和 SSC 之间的关系并非完全线性相关，但在一定范围内浊度和 C_{SS} 之间的关系如下式所示：

$$C_{SS}=ax+b \tag{6.9}$$

式中：x——浊度（standard nephelometric turbidity units，NTU 或其他单位）；

C_{SS}——悬沙含量；

a 和 b——均为经验系数，可通过线性拟合获得，当悬沙含量变化范围很大时，可采用分段拟合的方法来获得不同浓度范围内的系数 a 和 b。

图 6.6 为浊度与 SSC 之间的关系，在此研究中悬沙含量小于 0.9 g/L，浊度和 SSC 之间成较好的线性关系，图中采用了野外率定和室内率定两种方法。

由于浊度与 SSC 之间的关系可随着泥沙粒径分布、颗粒粗细、泥沙颜色和水色等因素

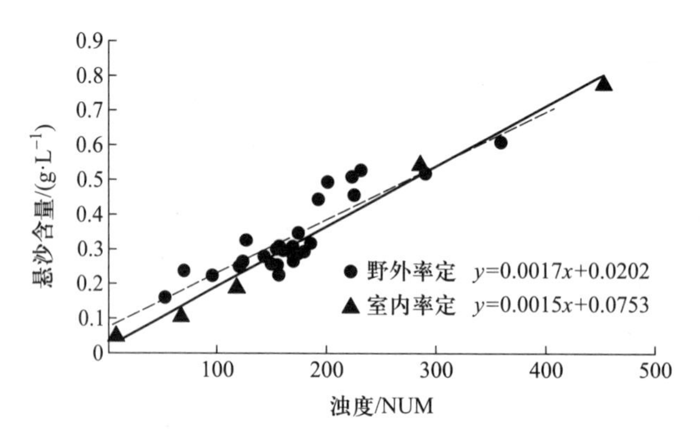

图 6.6　浊度与悬沙含量（SSC）关系图（薛元忠等，2004）

的变化而变化，因此一次研究中的浊度与 SSC 的关系往往无法在下一次中沿用，在每次研究前都需要率定（BS ISO 11657：2014）。

6.2.4　悬移质输沙率计算

断面悬移质输沙率 Q_s（kg/s）的理论计算公式为：

$$Q_s = \overline{C}_s q \tag{6.10}$$

式中：q——断面流量（m^3/s）；

$\overline{C}_s$——断面平均悬沙含量（kg/m^3）。

在实际应用中，将全断面分割为若干部分，计算部分断面输沙率，累加得到全断面输沙率，即：

$$Q_s = \sum_{i=1}^{m} Q_{si} \tag{6.11}$$

$$Q_{si} = C_{si} q_i \tag{6.12}$$

式中：C_{si}——第 i 个部分断面的平均悬沙含量（kg/m^3）；

q_i——第 i 个部分断面的流量（m^3/s）；

Q_{si}——第 i 个部分断面的输沙率（kg/s）；

m——部分断面的数量，量纲为 1。

估算断面输沙率需要计算测沙垂线所划分出的各个部分断面的输沙率，部分输沙率则是通过部分流量（第 4.7 节）和垂线平均悬沙含量来计算的。

6.2.4.1　垂线平均悬沙含量

若采样方法不同，则计算垂线平均悬沙含量的方法也不同。采用积深法和垂线混合法进行采样的，其处理后样品的悬沙含量即垂线平均值，无须进一步计算。采用选点法取样的，对处理后所得的各个测点的悬沙含量进行流速加权平均，即可得到垂线平均值，计算公式可见表 6.4。

6.2.4.2　断面输沙率

部分断面由测沙垂线进行分割，测速和测沙垂线都是重合的，即采样的垂线必定进行流速测量，但测速的垂线上未必一定采样，所以在一个断面上可以出现测速垂线多于测沙垂线的情况。如图 6.7 所示，在断面上一共布设了 10 条测速垂线，其中在垂线②④⑤⑥⑦⑧⑨上采集了水样，即在断面上布设了 7 条测沙垂线。7 条测沙垂线将断面划分为 8 个部分断面，即 A 至 H。图 6.7 中阴影部分分别为垂线②与河岸及水面组成的部分断面 A，垂线④⑤与两者间河底及水面所构成的部分断面 C，部分断面 A、B 和 H 中间还布设有仅进行测速的垂线①③⑩。

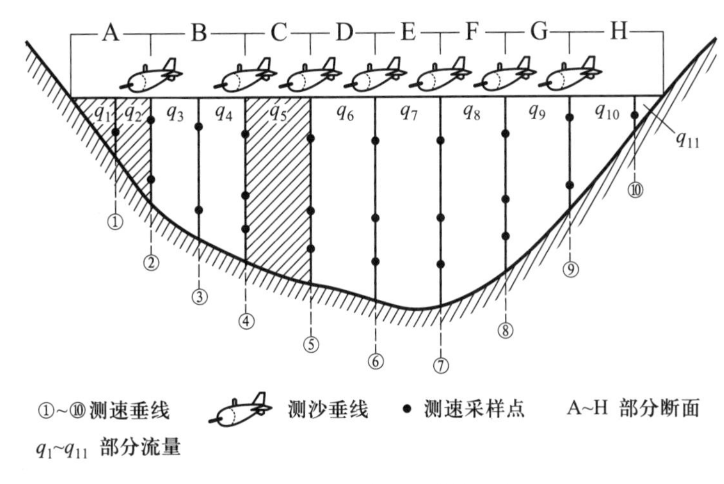

图 6.7 断面输沙率计算示意

根据公式 6.12，图 6.7 中部分断面的输沙率 $Q_{sA}=C_{sA}\times q_A$，$Q_{sB}=C_{sB}\times q_B$，…，$Q_{sH}=C_{sH}\times q_H$。各个部分断面的流量计算可见第 4.7 节和图 4.12，图 6.7 中 10 条测速垂线将断面分为 11 个部分（q_1~q_{11}），由于部分测速垂线上未采集水样，因此两种垂线划分出的部分断面并非完全一致，如部分断面 A 包含了由测速垂线①②和河岸划分出的两个流量部分断面，部分断面 B 和 H 也是如此。部分断面 A、B 或 H 的流量应为断面内所有部分流量之和，如 $q_A=q_1+q_2$，$q_B=q_3+q_4$，$q_H=q_{10}+q_{11}$。C_{si} 的计算也可分为两种情况，当部分断面靠近岸边（如部分断面 A 和 H）时，以构成该断面的那条测沙垂线的平均值作为断面平均悬沙含量，如部分断面 A 的平均悬沙含量等于垂线②的平均悬沙含量，即 $C_{sA}=C_{sm2}$。当部分断面由两条测沙垂线所围成时（部分断面 B~G），部分断面的平均悬沙含量取这两条垂线的平均悬沙含量的算术平均值，如由垂线④⑤构成的部分断面 C，$C_{sC}=(C_{sm4}+C_{sm5})/2$。将部分断面的平均悬沙含量和部分流量相乘即得到部分断面输沙率，如图 6.7 中 $Q_{sA}=C_{sA}\times q_A=C_{sm2}\times(q_1+q_2)$；$Q_{sC}=C_{sC}\times q_C=(C_{sm4}+C_{sm5})/2\times q_5$。

根据公式 6.11，将部分断面的输沙率累加便可得到断面输沙率，如在图 6.7 中，$Q_s=Q_{sA}+Q_{sB}+\cdots+Q_{sH}$。

6.2.4.3 断面平均含沙量

由公式 6.10 可知，在断面输沙率 Q_s 计算出来后，可以由它计算断面平均悬沙含量 $\overline{C}_s$。在图 6.7 中，$\overline{C}_s=\dfrac{Q_s}{q}=\dfrac{Q_{sA}+Q_{sB}+\cdots+Q_{sH}}{q_1+q_2+\cdots+q_{11}}$。

6.3 悬沙颗粒分析

悬沙的粒度、密度和形状决定了颗粒物的沉降速率，从而影响泥沙对水流的响应，并控制着泥沙的运动（ISO 4365:2005）。粒度即泥沙颗粒的大小，是描述悬沙颗粒特征最重要的指标之一。

6.3.1 悬沙颗粒基本特征

天然悬沙的基本特征是：单个泥沙颗粒外形不规则；天然水样中悬沙颗粒大小组成不均一，变幅巨大。图 6.8 为一个天然悬沙样品的泥沙颗粒群体。首先，由投影在平面上的形状可知泥沙颗粒外形并不规则，且不同颗粒的外形各不相同，如何描述泥沙颗粒的大小就成为了一个问题——粒径。其次，一个悬沙样品中所含颗粒物的大小差异极大，颗粒直径小于 4 μm 的黏土和毫米级的沙粒都可能出现，如何描述一个样品中颗粒群体的粒径则是另一个问题——级配。

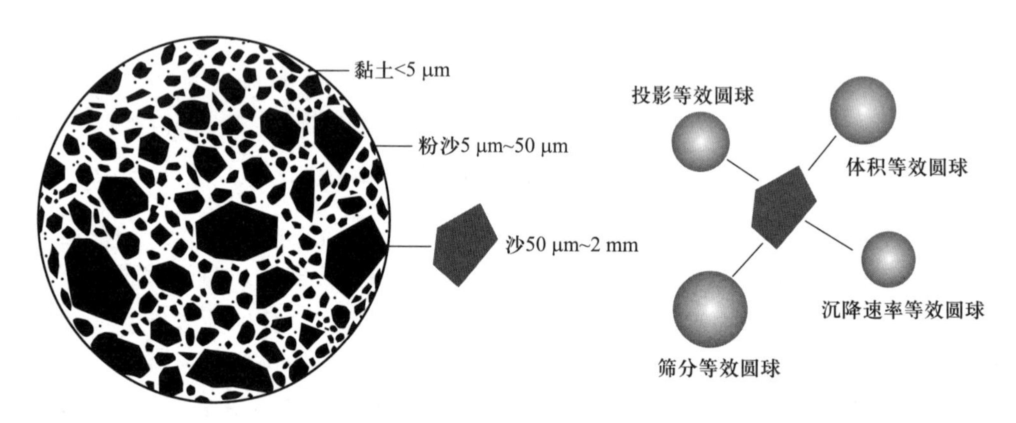

图 6.8 天然悬沙样泥沙颗粒组成示意图

6.3.1.1 粒径

由于悬沙颗粒形状在三维空间中并不规则，因此用以描述颗粒大小的指标“粒径”很难定义，也无法度量。在实际应用中，“粒径”往往指与颗粒物质的密度相同的、呈规则球体的某种物理、化学性质的等效粒径（SL42—2010）。如图 6.8 和表 6.7 所示，筛分法、沉降法和激光衍射法所测得的粒径含义并不相同，不能互相确切地对比，故在描述颗粒粒径时需注明测量方法。粒径的常用单位是 mm，或是 μm。由于天然悬沙的粒径范围很大，因此为了便于描述，可将粒径进行对数变换，

$$\Phi = -\log_2(d) \tag{6.13}$$

式中：d——悬沙的绝对粒径（mm）；

Φ——经对数变换后的粒径，如当粒径为 4 μm 时，其 Φ 值为 8，若粒径越小，则 Φ 值越大，如表 6.6 所示。

表 6.6 河流悬沙颗粒分类

类别	黏粒	粉沙	沙粒	砾石	卵石	漂石
绝对粒径/mm	<0.004	0.004~0.062	0.062~2.0	2.0~16.0	16.0~250.0	>250.0
对数粒径(Φ)/1	>8	8~4	4~-1	-1~-4	-4~-8	<-8

根据《河流泥沙颗粒分析规程》(SL42—2010)

表 6.7 悬沙常用的分析方法

方法	仪器	粒径类型	粒径含义	绝对粒径/mm
尺量法	量具	三轴平均粒径	颗粒长中短三个相互垂直轴方向长度的平均值	>64.0
筛分法	分析筛	筛析粒径	颗粒通过最小筛孔的孔径	0.062~64.0
沉降法	吸管等	沉降粒径	与颗粒同密度、同沉速的球体直径	<0.062
激光衍射法	激光粒度分析仪	投影球体直径	与颗粒平面投影面积相等圆的直径	2×10^{-5}~2.0

根据朱晓原等,2013

6.3.1.2 级配

一个天然悬沙样品是一组泥沙颗粒物的集合(图 6.8),一般以“级配”来描述悬沙粒径的特征。所谓级配是指颗粒及颗粒群体按“粒径级”分布的度量与描述,反映了悬沙样品的组成状况(SL42—2010)。级配的分布往往用频度分布和累积分布来表达,如图 6.9 所示。图 6.9a 为频度分布图,其横坐标为悬沙粒径(注意对数刻度),纵坐标为某粒级悬沙出现的频度,频度计算可以是某粒径级(如 0.001~0.002 mm)的泥沙数量占总数的百分数,或质量(体积)占总量的百分数,视测量方法不同而异;图 6.9b 为该悬沙的累积频率曲线,纵坐标为累积频

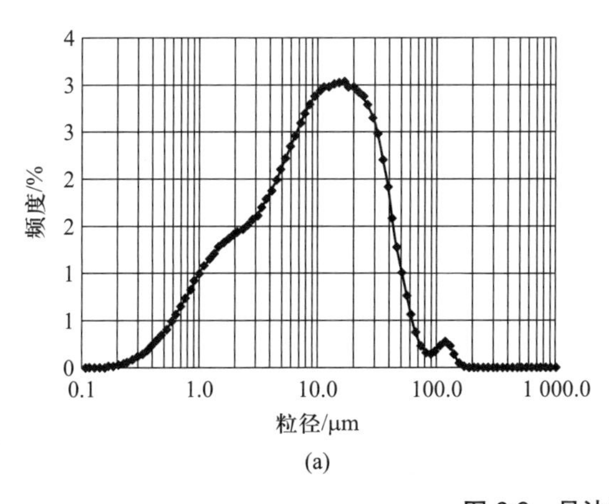

(a)

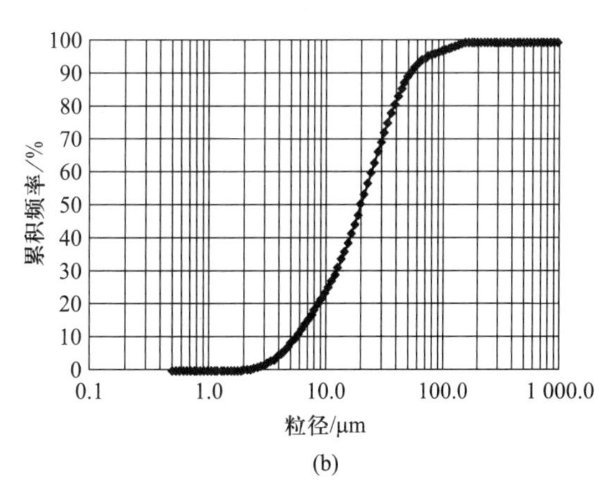

(b)

图 6.9 悬沙粒径级配曲线

率，表示小于某个粒径级的悬沙占总量的百分数，在累积频率曲线上可以找出粒径的一些特征值，如中值粒径（d_{50}，累积频率为 50% 时所对应的悬沙粒径）。

6.3.2　悬沙颗粒分析方法

测定泥沙粒度的方法有很多，主要为直接测量法和水分析法两类。直接测量法中主要有尺量法和筛分法。水分析法中主要有沉降法和激光衍射法。如表 6.7 所示，不同大小的颗粒所适用的方法并不同，如对于细颗粒的黏土和粉沙可采用沉降法，对沙和砾可用筛分法，对更粗的颗粒可使用尺量法。激光衍射法的测量范围最大，在悬沙颗粒分析中的应用也越来越广。

6.3.2.1　筛分法（粗颗粒）

筛分法是一种利用标准筛孔确定泥沙粒径的颗粒分析方法，一般适用于粒径在 0.062 mm 以上的泥沙颗粒的分析。筛分法的基本流程如下：

① 选取一套筛，按筛的孔径大小顺序，将大孔径置于上方，小孔径置于下方，依次叠放。粒径>2 mm 的粗沙可选用的孔径依次为 32.0 mm→16.0 mm→8.0 mm→4.0 mm 的套筛；对于粒径<2 mm 的颗粒可选用孔径依次为 2.00 mm→1.00 mm→0.50 mm→0.250 mm→0.180 mm→0.125 mm→0.090 mm→0.062 mm 的套筛。

② 称取一定量的样品用于筛分的样品，当颗粒物直径>2.0 mm 时，将干沙置于最顶部的筛中，逐级手摇过筛，直至筛下无颗粒物下落为止；如果颗粒物直径<2.0 mm，那么可将样品倒在组装成套的套筛顶层，以软质毛刷刷平，加上顶盖后移入振筛机机座，振筛 15 min。

③ 若样品中细颗粒物质较多（粒径<0.062 mm 的质量分数超过 10%），则需采用湿筛分析法，可采用循环水不断冲刷筛面（孔径 0.062 mm）样品，使粒径小于筛孔径的颗粒物随水流进入下一层筛面，筛上样品可用筛分法测量，筛下样品可用沉降法测定。

④ 将过筛完毕后的样品，自上而下（孔径自大至小）依次倒入已编号的容器中，逐级称取沙重并记录（表 6.8），在采用湿筛法时需将泥沙烘干至恒重后称重。

⑤ 按公式 6.14 计算颗粒级配。

$$P_i = \frac{\sum_{i=1}^{i} m_i}{\sum_{i=1}^{n} m_i} \times 100 \tag{6.14}$$

式中：P_i——小于第 i 粒径级的泥沙质量分数（%）；

m_i——相邻两个粒径级之间的沙量质量（g）；

i——粒径级、相邻两粒径级之间及累计序号；

n——序列总长；

i——等于 1，2，…，n。

确定 i 的一般方法是将对应的粒径级按自小至大的顺序排列，如表 6.8 所示。当 i=1 时，代表的粒级区间为<0.062 mm，对应的 m_1 为留在底盘上的泥沙质量（即能通过孔径为

0.062 mm 筛的泥沙质量);当 i=2 时,代表的粒级区间为 0.062~0.090 mm,此时对应的 m_2 为 0.062 mm 孔径筛上的泥沙质量,i=2~8 的情况与此类似;当 i=n(表 6.8 中 n=9)时,代表的粒级区间为大于套筛中最大孔径筛的部分(表 6.8 中为>2.000 mm),m_9 为 2.000 mm 孔径筛上的泥沙质量。如果各筛累积沙重与备样沙重的误差超过 2%,就应该重新备样分析。

表 6.8 筛分法级配计算方法

筛孔径/mm	筛上质量 m_i/g	粒径级/mm	小于某粒径的泥沙质量分数 P_i/%
底盘	m_1	<0.062	$P_1=m_1/(m_1+m_2+\cdots+m_9)\times 100$
0.062	m_2	0.062~0.090	$P_2=(m_1+m_2)/(m_1+m_2+\cdots+m_9)\times 100$
0.090	m_3	0.090~0.125	$P_3=(m_1+m_2+m_3)/(m_1+m_2+\cdots+m_9)\times 100$
0.125	m_4	0.125~0.180	$P_4=(m_1+m_2+m_3+m_4)/(m_1+m_2+\cdots+m_9)\times 100$
0.18	m_5	0.180~0.250	$P_5=(m_1+m_2+\cdots+m_5)/(m_1+m_2+\cdots+m_9)\times 100$
0.25	m_6	0.250~0.500	$P_6=(m_1+m_2+\cdots+m_6)/(m_1+m_2+\cdots+m_9)\times 100$
0.5	m_7	0.500~1.000	$P_7=(m_1+m_2+\cdots+m_7)/(m_1+m_2+\cdots+m_9)\times 100$
1.0	m_8	1.000~2.000	$P_8=(m_1+m_2+\cdots+m_8)/(m_1+m_2+\cdots+m_9)\times 100$
2.0	m_9	>2.000	$P_9=(m_1+m_2+\cdots+m_9)/(m_1+m_2+\cdots+m_9)\times 100$
	$\sum_{i=1}^{n} m_i = m_1 + m_2 + \cdots + m_n$		

6.3.2.2 沉降法

沉降法是一种测定泥沙沉降粒径的方法。如果泥沙颗粒的密度 ρ_s 一定,那么不同粒径的泥沙在静水中的沉降速率与其粒径大小有关。如果选用合适的沉速计算公式,利用不同粒径颗粒沉速的差异,就可以来测定泥沙的级配。常见的沉降法有粒径计法、吸管法、消光法和离心沉降法等,此处重点介绍应用较多的吸管法。

吸管法(也称移液管法)属于混匀体系分析法,适用于粒径小于 0.062 mm 的颗粒分析。其基本原理如图 6.10 所示。通过充分搅拌,被分析的悬液可以形成一个混匀体系,在停止搅拌的瞬间(t_0 时刻),容器内任意一点上的悬沙含量和级配处处相等(理论上与样品本身的级配一致)。在搅拌停止后,泥沙开始均匀分选沉降,颗粒越大,沉速越快。当一个粒径级的颗粒物经过某约定沉降距离(h_{fall})后,在此深度及以上液体中已无大于该粒径级的颗粒物。如 t_1 时刻(图 6.10),粒径级最大的 a 级颗粒已经全部降至 h_{fall} 之下,此刻该深度上悬液中仅包含 b、c、d 三个级别的颗粒物,由于均匀沉降,b、c、d 级颗粒的含量和级配仍与样品本身一致。同理,在 t_2 和 t_3 时刻,在 h_{fall} 处的悬液中仅包含 c、d 级颗粒和仅含 d 级颗粒的样品。在 t_0~t_3 时刻,用吸管于 h_{fall} 处分别采集体积为 V(一般采集 20 ml 或 25 ml)的悬液,用烘干法(见 6.2.3)测定悬液的含沙量 m_0~m_3,计算得到 $P_1=m_1/m_0\times 100$,代表小于 a 粒径级的颗粒物的质量分数;同理,$P_2=m_2/m_0\times 100$,$P_3=m_3/m_0\times 100$,分别代表小于 b 粒径级和 c 粒径级的质量分数,从而统计出颗粒级配。

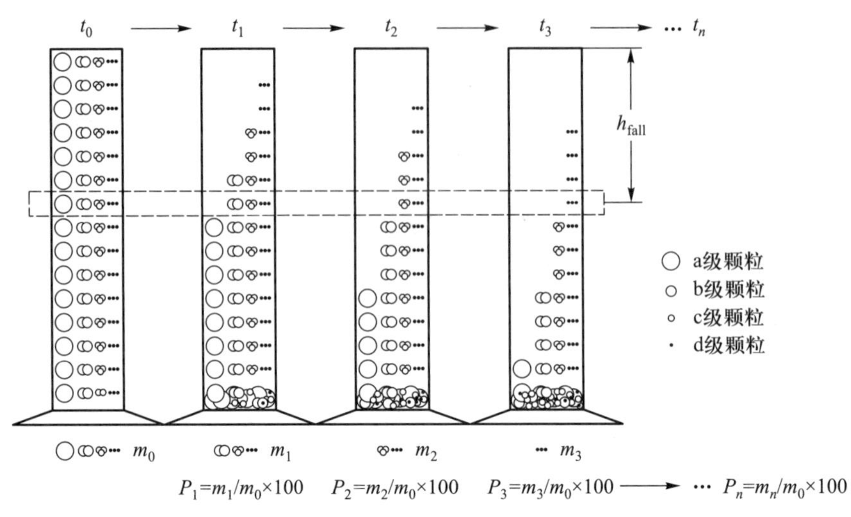

图 6.10　吸管法原理示意图

使用吸管法的关键是沉速的确定，对于粒径小于 0.006 2 mm 的颗粒物，运用斯托克斯黏性公式：

$$\omega = \frac{g\left(\rho_s - \rho_w\right)}{1\,800\rho_w v} D^2 \tag{6.15}$$

式中：ω——粒径级为 D(mm)的颗粒物的沉降速度(cm/s)；

ρ_s——颗粒物密度(g/cm^3)，如果无实测数据，那么 ρ_s 一般可选用 2.65 g/cm^3；

ρ_w——纯水的密度(g/cm^3)；

v——水的运动黏滞系数(cm^2/s)；

g——重力加速度(m/s^2)。

式中的 ρ_w 和 v 均随水温的变化而变化，如表 6.9 所示。根据公式 6.15 可计算出 D 粒径级的颗粒物的沉降速度，对于某一沉降距离 $h_{fall}=\omega \times t$，t 为 D 粒径级泥沙沉降距离 h_{fall} 所

表 6.9　吸管法 100 mm 沉距操作时间(泥沙密度 ρ_s=2.65 g/cm^3)

水温/℃	t 粒径/mm				v/(cm^2·s^{-1})	ρ_w/(g·cm^{-3})
	0.031	0.016	0.008	0.004		
5	00 : 02 : 56	00 : 11 : 00	00 : 44 : 02	02 : 56 : 00	0.015 20	0.999 96
10	00 : 02 : 31	00 : 09 : 28	00 : 37 : 51	02 : 31 : 00	0.013 07	0.999 70
15	00 : 02 : 12	00 : 08 : 14	00 : 32 : 57	02 : 12 : 00	0.011 39	0.999 10
20	00 : 01 : 56	00 : 07 : 15	00 : 29 : 00	01 : 56 : 00	0.010 04	0.998 20
25	00 : 01 : 43	00 : 06 : 26	00 : 25 : 45	01 : 43 : 00	0.008 93	0.997 04
30	00 : 01 : 32	00 : 05 : 46	00 : 23 : 02	01 : 32 : 00	0.008 01	0.995 65

选自 SL42—2010。在其余水温条件下的操作时间可参见原文，操作时间格式为时 : 分 : 秒

需的时间，表 6.9 为在不同水温下，沉距为 100 mm 时，0.031 mm、0.016 mm、0.008 mm 和 0.004 mm 粒径的颗粒所需的沉降时间。

吸管法的具体操作步骤如下：

① 配制样品。用于悬沙含量分析的样品可用于颗粒分析。将水样过 1 mm 孔径筛去除杂质，过 0.062 mm 孔径筛将样品分为两部分，筛下部分采用吸管法测定级配，筛上部分采用其他方法（如筛分法）。

② 絮凝处理。细颗粒泥沙之间存在絮凝现象，使得细颗粒泥沙聚集成絮凝体，导致泥沙沉速的变化，从而影响实验结果。在进行絮凝处理时，需根据水样 pH 选择分散剂，当 pH≥7.0 时，选用 0.5 mol/L 的六偏磷酸钠，当 pH<7.0 时，选用 0.5 mol/L 的氢氧化钠；分散剂的用量可按 1 g 干沙加 2 mL，在进行絮凝处理后，样品需静置 1.5 h 才可进行吸样，在进行级配计算时，需对分散剂质量进行校正。

③ 制作操作时间表。将样品放入量筒（容积为 600 mL 或 1 000 mL），测量并记录悬液温度，制作好操作时间表，如表 6.10 所示。按照 SL42—2010，吸样法的控制粒径为 0.031 mm、0.016 mm、0.008 mm 和 0.004 mm，对应的规定吸样深度 H_1 为 200 mm、100 mm、100 mm 和 50 mm，在实际操作中需要考虑吸管进入规定深度后的液面上升量 H_2，随吸管进入液面的深度不同，H_2 也会发生变化，需提前做实验确定。

表 6.10 吸管法吸样操作时间及级配计算方法（水温：20 ℃）

粒径/mm	规定吸样深度/mm	实际吸样深度/mm	吸样时间/(h : min : s)	吸样体积/mL	吸样质量/g	校正质量/g	小于某粒径的泥沙质量分数/%
	200	$200+H_2$	00 : 00 : 00	20	m_0	m_0-a	$(m_0-a)/(m_0-a)\times 100$
0.031	200	$200+H_2$	00 : 03 : 52	20	m_1	m_1-a	$(m_1-a)/(m_0-a)\times 100$
0.016	100	$100+H_2$	00 : 07 : 15	20	m_2	m_2-a	$(m_2-a)/(m_0-a)\times 100$
0.008	100	$100+H_2$	00 : 29 : 00	20	m_3	m_3-a	$(m_3-a)/(m_0-a)\times 100$
0.004	50	$50+H_2$	00 : 58 : 00	20	m_4	m_4-a	$(m_4-a)/(m_0-a)\times 100$

④ 分级吸样。首先采用搅拌器在量筒底部强烈搅拌 10 s，随后使搅拌器在量筒底部和水面之下做垂直上下搅拌 1 min，大约 30 次往复，但不得将搅拌器提出水面，以防止气泡的产生；在搅拌停止后，立即开始第一次吸样，作为总沙质量 m_0；随后按既定的时间和深度吸样，吸样时吸管应当在量筒中央垂直缓慢插入和取出，以尽量避免扰动水体；吸出的悬液放入事先编号和称重的容器中，采用烘干法测定吸样质量 m_0~m_4，添加了分散剂的，需计算出吸样体积中分散剂的质量，并在烘干所得的质量中扣除，如表 6.10 中每 20 mL 中的分散剂质量为 a。

⑤ 计算颗粒级配。如表 6.10 所示，混匀后第一次吸样所得的泥沙质量 (m_0-a) 为 20 mL 悬液中所有悬沙的质量，其浓度与悬沙样品本身一致；至 3 min 52 s 后，吸样所得泥沙质量 (m_1-a) 为 20 mL 悬液中粒径小于 0.031 mm 的泥沙的质量，这部分泥沙的质量分数 $P_1=$

$(m_1-a)/(m_0-a)\times 100$；同理，可分别计算出粒径小于 0.016 mm、0.008 mm 和 0.004 mm 泥沙的质量分数 P_2、P_3 和 P_4，从而得到<0.062 mm 部分悬沙的级配。

6.3.2.3　激光衍射法

激光衍射法是一种利用激光粒度分析仪分析泥沙颗粒的方法。它基于夫琅禾费(Fraunhofer)衍射和米氏(Mie)散射原理，通过测量颗粒群的衍射光谱，采用合适的光学模型，经计算机处理来分析其颗粒分布。

激光粒度分析仪主要由激光器、样品池、光学系统、信号放大及 A/D 转换系统和数据处理及控制系统等组成，主要构成如图 6.11 所示。其工作原理是：由光源（通常为激光）激发一束单色、相干的平行光束。光束进入光路处理单元（通常由光束扩展器和滤光器组成），产生一束扩大的平行光柱。在循环系统的作用下，经分散的适当浓度的颗粒物样品，通过传输介质（如气体或液体）流过光束的检测区，光线遇到颗粒阻挡后发生散射。若颗粒越小，则散射角度越大。散射光线强度则代表该颗粒的数量，散射光线经傅里叶透镜后被多元光电探测器接收，并将信号输出到计算机，运用光学原理（如米氏散射原理）对信号进行处理，便可得到泥沙颗粒的级配，一般以小于某粒径的体积分数来表示（图 6.11）。

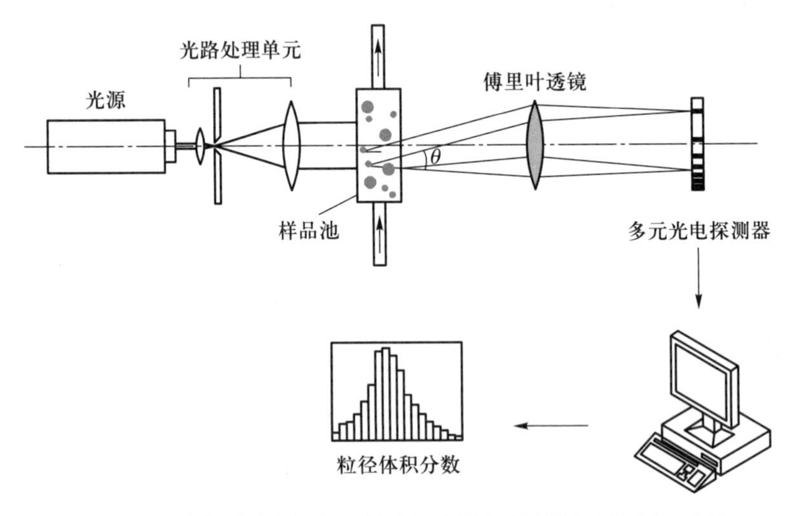

图 6.11　激光粒度分析仪原理结构示意图（根据 ISO 13320 :2020）

激光粒度分析仪测试粒径的流程如下：

① 在实验前需做好仪器的调试和准备工作，仪器在打开后需预热至少 20 min。

② 样品的制备。首先对样品进行分散处理，一般流程为去除有机质（加质量分数为 6% 的 H_2O_2 溶液）、去除碳酸盐（0.2 mol/L HCl）、加化学分散剂（若 pH ≥ 7，则选用 0.5 mol/L Na_3PO_4 溶液；若 pH<7，则选用 0.5 mol/L NaOH 溶液），并进行超声分散，水样需静置浓缩后调为稠糊状浆体，或经实验控制，以能满足最佳取样代表性为准（SL42—2010）。干样需用水浸泡 6~8 h，按与水样处理相同的方法处理。

③ 上机测试。一般样品的测试包含了空白背景值测定、样品衍射谱测定和选择光学模

型(一般选用夫琅禾费衍射模型或米氏散射模型)计算,最终将衍射谱转换为粒径的体积分数分布信息,并输出。一般激光粒度分析仪都规定了规范操作流程,有些配制了自动连续进样装置等,可以大大减小人为的操作误差。

④ 重复性检验。选择同一样品进行至少 5 次测试,所得结果中 d_{50} 的相对误差应小于 3%,d_{10} 和 d_{90} 的误差应不超过 5%。

6.3.3 悬沙级配计算方法

6.3.3.1 粒度参数计算

颗粒粒径是悬沙最基本的物理参数之一,影响了泥沙的悬浮、输移和沉降等重要的泥沙动力过程。由于天然悬沙的颗粒物组成往往大小驳杂,因此粒度参数便是描述悬沙粒径的总体特征的参数,如平均粒径、分选系数、偏态系数和峰态系数等,它们可以反映颗粒的集中分布趋势、离散程度和分布形态等统计特征。计算方法的不同会导致粒度参数的差异,早期研究采用最为广泛的是图解法(graphical methods),近年来采用矩法(moments methods)计算粒度参数已逐步成为主流(Blott & Pye,2001;贾建军等,2002;SL42—2010)。

图解法首先根据粒度分布测试的结果绘制出悬沙级配曲线(累积曲线),在曲线上读取某些具有代表性的粒径值,然后进行粒度参数的计算。在早期研究中,Folk-Ward 公式是应用最为广泛的图解法粒度参数计算公式(Blott & Pye,2001)。在采用了该公式之后,平均粒径 M_Z(Φ 值)、分选系数 σ、偏态系数 S_k 和峰态系数 K 的计算公式为:

$$M_Z = \frac{\Phi_{16} + \Phi_{50} + \Phi_{84}}{3} \tag{6.16a}$$

$$\sigma = \frac{\Phi_{84} - \Phi_{16}}{4} + \frac{\Phi_{95} - \Phi_5}{6.6} \tag{6.16b}$$

$$S_k = \frac{\Phi_{84} + \Phi_{16} - 2\Phi_{50}}{2\left(\Phi_{84} - \Phi_{16}\right)} + \frac{\Phi_{95} + \Phi_5 - 2\Phi_{50}}{2\left(\Phi_{95} - \Phi_5\right)} \tag{6.16c}$$

$$K = \frac{\Phi_{95} - \Phi_5}{2.44\left(\Phi_{75} - \Phi_{25}\right)} \tag{6.16d}$$

式中:$\Phi_5, \Phi_{16}, \Phi_{50}, \cdots$——分别代表在累积曲线上概率为 5%,16%,50%,…的特征点粒径的 Φ 值。

与图解法采用代表性粒径计算粒度参数不同,矩法求解粒度参数是基于整个粒度的样本分布,通过计算变量的各阶中心矩来计算参数。矩法将平均粒径、分选系数、偏态系数和峰态系数定义为粒度分布的一阶矩、二阶矩、三阶矩和四阶矩,常用 McManus(1988)的公式进行计算。

$$M_Z = \frac{\sum f m_\Phi}{100} \tag{6.17a}$$

$$\sigma^2 = \frac{\sum f\left(m_\Phi - M_Z\right)^2}{100} \tag{6.17b}$$

$$S_k{}^3 = \frac{\sum f\left(m_\Phi - M_Z\right)^3}{100} \tag{6.17c}$$

$$K^4 = \frac{\sum f\left(m_\Phi - M_Z\right)^4}{100} \tag{6.17d}$$

式中：m_Φ——某一粒径组（按 Φ 值）的中值；

f——该粒径组内颗粒物的频率百分数。

可见，相对于图解法，矩法的计算量很大，研究者往往需要自行编写程序进行运算。另外也有一些计算程序公开发表，如 GRADISTAT（Blott & Pye，2001），可供读者参考。

6.3.3.2　平均级配计算

悬移质断面平均颗粒级配可以描述为整个断面泥沙级配曲线的平均值，需要对级配曲线上不同粒径级的质量（体积）分数分别计算。这些计算可按 SL42—2010 中的方法进行。

（1）计算垂线平均颗粒级配

对于积深法或垂线混合法采集的样品，其成果即垂线平均级配。对于选点法采集的样品，采用如下公式计算：

① 二点法

$$P_{mi} = \frac{P_{0.2i}C_{s0.2}V_{0.2} + P_{0.8i}C_{s0.8}V_{0.8}}{C_{s0.2}V_{0.2} + C_{s0.8}V_{0.8}} \tag{6.18a}$$

② 三点法

$$P_{mi} = \frac{P_{0.2i}C_{s0.2}V_{0.2} + P_{0.6i}C_{s0.6}V_{0.6} + P_{0.8i}C_{s0.8}V_{0.8}}{C_{s0.2}V_{0.2} + C_{s0.6}V_{0.6} + C_{s0.8}V_{0.8}} \tag{6.18b}$$

③ 五点法

$$P_{mi} = \frac{P_{0.0i}C_{s0.0}V_{0.0} + 3P_{0.2i}C_{s0.2}V_{0.2} + 3P_{0.6i}C_{s0.6}V_{0.6} + 2P_{0.8i}C_{s0.8}V_{0.8} + P_{1.0i}C_{s1.0}V_{1.0}}{C_{s0.0}V_{0.0} + 3C_{s0.2}V_{0.2} + 3C_{s0.6}V_{0.6} + 2C_{s0.8}V_{0.8} + C_{s1.0}V_{1.0}} \tag{6.18c}$$

式中：P_m——垂线平均级配；

i——粒径级序列数；

P_{mi}——小于第 i 粒径级的垂线的泥沙的平均质量分数（%）；

$P_{0.0i}$~$P_{1.0i}$——0.0 至 1.0 相对水深处的小于第 i 粒径级的泥沙的质量分数（%）；

$C_{s0.0}$~$C_{s1.0}$——相应的相对水深处的悬沙含量（kg/m^3）；

$V_{0.0}$~$V_{1.0}$——相应的相对水深处的流速（m/s），垂线平均级配的计算是通过单位输沙率（C_sV）来加权的。

（2）计算断面平均颗粒级配

断面平均级配是以测沙垂线划分的部分断面输沙率为权重，通过对垂线平均级配进行加权平均求得的。其计算方法如下：

$$\overline{P}_i = \frac{\left(2Q_{s0}+Q_{s1}\right)P_{mi1}+\left(Q_{s1}+Q_{s2}\right)P_{mi2}+\cdots+\left(Q_{sn-1}+2Q_{sn}\right)P_{min}}{\left(2Q_{s0}+Q_{s1}\right)+\left(Q_{s1}+Q_{s2}\right)+\cdots+\left(Q_{sn-1}+2Q_{sn}\right)} \tag{6.19}$$

式中：$\overline{P}$——断面平均颗粒级配；

i——粒径级序列数；

$\overline{P}_i$——小于第 i 粒径级的泥沙的断面平均颗粒百分数(%)；

$1\sim n$——垂线序列；

$P_{mi1}\sim P_{min}$——相应垂线上小于第 i 粒径级的垂线泥沙的平均百分数(%)；

$Q_{s0}\sim Q_{sn}$——部分断面的输沙率(kg/s)。

如图 6.12 所示，断面上布设了测沙垂线 1~7，垂线平均级配为 $P_{m1}\sim P_{m7}$，分割为 8 个部分断面，$Q_{s0}\sim Q_{s8}$ 为这些部分断面的输沙率(输沙率计算见 6.2.4)。根据公式 6.19 可知，垂线平均百分数 P_m 在断面平均百分数$\overline{P}$中所占的权重，由该垂线两侧的部分断面输沙率与断面总输沙率之间的关系来确定，其中靠近河岸的垂线 P_{m1} 的权重为

$$\frac{2Q_{s0}+Q_{s1}}{\left(2Q_{s0}+Q_{s1}\right)+\left(Q_{s1}+Q_{s2}\right)+\cdots+\left(Q_{7}+2Q_{s8}\right)},$$

垂线 P_{m7} 的权重与 P_{m1} 类似。

中间的垂线 P_{m2} 的权重为

$$\frac{Q_{s1}+Q_{s2}}{\left(2Q_{s0}+Q_{s1}\right)+\left(Q_{s1}+Q_{s2}\right)+\cdots+\left(Q_{7}+2Q_{s8}\right)},$$

垂线 $P_{m3}\sim P_{m6}$ 的权重与 P_{m2} 类似。

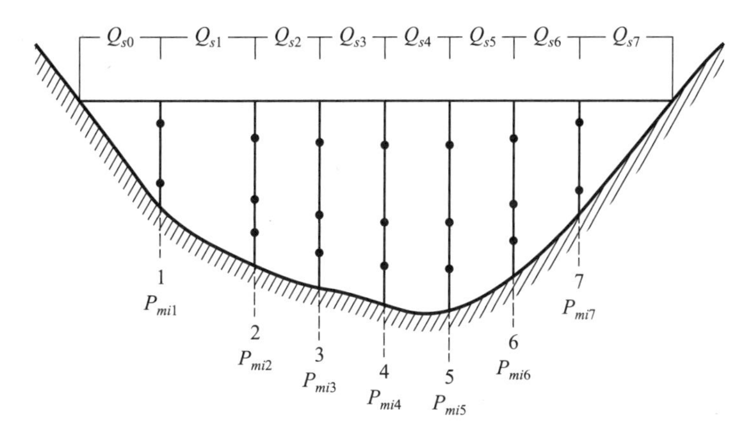

1~7 测沙垂线　　$P_{mi1}\sim P_{mi7}$ 小于第 i 粒径级的垂线泥沙的平均百分数

• 测速采样点　　$Q_{s0}\sim Q_{s7}$ 部分断面的输沙率

图 6.12　断面平均级配计算示意图

主要参考文献

[1] Beverage J P, Williams D T. Comparison: US P61 and Delft sediment samplers [J]. Journal of Hydraulic Engineering, 1989, 115(12): 1702-1706.

[2] Blott S J, Pye K. GRADISTAT: a grain size distribution and statistics package for the analysis of unconsolidated sediments [J]. Earth Surface Processes and Landforms, 2001, 26: 1237-1248.

[3] Davis B E. A guide to the proper selection and use of federally approved sediment and water-quality samplers [R]. Open File Report, 2005: 1087.

[4] Downing J. Twenty-five years with OBS sensors: the good, the bad, and the ugly [J]. Continental Shelf Research, 2006, 26(17-18): 2299-2318.

[5] Edwards T K, Glysson G D. Field methods for measurement of fluvial sediment [R]. U. S. Geological Survey Techniques of Water Resources Investigations, Reston, 1999.

[6] 住房和城乡建设部, 国家质量监督检验检疫总局. GB/T 50159—2015, 河流悬移质泥沙测验规范[S].

[7] Gray J R, Gartner J W. Technological advances in suspended-sediment surrogate monitoring [J]. Water Resources Research, 2009, 45.

[8] ISO 11657: 2014, Hydrometry—suspended sediment in streams and canals—Determination of concentration by surrogate techniques [S].

[9] ISO 13317-2: 2001, Determination of particle size distribution by gravitational liquid sedimentation methods—Part 2: Fixed pipette method [S].

[10] ISO 13320: 2009, Particle size analysis—laser diffraction methods [S].

[11] ISO 4365: 2005, Liquid flow in open channels-sediment in streams and canals-determination of concentration, particle size distribution and relative density [S].

[12] Syvitski J P M. Principles, methods and application of particle size analysis [M]. Cambridge: Cambridge University Press, 2007.

[13] McManus J. Grain size determination and interpretation [J]. Techniques in Sedimentology, 1988: 63-85.

[14] van Rijn L C. Principles of sediment transport in rivers, estuaries and coastal seas [M]. London: Aqua Publications, 1993.

[15] 水利部. SL42-2010, 河流泥沙颗粒分析规程[S].

[16] 贾建军, 高抒, 薛允传. 图解法与矩法沉积物粒度参数的对比[J]. 海洋与湖沼, 2002, 33(6): 577-582.

[17] 薛元忠, 何青, 王元叶. OBS 浊度计测量泥沙浓度的方法与实践研究[J]. 泥沙研究, 2004(8): 56-60.

第 7 章　水质监测

7.1　概　　述

水质是描述水的物理、化学和生物特征的参数,可衡量水体对于某种特定用途(如饮用、灌溉、工业用水和生态系统健康等)的适宜性(suitability)。水质监测即针对水的某种特定用途,设立相关的判定标准,通过对物理、化学和生物等方面指标的检测,获得水体是否适合于特定用途的相关信息的行为。水质监测的主要目标通常有:① 鉴别和监测对人类和生态系统的健康安全产生影响的污染物质;② 监测水质的长期变化趋势;③ 记录污染防治措施的作用;④ 为法律争端提供证据等(Li & Migliaccio,2011)。样品的采集、保存、分析和记录是影响水质数据可靠性的 4 个最主要的因素(Nollet & Gelder,2014),本章将以地表水为例,对这些方面进行介绍。

7.2　水 样 采 集

采样是为了达成研究目标,采集研究对象的一部分样品以供分析的行为。水质监测数据的质量首先取决于样品采集过程的规范性和有效性。完整的采样过程包含了采样方案的确定、采样前准备工作、现场样品的采集和采样质量控制等方面。

7.2.1　采样方案

水质监测目标的达成取决于采样工作的有效开展,所采集样品能否准确地反映研究对象的水质状况是整个研究的关键。采样过程中所涉及的采样区域、采样时间和频率、采样方法和设备、样品存储、运输及样品处理及分析等环节,都需在采样前根据研究目标予以确定,制订详尽的采样方案。方案制订的一般流程如图 7.1 所示。

水质监测目标是整个采样方案制订的基础,采样方案必须围绕着目标展开。首先,明确采样目的是水质控制检测、水质特性检测或污染源鉴别(HJ 495—2009),并在此基础上确定需要检测的水质指标。反映水质的指标有数百个,但对于某一特定的目标,使用的指标往往只有其中的一部分(Boyd,2015)。若所针对的研究目标不同,则水质的“好坏”也往往有着不同的含义,如较高的硝酸盐含量对于饮用是不适宜的,却有益于农业灌溉(Li & Migliaccio,2011)。所以检测指标的选择和相关精度要求的制订,必须以特定的研究目标为基础来进行。

一旦明确了研究目的之后，就需要确定采样点（断面）的布设位置（数量）和采样时间（频率）等。这部分内容的确定除了要考虑研究目的外，还要考虑监测区域和研究对象的特点。例如，检测目标物在研究区域内的空间分布是否均匀，随时间不同是否存在变化等，以保证采集的样品具有代表性。

不同研究对象（河流、湖泊、地下水等）的采样方法往往不同，有些分析目标物对采样设备和采样方法有着特殊要求，需在采样方案制订时予以充分考虑。样品采集的数量和每个样品的采集量也需根据分析要求和研究对象特点予以确定，如对于水中痕量重金属检测，100 mL 的水样便足够了，对于有机化学类分析（如有机类农药），一般需采样 1 L。生物和化学类指标的采集和处理手段往往不同，因此需要分别采样。

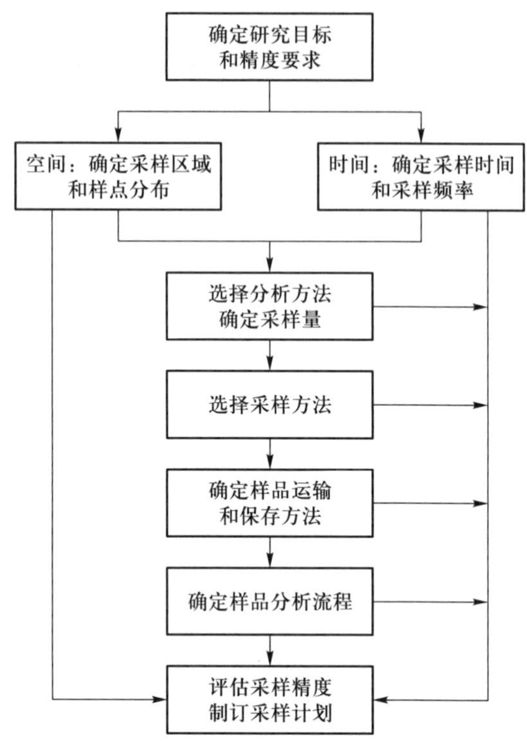

图 7.1　采样方案制订流程示意图（根据 Nollet & De Gelder，2014）

7.2.2　采样准备

在采样前需要了解整个研究和采样计划的目的；熟悉所采集样品的用途，掌握采样设备使用和维护的方法，可根据采样方案的实际需要，建立标准化操作规程（standard operating procedures，SOP）；了解采样时的各种注意事项，如在危险区域工作需明确安全规范；了解采样点的基本情况，尽量安排采样前的现场勘查。

野外采样现场工作准备包含了采样设备（及辅助设备）的准备和数据质量控制计划制订。一次野外采样工作包含了众多需要事先准备的事项，诸如采样工具和样品容器、化学试剂、现场观测设备、交通工具、空白样品采集等。美国地质调查局（USGS，United States Geological Survey）发布的《野外工作手册》中建议采用“野外工作准备清单”（Field-Trip Checklist）来开展准备工作，虽然不同研究（或采样点）所需完成的准备工作存在差异，但是在总体上可按表 7.1 的内容来设计清单（Wilde，2005）。

表 7.1 野外工作准备清单示例

测点＿＿＿＿＿＿＿＿＿＿

日期＿＿＿＿＿＿＿＿＿＿

准备事项	备注
准备采样设备	预定 XX 采样设备 完成于＿＿＿＿(日期),负责人＿＿＿＿
准备去离子水	最近一次化学成分测定于＿＿＿＿(日期)
检验去离子水	电导率测定于＿＿＿＿(日期),负责人＿＿＿＿
准备所需化学试剂,检查试剂有效期	需要:电导率标准液 pH 缓冲液…… 完成于＿＿＿＿(日期),负责人＿＿＿＿
设备的清洗与测试	完成于＿＿＿＿(日期),负责人＿＿＿＿ 问题＿＿＿＿＿＿＿＿
设备空白样收集和测试	完成于＿＿＿＿(日期),负责人＿＿＿＿ 结果核准＿＿＿＿＿＿＿＿
样品容器数量/清洗	完成于＿＿＿＿(日期),负责人＿＿＿＿
样品标签(格式)准备	完成于＿＿＿＿(日期),负责人＿＿＿＿
获得进入测点许可	完成于＿＿＿＿(日期),负责人＿＿＿＿
检查(确定)野外交通工具	完成于＿＿＿＿(日期),负责人＿＿＿＿
电源充电/更换	负责人＿＿＿＿＿＿＿＿
采样行程安排	负责人＿＿＿＿＿＿＿＿
提交清单	于＿＿＿＿(日期),提交给＿＿＿＿(负责人)
其他	

根据 Wilde,2005

7.2.3 采样设备

样品采集的设备需提前确定,并列入采样准备清单。选取采样设备的标准为:① 能否适应采样点的环境条件(如静水/动水,深水/浅水,地表水/地下水等);② 能否满足分析标志物的采样要求;③ 是否会对检测标志物产生污染(淋溶/吸附等)。本书以地表水的采集为例进行介绍。

7.2.3.1 采样设备和容器的材质

所选取的采样设备和样品容器的材质可能会对水样产生污染,不同的分析标志物对设备材质的要求也不同,如表 7.2 所示。一般来说,无机化学指标样品多用塑料制品采集和盛放,有机化学和生物指标样品多用玻璃器皿盛放。光敏物质(包括藻类)多用不透明材质或有色玻璃容器盛放。

表 7.2　设备和容器材质特性

材质	材料	描述	适用性	
			无机物分析	有机物分析
塑料	氟碳聚合物	化学惰性	√潜在氟污染	√潜在吸附
	聚丙烯、聚乙烯	无机化学惰性	√	×
金属	不锈钢	用于深水采样	√潜在重金属污染	√若明显生锈则不能使用
			×不能采集地表水	
玻璃	玻璃、硼硅玻璃	化学相对惰性	√潜在硅、硼污染	√

根据 HJ 494—2009 和 Wilde et al.,2014

7.2.3.2　采样设备类型

采样设备的类型主要包括瞬时式采样设备、等流速采样设备和自动化采样设备。瞬时式采样器进水口流速不等于水流天然流速，一般用于水体组分时空分布变化不大或流量不固定（所测指标不恒定）的情况（HJ 494—2009）。瞬时式采样器结构简单，如图 6.2 中的用于采集冲泻质泥沙的瓶式采样器和横式采样器，它们也可以用于水质样品的采集。图 7.2 为排空式采样器，是一种可以采集特定深度水样的手动操作采水器，在我国应用广泛。排空式采样器一般为有机玻璃材质，主体为一个圆柱体，主体上下两端开口，顶端和底部有向上开启的两个半圆形盖子（或底部为圆片），底部往往带有配重物。当采样器放入水中后，底部和顶部盖子向上打开，水不停留在采样器中，当停止下放时，采样器中的水样即该预定深度的水样。当采水器上提时，上下盖受水流阻力作用同时关闭，采样器中的水样不与外界发生交换。采样器的侧面带刻度、温度计，下侧端接有一根胶管，采样前需用夹子夹住。采样器出水后，打开夹子即可获得水样。

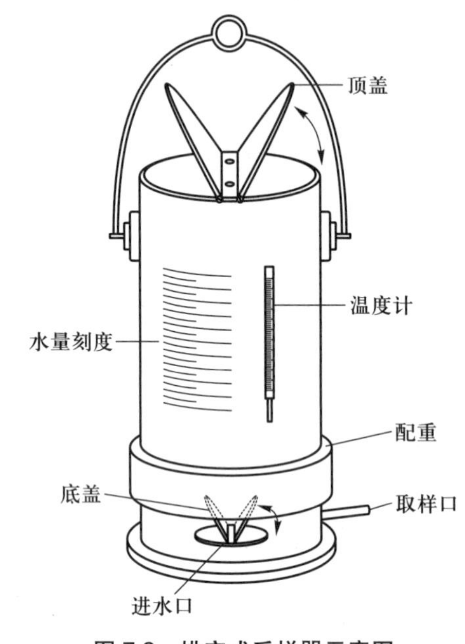

图 7.2　排空式采样器示意图

等流速采样设备与积时式泥沙采样器相似，如图 6.3 中的 US DH-2 和 US DH-81 都可以用来采集水质样品。等流速采样器往往用于混合样品的采集，可以提供组分的平均值，减少检测工作量，但如果是测定挥发酚、油类、硫化物等易在存储过程中变化的指标，就不适合采用这种采样设备。

自动化采样设备可以自动连续采集样品而无须人工参与，在采集混合样品和研究水质随时间的变化情况方面有着较大的优势。自动采样设备可根据研究需要设定为定时或定比例采样（HJ 494—2009）。

7.2.3.3 设备和容器清洗

清洗设备和容器是为了确保两者不会成为水样的外部污染源，一般采用清洗液（或酸液等）对采样器和容器的内外壁进行清洗，以去除可导致样品测量误差的外部物质。清洗步骤应于采样之前在实验室内提前完成，一般流程如图 7.3 所示。

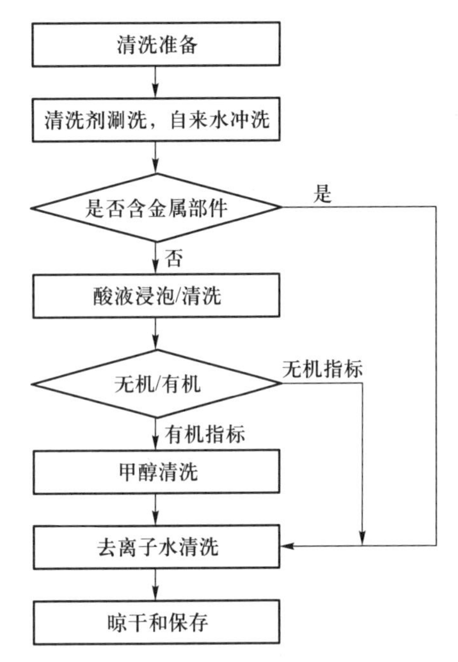

图 7.3 实验室设备容器清洗流程

步骤 1，清洗前的准备工作：熟悉流程，操作人员应穿戴实验服、一次性无粉手套和护目镜等，将清洗过程中所需物品准备妥当，可拆卸的设备部件应事先拆卸。

步骤 2，清洗液涮洗和自来水冲洗：采用实验室级别的无磷清洗剂（0.1%~2%，质量分数）对设备部件和采样容器等进行洗刷，完毕后立即用自来水冲洗干净，采样瓶等容器至少用自来水冲刷 3 遍。

步骤 3，检查是否含有金属部件：若含有金属部件，则直接进行步骤 6。

步骤 4，酸液浸泡和清洗：玻璃和塑料类制品可在 HCl 溶液（质量分数为 5%，或质量分数为 10% 的 HNO_3 溶液，但测定含 N 指标时不可用 HNO_3 溶液）中浸泡不短于 0.5 h。

步骤 5，检查测试指标是否为有机化学指标：如果所测指标为有机化学指标，那么应采用甲醇溶液清洗（所测指标为有机碳时不可用甲醇清洗），甲醇为易燃品，需注意安全；如果所采样品是为了测定无机化学指标，那么可直接进行步骤 6。

步骤 6，去离子水清洗：采用去离子水反复冲洗设备。将采样瓶等容器至少冲刷 3 遍。

步骤 7，晾干和保存：晾干后的设备或采样容器可用封口袋密封保存。无法装袋的设备可用铝箔覆盖和空气接触的表面。

7.2.4 现场采样

在采集样品时应注意所采集样品的代表性和可能发生的污染。

7.2.4.1 现场准备

在到达采样点后，应先做好现场采样的准备工作。准备好一处远离可能污染源的样品处理点，采集的样品可在处理点进行装瓶、前处理、分样和过滤等操作。在采样前还应该用采样目标水体对采样设备、样品容器等进行现场清洗（注意不要和实验室清洗流程混淆）。现场清洗的目的是使采样设备等适应现场水样环境，但对一些需要测试有机指标的水样则不能进行现场清洗，因为有机物极易吸附在设备或容器表面，从而影响检测结果。

7.2.4.2 现场分工

为了尽量减少采样时可能发生的污染，现场工作人员应进行适当地分工，美国地质调查局建议的 CH/DH(clean hands/dirty hands)采样程序专门针对易受污染样品的采集过程,也称为ppb protocol。CH/DH的思路十分简单,就是将现场工作人员分为CH(clean hands,净手)和DH(dirty hands,脏手)两个部分,工作人员需2人以上,其中至少一人为CH,CH和DH分别负责不同的工作。CH主要负责直接和水样接触的各种工作,如样品处理点的设置、采样瓶的操作和现场分样等;DH则负责和可能的污染源有接触的那部分工作,如采样设备的操作和现场观测仪器的操作等。

7.2.4.3 取水平台

水样采集可根据实际情况选择合适的平台进行,常用的有依托水文测站采样、桥上采样、岸边采样、测船采样和涉水采样等(表7.3)。无论在何种采样平台上工作,都需考虑安全、样品的代表性和避免样品污染等问题。一般在水上作业时,安全是首先要保障的,工作人员应穿着救生衣等必需的防护品。在采样时可能污染样品的来源有河岸及底泥、水面漂浮物、船体及人员的扰动等(表7.3)。为了避免这些可能产生的污染,采样应尽量在上游一侧进行,如桥的上游侧,船的上游方向,在涉水时面向上游等,这样可避免采集到被扰动的水体。此外,为了保证所采集样品的代表性,在采样时需注意不要采集水面上的表面膜,一般可采集水面下30 cm深度处的水体。应避免在凸岸采样,因为凸岸处水流较缓,不是河流的主槽,那里的样品缺乏代表性。

表7.3 采样平台

采样平台	可能污染源	采样要点	安全事项
桥梁	底泥、水面漂浮物、桥面颗粒物	水深需没过采样器,尽量在上游一侧采样,不要扰动底泥	在上游一侧采样时对采样器的视野不佳
河岸	河岸和底泥	尽量避免在凸岸一侧采样	注意河岸的稳定性
测船	船体扰动及污染	在采样时发动机应当停机,尽量在上游一侧采样	工作人员应穿着救生衣
涉水	底泥、涉水时的扰动	面对上游方向采样	水深不超过50 cm,工作人员应穿着救生衣

7.2.4.4 取水方法

直接取水法指用样品容器直接从采样水体中取样的方法。由于减少了中间环节,直接取水可以大大降低样品被污染的概率,但如果容器中添加了其他试剂,就不能直接用容器取水。直接取水在很多场合也不适用,如需采样的深度较大或采样平台距离水面过远等,直接取水也存在安全风险,采样工作人员应穿着救生衣。在直接取表层水时,应当面向上游,打开瓶盖后将瓶身按入水下30 cm处,如水深较浅则将瓶身至于水体中部,避免底泥可能造成的污染。向水流来处倾斜采样瓶,使水进入瓶体并排除空气,一般采样需将水瓶注满,因为残留在瓶中的空气可使水样的性质发生快速变化,若水样中需加入其他溶液,则可预留一些空间。

间接取水法指使用采样器采集水样后再倒入样品容器的取水方法。根据采样点和采样平台的特点选择合适的采样器,采样器一般都和采样杆、绳索或铰链相连。采样杆较容易控制,也易于避开水面的漂浮物等,但在水深较大和采样量较多时,多使用绳索和铰链,此时需注意绳索和铰链可能造成的水样污染。将采水器放入水中,当达到预定采样深度时采集水样,在提起采水器后应尽快将水样倒入样品容器,注意观察是否有泥沙沉淀现象发生,若发生沉淀,则晃动采水器使泥沙混合均匀后倾倒,也可采用专门的分样设备进行操作。

7.2.4.5 样品标示和记录

取得的样品应在第一时间贴上可防水的标签。每个样品都应有唯一的编号。标签上需记录样品的相关信息,如:采样日期及时间、采样地点;样品数量;样品描述;采样人员;样品保存细节;等等。

7.2.5 质量控制

采样过程的质量可以通过一系列空白样和平行样采集测试的方法予以控制,主要包括采样设备空白、现场空白和平行样采集等。采样设备空白(equipment blank),用于测定采样设备和样品容器在样品采集、存储的背景值,一般可通过使用采样设备采集不含分析目标物的水(如去离子水),并注入采样容器中而获得(Li & Migliaccio,2011)。设备空白需在采样之前采集,并以分析目标物的标准方法进行处理,设备空白至少 1 年采集测定一次(Wilde,2005)。现场空白(field blank)的采集和测试旨在控制整个采样过程中可能产生的污染,可在采样现场将没有分析目标物的水注入采样容器,并采用和其他样品相同的方式进行现场处理、存储和运输,直至整个采样过程结束后进行分析。平行样(replicate sample)的采集测试用于估算所测样品的精确度,一般在同一天内对同一测点采集至少 2 个样品作为平行样。

7.2.6 样品保存

所采集的水样应当尽快检测,若需暂时存储,则需注意以下方面:

7.2.6.1 污染

在样品采集和保存期间,需注意样品可能受到外部污染源或容器的污染。一般来说,石英和玻璃材质容器适于存放分析有机物的样品,聚乙烯和聚四氟乙烯等塑料材质的容器适于存放分析无机物的样品,塑料材质可发生有机物的淋出而污染样品,这种污染对于检测限在 1.0 μg/g 左右的指标分析便不可忽视(Nollet & De Gelder,2014)。

7.2.6.2 损耗

水解、生物过程和蒸发都可以导致样品保存期间的质量损失,主要应对措施有:① 将样品酸化,pH 调至 1~2,以防止微生物的新陈代谢和水解造成损失;② 低温或冷冻保存,降低细菌的活性;③ 加入络合物,减少蒸发损失;④ 用紫外光照射(可同时加入 H_2O_2 溶液),破坏生物和有机组分,防止复杂反应的发生。

7.2.6.3 吸附

容器壁对可溶性物质的吸附可能导致样品浓度的明显降低,一般来说,塑料和石英容器的吸附率是相对较低的。要考虑所采集的样品是否需要过滤,如果要过滤,那么滤膜的孔径和材质如何选择,就要根据研究需要来确定。

7.3 现场观测

水体的某些物理化学指标变化迅速,需在采样现场实地测试,这些指标主要包括水温、溶解氧(DO)、电导率、pH 和浊度等。

7.3.1 现场观测流程

现场观测的基本方法有两种,分别是直接测量和取样测量(Li & Migliaccio,2011)。直接测量指将观测设备放入观测水体中测量相关参数的方法;当受限于环境和设备条件无法直接测量时,可用采水器采集水样,再用观测设备立即测试所采集的样品,这种方法称为取样测量。现场观测一般采用便携式野外测量仪器。现场观测设备的观测精度要求如表 7.4 所示。

表 7.4　现场观测设备的观测精度要求

指标	仪器	观测精度要求
温度	玻璃温度计	± 0.5 ℃
	热敏电阻温度计	± 0.2 ℃
电导率	电导率仪	≤100 μS/cm ± 5% >100 μS/cm ± 2%
pH	pH 计(显示到 0.01)	± 0.1~0.2
DO	电化学探头	± 0.2 mg/L
浊度	光学浊度计	≤100 NTU ± 5% 或 0.5 NTU >100 NTU ± 10%

根据 Li & Migliaccio,2011

现场观测的一般步骤如图 7.4 所示。在直接测量时将仪器探头放置到垂线中点或预定深度,待仪器读数稳定后读取数据并记录。如果无法直接测量,就可以用采样器取水,用采集的水润洗容器和探头等至少 3 遍。在水样倒入容器后,将观测设备或探头放入水中,轻轻搅拌,待探头和水样达到平衡,注意勿使探测仪器与容器接触,待仪器读数稳定后记录,并至少重复测量两次。

7.3.2 现场观测指标

7.3.2.1 温度

气温和水温是最常见的现场观测指标,也是准确测量水体溶解氧、电导率和 pH 等其他指标的基础,常用单位是摄氏度(℃)。玻璃温度计是测量气温和水温的常用设备,热敏电

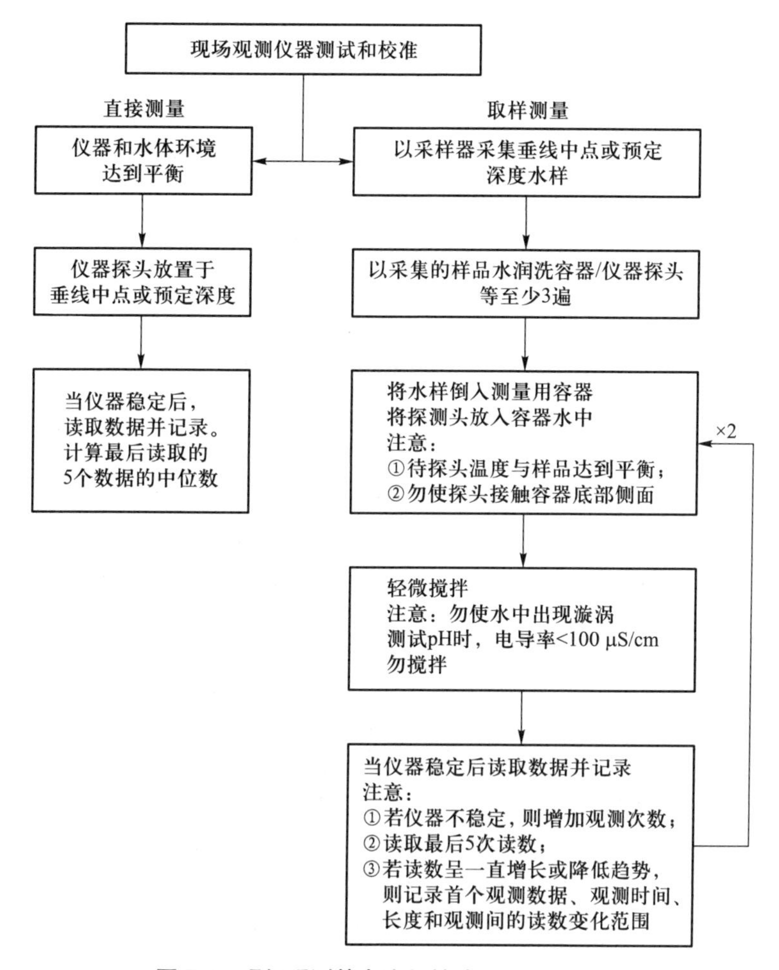

图 7.4 现场观测基本流程(根据 Wilde,2008)

阻温度计往往以数字形式输出,通常和电导率仪和 pH 计集合在一起。应注意保持温度计的清洁,不要使温度计的探头沾染污迹。

7.3.2.2 电导率

电导率是反映水体导电能力的指标。因为水的导电能力和水中离子浓度有关,所以电导率可以在总体上反映水中可溶性无机盐的浓度。但可溶性物质的类型也会显著影响电导率,即离子浓度相同但类型不同的两种溶液的电导率可能不同,天然水体中可溶性物质的种类差别甚大,所以无法建立可溶性物质浓度和电导率之间的通用线性相关关系。随着温度升高,离子活跃程度增加,溶液的电导率也随之增大,故测定电导率时往往要将其校正到特定温度(常用 25 ℃),以便于比较。水质监测中电导率的常用单位是微西门子每厘米(μS/cm),一般采用电极法测定。现场观测多使用便携式电导率仪或将电导率和其他监测指标(如 pH)集成在一起的探头进行测量。进行电导率测量前需对设备进行校正,一般至少需要两份不同电导率的标准溶液来进行。若所用的电导率仪不带温度补偿的功能,则需同步记录样品水温,事后将数值校正至 25 ℃水温下的电导率。

7.3.2.3 pH

pH 是氢离子浓度指数，即 H^+ 的浓度（符号 p 来自德语 potenz，意为浓度）之意，可理解为对水体产生影响的氢离子（H^+）的有效浓度，反映水体的酸碱性，是水体最基本的化学指标，其数学表达式为溶液中 H^+ 浓度的负对数：

$$C_{H^+}=10^{-pH} \tag{7.1a}$$

$$pH=-\lg C_{H^+} \tag{7.1b}$$

式中：C_{H^+}——氢离子的浓度（mol/L）。

在 25 ℃时，纯水发生电离而产生的 H^+ 的浓度为 1×10^{-7} mol/L（pH=7），OH^- 的浓度与之相同，水呈中性。当水中的 H^+ 浓度（或有效浓度）大于 OH^- 时，水呈酸性，pH<7；水中的 H^+ 浓度小于 OH^- 时，水呈碱性，pH>7。常见的 pH 范围介于 0~14 之间，但由公式 7.1 可知，pH<0 或>14 的现象在强酸或强碱中均可出现，天然水体中的 pH 一般都较低，通常在 6~9 之间。由于温度影响溶液的电离平衡，pH 会随着温度而发生变化，如纯水在 30 ℃时中性 pH 为 6.92，在 0 ℃时中性 pH 为 7.48，因此在测定 pH 时需注意水温。

7.3.2.4 溶解氧

溶解氧（DO，dissolved oxygen）指溶解在单位体积水中的 O_2（气态）的质量，单位为 mg/L。水中 DO 来源于水–气界面交换和水生植物的光合作用，DO 受到环境温度、大气压强和离子活度等诸多因素的影响。水中的呼吸作用、好氧分解和氨的硝化等化学–生物反应过程都会导致 DO 的下降。随着 DO 降低，厌氧细菌繁殖活跃，水质趋于恶化。当水中 DO<3~4 mg/L 时，许多鱼类会窒息死亡。DO 的测量方法主要由碘量法、电化学法和冷光法等，在现场观测过程中多采用电化学探头和光学传感器作为观测设备。电化学探头为一个小室，由氧敏感薄膜（只能透过水中的 O_2 和其他一些气体，水和其他可溶性物质无法透过）封闭，室内有两个电极和电解质，测量时水中 DO 透过薄膜，在电极上还原，从而产生微弱电流，电流强度和 DO 之间存在相关性（在一定温度下）。冷光法基于水中氧气分压与荧光衰减速度之间的关系来测定 DO，探头的荧光点被蓝光激发，并检测到红色的荧光，氧气含量的变化会改变荧光衰减的速度，通过检测荧光的变化特征可测定 DO。

应定时进行设备的维护和保养。在现场观测前应根据仪器说明进行零点及饱和值的检查和校准。在采用电化学探头进行直接测量时，应注意探头需在水中停留足够长的时间以达到温度平衡，并不断移动探头，以防止和膜接触部位样品中的 DO 耗尽。如果进行取样测试，那么应将样品注入容器直至溢出，封闭容器以隔绝空气的影响，以磁力搅拌器搅拌水流，待读数稳定后读取数据。在测定 DO 时应同步测定水温，如果水体盐度较大，那么应同步测定电导率，并进行相关校正（参照 HJ 506—2009）。

7.3.2.5 浊度

浊度指水体使光线发生散射和吸收的一种光学性质，其直观感受是水的浑浊程度。水中的黏土、粉沙、细颗粒有机物、藻类及其他微生物、有机酸和染料等都会对浊度产生影响。

浊度的高低并不能直接与水的污染程度相联系，但浊度升高往往意味着水质下降。浊度一般都在现场观测，常用便携式浊度计进行测量。浊度现场测量的方法主要有光学和声学方法，见第 6.2 节。

7.4 实验室分析

7.4.1 分析方法及设备

水质分析常用的方法有滴定法、分光光度法、光谱法和色谱法等（表 7.5）。光谱法在无机阴离子和金属元素分析方面有着快速发展，其中原子吸收/发射光谱法（AAS/ICP-AES）一直是测量水中金属元素的有效方法，离子色谱法（IC）则实现了对水中主要阴离子的快速同步测量，并有着极大的发展前景。水中的有机污染物分析主要采用气相色谱法（GC）、气相–质谱法（GC–MS）和高效液相色谱法（HPLC）等。当前主流的水质分析仪器主要有紫外–可见光分光光度仪、自动分析仪（如连续流动分析仪 CFA 或流动注射分析仪 FIA）、原子吸收分光光度计（AAS）、电感耦合等离子体原子发射光谱仪（ICP-AES）、总有机碳分析仪（TOC analyzer）、离子色谱仪（IC）、气相色谱仪（GC）和高效液相色谱仪（HPLC）等。

表 7.5 部分水质分析方法及设备

仪器	方法	主要测试指标
离子色谱仪	离子色谱法 IC	无机阴离子、阳离子等
原子吸收分光光度计	原子吸收光谱法 AAS	重金属及微量元素
电感耦合等离子体原子发射光谱仪	原子发射光谱法 ICP–AES	重金属及微量元素
气相色谱仪	气相色谱法 GC	有机污染物
高效液相色谱仪	液相色谱法 HPLC	有机污染物

7.4.1.1 滴定法

滴定法（titrimetric）是水质分析中常见的分析方法，对许多常规指标的分析都采用该技术进行。滴定法的基本原理是将某种已知浓度的溶液（称为标准溶液，standard solution）缓慢加入至未知浓度（待分析物质）溶液中，使它们发生反应直至结束（分析物被全部消耗），记录所消耗的标准溶液量，通过计算可得到样品中被分析物的浓度（Rattenbury，1966）。

滴定法也称为容量分析法（volumetric analysis），应用此法的前提是反应物之间存在确定的化学计量关系，如碳酸钠（Na_2CO_3）和盐酸（HCl）之间的化学反应式为：

$$\begin{array}{ccccc} Na_2CO_3 + & 2HCl = & 2NaCl + & H_2O + & CO_2 \\ 1\ mol & 2\ mol & 2\ mol & 1\ mol & 1\ mol \end{array} \tag{7.2}$$

式中：mol——物质的量的单位（摩尔）。

1 mol 物质大约含有 6.02×10^{23} 个该物质微粒，1 mol 物质的质量为该物质的相对分子质量（分子量）乘以 1 g，如 1 mol Na_2CO_3 的质量为 105.99 g，1 mol HCl 的质量为 36.46 g。在反应式 7.2 中，每 1 份 Na_2CO_3 恰能和 2 份 HCl 完全反应，两者的化学计量关系可写作：

$$1Na_2CO_3 \equiv 2HCl \tag{7.3}$$

如 0.1 mol 的 Na_2CO_3 可以和 0.2 mol 的 HCl 反应，7.95 g（0.075 mol）Na_2CO_3 恰能和 5.47 g（0.15 mol）HCl 反应。只要根据反应物质之间这种确定的关系，采用已知浓度的标准溶液，就可滴定计算出另一种溶液的浓度。

滴定法的基本操作步骤如下：

(1) 准备实验设备和试剂：滴定法所需的设备非常简单，设备主要包括滴定管和锥形瓶等（图 7.5）。试剂包括实验方法要求的标准溶液、标定标准溶液的基准物质和指示液等。

(2) 配制并标定标准溶液：标准溶液浓度是否精确直接关系到待测物浓度的计算结果，按实验方法要求配制标准溶液后，需采用基准物质（primary standard）进行标定。以反应式 7.2 为例，需配制 0.1 mol/L 的 HCl 标准溶液，采用无水 Na_2CO_3 为基准物质进行标定。在标定前需确定所用基准物质的质量，若采用 25 mL 滴定管来进行滴定，假定在标定时需消耗标准溶液 15~20 mL，则根据公式 7.3 可知消耗 0.1 mol/L 的 HCl 标准溶液 15~20 mL（即 1.5~2.0 mmol HCl），需耗用 Na_2CO_3 的量为 0.75~1.00 mmol（即 0.079 5~0.106 g）。称取此范围内的无水 Na_2CO_3 作为基准物质（± 0.001 g），放入锥形瓶并溶于 50 mL 水中，加入指示液（此处为溴甲酚绿–甲基红溶液）；将 HCl 标准溶液加入滴定管至刻度零，将标准溶液缓慢加入锥形瓶并不时晃动，并用去离子水涮洗锥形瓶内壁，当溶液颜色变化至临界点时放慢滴加速度，直至滴定终点（溶液颜色发生显著变化，在反应式 7.2 中颜色由绿色变为暗红色），达到滴定终点的溶液颜色如果能保持 30 s，就可视作滴定完成，读取滴定管液面的刻度（读取下凹面处）并记录。重复以上的标定流程两次，同样记录数据。按称取的基准物质的质量（换算成物质的量）和所消耗的标准溶液体积计算标准溶液的浓度，若 3 次测定浓度之间的相对误差<1%，则可取平均值作为标准溶液的实际浓度。GB/T 601—2002 中规定了常用标准溶液的标定方法，可按此标准进行操作。

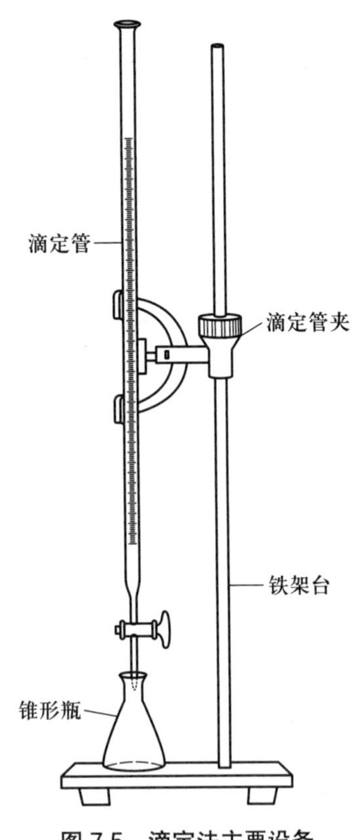

图 7.5 滴定法主要设备

(3) 滴定待测溶液：将待测样品放入锥形瓶中，加入指示液，然后用标准溶液进行滴定，操作步骤和标准溶液标定时基本一致，最后记录数据。

(4) 计算待测物质量:根据反应物之间的化学计量关系、标定的标准溶液浓度和滴定用去的标准溶液体积计算样品中反应物的浓度。

7.4.1.2 比色法和分光光度法

比色法(colorimetric)和分光光度法(spectrophotometry)可用于测试已知显色反应的水相物质的浓度,是水质监测中常见的分析方法(Patnaik,2017)。当光线射入某种溶液后,由于原子(或分子)的电子能级跃迁,一部分能量被溶液吸收,一部分光则可发生透射、折射、反射、散射和发冷光等光学过程(图 7.6)。吸收和透射是这些光学过程中最为重要的,也是比色法(透射)和分光光度法(吸收)的测量对象,其定量分析的基本原理是 Beer-Lambert 定律(比尔–朗伯定律)。Lambert 定律阐明了透明介质中光被吸收的部分与入射光强无关,且介质中每个连续的层所吸收光的部分相等,即随着光在透明介质中传播距离的增加,光强呈指数规律衰减,其数学表达式如下:

$$\log_{10}\left(I_0 / I\right) = kl \tag{7.4}$$

式中:I_0——入射光光强(cd,坎德拉);

I——透射光光强(cd,坎德拉);

l——光程(cm);

k——与介质有关的常数(cm^{-1})。

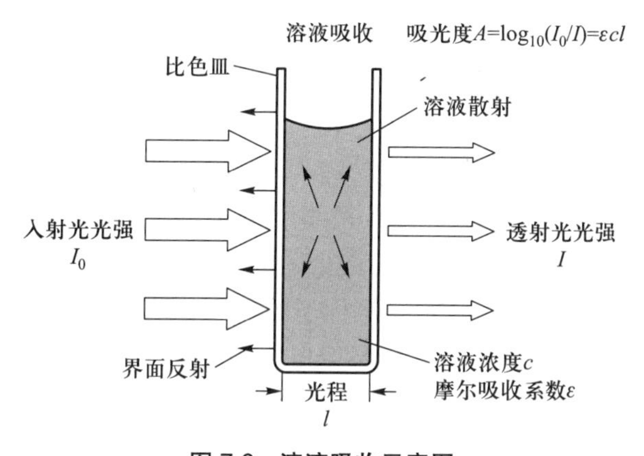

图 7.6 溶液吸收示意图

Beer 定律对常数 k 进行了解释,即介质对光的吸收量与介质中发光团分子的数量相关,即常数 k 与发光团浓度有关,有:

$$k = \varepsilon c \tag{7.5}$$

式中:c——发光团浓度(mol/L);

ε——摩尔吸收系数,定义为浓度为 1 mol/L 的溶液在光程为 1 cm 时的吸光度,单位为($L \cdot mol^{-1} \cdot cm^{-1}$)。

ε 是发光团自身的属性,其值越大则发光团对光的吸收能力越强。

根据公式 7.4 和公式 7.5,Beer-Lambert 定律的数学表达式可写为:

$$\log_{10}\left(I_0 / I\right) = \varepsilon cl \tag{7.6}$$

式中：$\log_{10}(I_0/I)$——吸光度（符号为 A）。

若记光的波长为 λ（单位 nm），则某个波长处的吸光度为 A_λ，如 A_{254} 为波长 254 nm 处的吸光度。因此，Beer-Lambert 定律也可以表达为：

$$A = \varepsilon cl \tag{7.7}$$

若记透光率为 T，即 $T=I / I_0$，则：

$$A = \log_{10}\left(1 / T\right) \tag{7.8}$$

由公式 7.8 可知，当 A=1 时，有 10% 的入射光可以发生透射；当 A=2 时，仅有 1% 的入射光可以发生透射。

根据 Beer–Lambert 定律可知溶液的吸光度与光程、溶液的浓度成线性关系，如果待测物和某种试剂发生反应，生成特定的有色溶液，那么颜色的深浅与物质浓度在一定范围内成线性关系，采用分光光度计测定有色溶液对特定波段光（紫外–可见光）的吸光度，便可定量分析待测物的浓度。但 Beer–Lambert 定律仅在溶液浓度较低时有效，当溶液浓度超过 0.01 mol/L 时会发生较明显的偏差。此外，溶液的 pH、温度、离子强度等都会影响溶液的吸光度，故在采用分光光度法测试时，需要配制具有浓度梯度的待测物标准溶液，测定其吸光度并建立工作曲线。

7.4.1.3 原子光谱法

原子光谱法全称为原子吸收/发射光谱法（atomic absorption/emission spectrometry，AAS/AES），被广泛应用在水质指标中的金属元素的测量中。相对于其他测量方法，AAS/AES 有着快速、简便和精度高的优势。

原子光谱的形成与原子（离子）吸收外来能量而发生能态的跃迁有关。在室温条件下，待测原子主要处在低能级的基态（ground state），当有外部能量（热能或电能，一般由等离子体、火焰等提供）输入时，样品中一部分待测原子的核外电子被激发至高能态（excited state），维持数纳秒后跌落回基态，将所吸收的能量以电磁辐射的形式释放出来。原子向高能态跃迁时吸收能量，形成原子吸收光谱（AAS，图 7.7a），由高能态回落至基态时发射电磁波，形成原子发射光谱（AES，图 7.7b）。由于不同原子的核电荷和核外电子数均不同，核外电子的能级构成也不同，所以不同原子的电子被激发（或由高能态返回基态）时都会产生特定的发射（吸收）谱线，根据谱线的差异可定性地鉴别原子类型。通过建立样品待测物浓度（c）和待测物特定的吸收（发射）光谱强度 I 之间的关系便可实现定量分析。原子吸收光谱依据 Beer-Lambert 定律进行定量分析，需建立原子吸光度 A 和待测原子浓度 c 之间的关系。原子发射谱线的强度（I）受被激发的原子数量的控制，而被激发的原子数量则与样品中该物质的浓度（c）成比例，即 $I=kc$（式中 k 为比例常数），这是原子发射光谱定量分析的依据。

原子吸收光谱仪主要由光源、原子化系统、分光系统和检测系统组成（图 7.7a）。AAS 和 AES 都是对气态原子的光谱进行观测，故在分析时需将样品挥发或分解使之产生气态的原子或离子，原子吸收光谱仪的原子化方法有火焰法和电热法（石墨炉法）；AAS 采用空心阴极

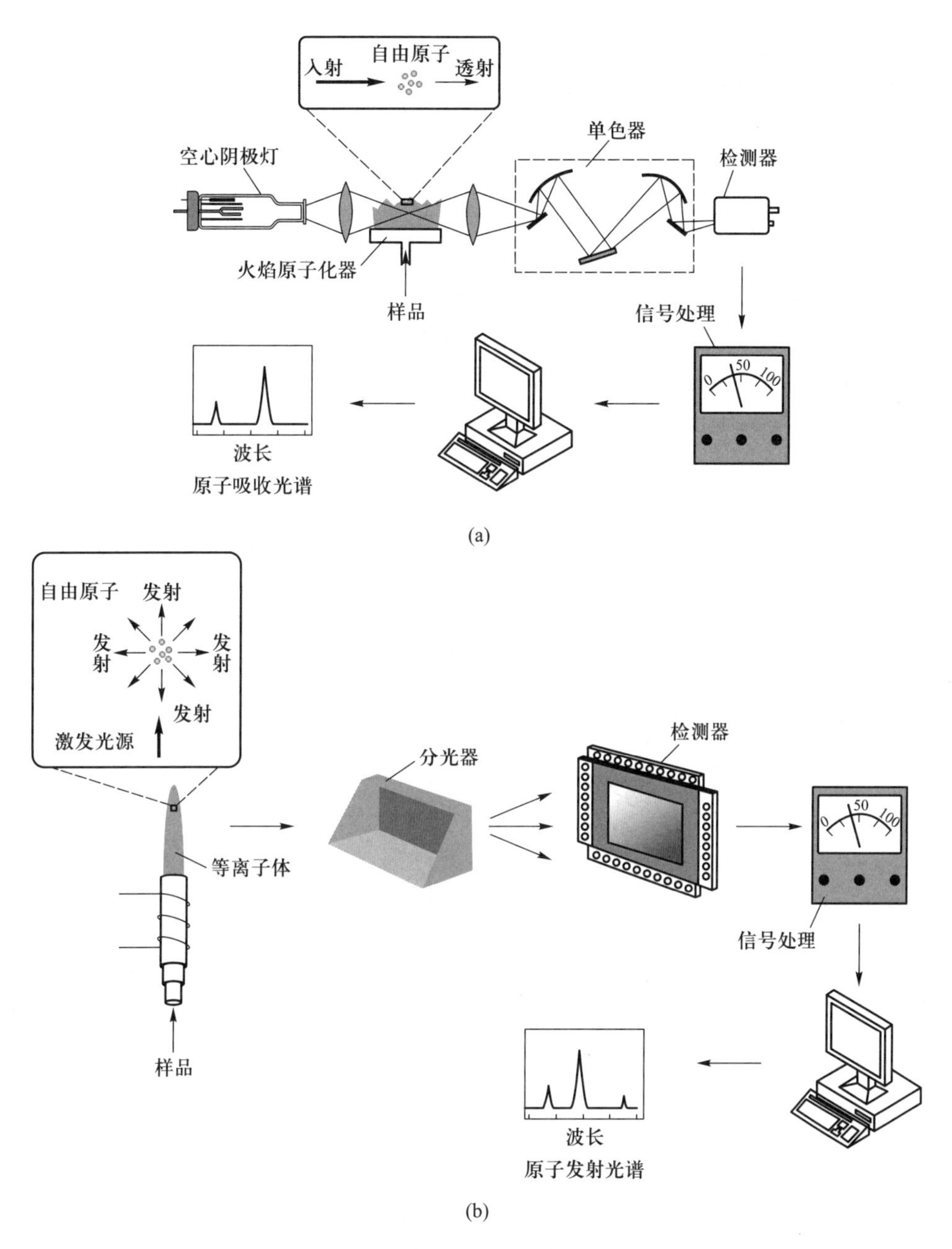

图 7.7 原子光谱法原理及相应仪器结构示意图(根据 Skoog et al.,2014)

(a) AAS 原子吸收光谱法原理;(b) AES 原子发射光谱法原理

灯(hollow cathode lamp,HCL)或无极放电灯(electrodeless discharge lamp,EDL)为光源(锐线光源);常用的分光系统(单色器)由凹面反射镜、狭缝或色散元件(棱镜或衍射光栅)等构成;检测系统主要有感光板、光电倍增器和电荷耦合器件(charge-coupled device,CCD)等。电感耦合等离子体(ICP,图 7.7b)是当前原子吸收光谱仪器中最为常用的激发源,其他部件和 AAS 类似。

原子吸收/发射光谱法都可以用于水样中金属元素的测定，AAS 在定量分析方面有着较大优势，ICP-AES 则可以同时测定多种金属元素，两者各有优势。

7.4.1.4 色谱法

色谱法分为气相色谱法和液相色谱法。

气相色谱法（gas chromatography，GC）在各领域研究中均有着广泛的应用，水质指标中的有机污染物检测主要采用此法（或气相色谱/质谱法，GC/MS），如水中的挥发性有机物、多环芳烃类等。高效液相色谱法（high-performance liquid chromatography，HPLC）在染料、涂料和医药工业中应用得最为广泛，2/3 以上的有机化合物均可用 HPLC 检测。高效液相色谱法近年来在环境监测中发挥的作用也越来越大（Patnaik，2017）。

GC 和 HPLC 均属于色谱分析法（chromatography）的范畴。与光谱分析法不同，色谱法通过固定相（stationary phase）和流动相（mobile phase）对样品中的组分进行分离并检测（图 7.8）。GC 的流动相是气体，HPLC 的流动相则是高压液体，两者的固定相可以是固体或液体。如图 7.8 所示，样品中不同组分存在结构和性质的差异，不同组分与固定相之间的相

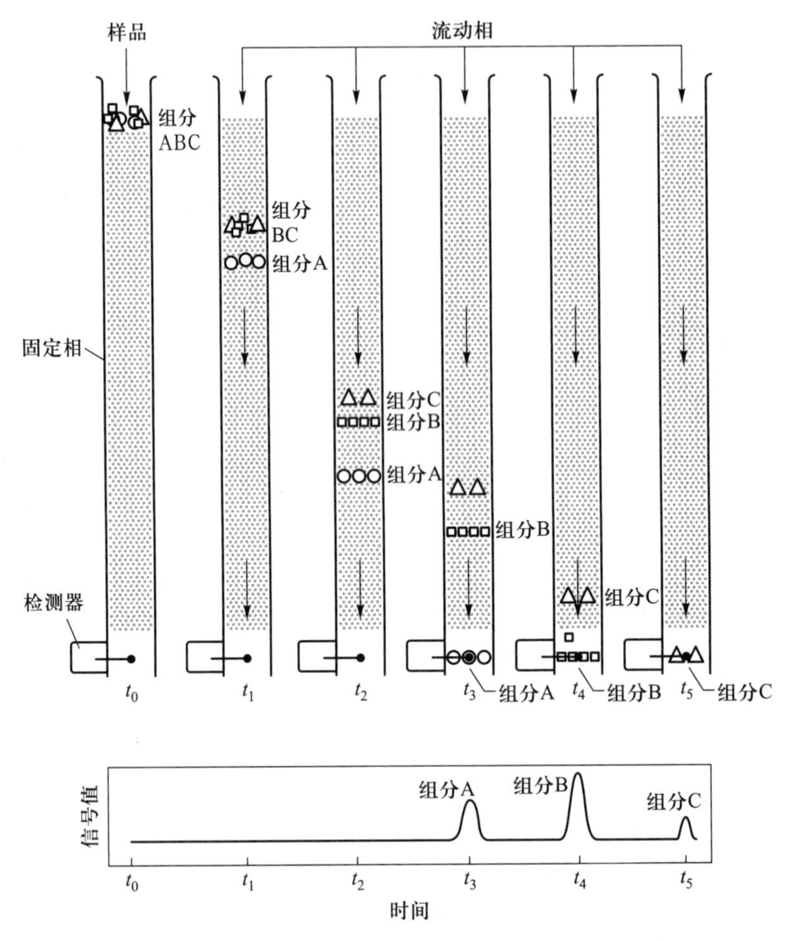

图 7.8 色谱法原理示意图（根据 Skoog et al.，2014）

互作用也存在差异，导致各组分随流动相移动的速度不同，从而实现组分的分离。分离后的组分在不同的时刻被检测并输出电信号，电信号强度和时间轴构成色谱流出曲线（色谱图），当检测到样品组分时，流出曲线上出现色谱峰（图 7.8），组分的浓度和色谱峰面积（或峰高）成比例。只要采用外标法建立待测物的工作曲线，就可进行定量分析。

气相色谱仪的主要部件包括载气系统（流动相）、进样系统、色谱柱（内含固定相）、检测器、温控系统和数据处理系统等。GC 最常用的流动相载气是氦气，此外高纯氮气、氩气和氢气也可充当载气。样品经过进样口进入 GC 系统，进样口同时也是液体样品的气化室。色谱柱是样品实现分离的场所，柱内存放固定相。色谱柱按存放方式的不同分为填充柱（packed columns）和毛细柱（capillary columns）。填充柱将颗粒状吸附剂或敷有固定液的惰性固体颗粒存放在柱内。毛细柱则是将固定液涂敷或化学交联于毛细管柱的内壁。随着技术发展，填充柱已逐渐被毛细柱所取代。色谱柱的长度由<2 m 至 60 m（或更长）不等，材质有不锈钢、玻璃、熔融石英或特氟龙。色谱柱往往卷成直径为 10~30 cm 的线圈状，以方便放入控温炉。色谱柱的温度是样品分析中尤为重要的因素，主要根据样品沸点和样品组分分离需要来确定。GC 的色谱检测器有十几个之多，常用的有氢焰检测器（flame ionization detector，FID）、热传导检测器（thermal conductivity detector，TCD）、电子捕获检测器（electron capture detector，ECD）和质谱检测器（mass spectrometry detectors，MS）等。

高效液相色谱仪的主要部件有流动相容器、溶剂处理系统、高压输液泵、进样系统、色谱柱、检测器和数据处理系统等。当前的 HPLC 配备有多个玻璃容器以存放流动相溶剂。为了除去液体中的气泡和灰尘（导致流量变化并影响检测器的性能），这些设备往往还配置了净化和脱气装置。由于流动相为液体，流经色谱柱时所受阻力极大，因此为了快速通过柱体，HPLC 的高压泵输出压强最高可达40 MPa，流量一般在 0.1~10 mL/min 之间，要求无脉冲输出，再现性优于 0.5%，且泵可耐受各种溶剂，常用的有螺旋注射泵和循环泵。高压进样阀是 HPLC 较理想的进样系统，进样量一般在 1~100 μL 之间（或更多）。HPLC 的色谱柱由分析柱、预柱和保护柱构成，预柱安装在流动相容器和进样口之间，作用是减少分析柱固定相的损失；保护柱安装在进样口与分析柱之间，以防止杂质进入分析柱。分析柱安装在保护柱之后，起着分离样品组分的关键作用，材质多为不锈钢，也有玻璃或聚合物（polymer）材质（如 PEEK）等。柱体的内径一般在 3~5 mm 之间，柱内填充物（固定相）的粒径多为 3~5 μm。HPLC 最常见的检测器是基于紫外–可见光吸收原理的，如紫外检测器（UVD），因为多数有机组分都会吸收 254 nm 或 280 nm 波段的辐射；示差折光检测器（RID）通过样品和参比池的折射率差异来测量组分浓度，是一种通用型检测器；荧光检测器（FLD）利用某些溶质受紫外光激发后可发射荧光的原理来检测样品；质谱检测器也可以和 HPLC 联用。

7.4.1.5 离子色谱法

离子色谱法（ion chromatography，IC）是一种检测地表水、地下水、饮用水和污水中无机阴离子（含卤氧化物）含量最为方便的方法，并逐渐成为通用的标准方法。IC 检测无机阴离子含量最大的优势在于简单和快速，一次进样可同时测定多种阴离子（如 F^-、Br^-、Cl^-、

I^-、PO_4^{3-}、NO_2^-、NO_3^- 和 SO_4^{2-} 等），测定一个样品耗时 20 min 左右。早期无机物的色谱分离发展缓慢，HPLC 虽可分离离子，但紫外检测器无法检测无机阴离子；离子交换色谱的流动相为电解质，其电导率过高而难以用电导检测器进行检测。在低交换容量分离柱（固定相）和低电导率流动相的共同应用下，早期的 IC 才实现了采用高灵敏度的电导检测器对主要阴离子的检测分析。分离后的离子依次进入检测器，根据离子浓度与电导率成正比的关系，通过外标法进行定量分析。

当前 IC 主要分为抑制型 IC 和单柱型 IC（非抑制型）。两者的区别在于采用了不同的方法防止洗脱液电解质的电导率对待测无机阴离子电导率的干扰。抑制型 IC 主要部件包括了泵、进样阀、色谱柱、抑制柱和检测器，其中抑制柱安装在色谱柱和检测器之间，以消除洗脱液本底电导率的影响，从而可采用电导率检测器测定无机阴离子，所以抑制型 IC 也称为双柱 IC。抑制是通过弱酸和弱碱盐的离子交换中和作用来实现的，以无机阴离子的 IC 检测为例，洗脱液为 $Na_2CO_3/NaHCO_3$ 或 NaOH 稀溶液，分离柱采用低交换容量的阴离子交换树脂，抑制柱则采用高交换容量的阳离子交换树脂。分离柱中通过交换和洗脱反应将各种阴离子分离，当样品溶液进入抑制柱后，碱性的洗脱液与酸性的树脂发生中和反应，产生水或电导率有限的分子，待测阴离子则形成游离态酸，增加了被测物的响应值。单柱 IC 不安装抑制柱，但要求采用和待测物离子的电导率相差不大的洗脱液离子。单柱 IC 的检测灵敏度较差。

IC 的检测器分为电化学检测器和光学检测器两类，早期的 IC 主要采用电导率检测器或电流检测器。光学检测器通过检测离子的吸收光谱和发射光谱来进行检测。

7.4.2　标准分析方法

实验分析方法应采用标准化组织或国家权威部门审批和颁布的标准方法，如国际标准化组织（ISO，International Organization for Standardization）有关水质的标准方法（ISO/TC147 Water Quality），我国生态环境部公布的《水环境保护标准》法规，美国的国家环境方法指数协会（National Environmental Methods Index，NEMI）公布的标准方法和美国国家环境保护局（USEPA）颁布的《清洁水法案》（*Clean Water Act*）下的水环境检测标准方法（CWA Methods）等。此外，还有美国公共卫生协会（American Public Health Association，APHA）、美国给水工程协会（American Water Works Association，AWWA）和美国水环境联合会（Water Environment Federation，WEF）于 1905 年开始推荐的水质监测的标准方法等。以上分析方法的最新版本读者可在相关资料的官方网站查阅。

7.4.3　实验室分析指标

实验室分析的水质监测指标众多，以下介绍我国《地表水环境质量标准》基本项目所涉及部分指标的分析方法（GB 3838—2002）。表 7.6 列举了《地表水环境质量标准》中建议的地表水环境质量标准基本项目的实验室测试指标（现场测试的物理指标如 pH、水温、溶解氧等未列出），所列举的分析方法主要为我国生态环境部近期颁布的标准方法（读者可在官方网站下载相关文本）。

表 7.6 部分地表水水质指标分析方法

序号	项目	分析方法	最低检出限/($mg \cdot L^{-1}$)	方法来源 *
1	COD	重铬酸盐法	4	HJ 828—2017
2	BOD_5	稀释与接种法	0.5	HJ 505—2009
3	氨氮	纳氏试剂比色法 水杨酸分光光度法 连续流动-水杨酸分光光度法 流动注射-水杨酸分光光度法	0.025(光程 20 mm) 0.01(光程 10 mm) 0.01(光程 30 mm) 0.01(光程 10 mm)	HJ 535—2009 HJ 536—2009 HJ 665—2013 HJ 666—2013
4	总磷	钼酸铵分光光度法 连续流动-钼酸铵分光光度法 流动注射-钼酸铵分光光度法	0.05 0.01 0.005	GB 11893—89 HJ 670—2013 HJ 671—2013
5	总氮	碱性过硫酸钾消解紫外分光光度法 连续流动-盐酸萘乙二胺分光光度法 流动注射-盐酸萘乙二胺分光光度法	0.05 0.004(光程 30 mm) 0.03(光程 10 mm)	HJ 636—2012 HJ 667—2013 HJ 668—2013
6	铜	原子吸收分光光度法 电感耦合等离子体发射光谱法	0.001 0.04	GB 7475—87 HJ 776—2015
7	锌	原子吸收分光光度法 电感耦合等离子体发射光谱法	0.05 0.009	GB 7475—87 HJ 776—2015
8	镉	原子吸收分光光度法 电感耦合等离子体发射光谱法	0.001 0.05	GB 7475—87 HJ 776—2015
9	铅	原子吸收分光光度法 电感耦合等离子体发射光谱法	0.01 0.1	GB 7475—87 HJ 776—2015
10	铬	火焰原子吸收分光光度法 电感耦合等离子体发射光谱法	0.03 0.03	HJ 757—2015 HJ 776—2015
11	硒	石墨炉原子吸收分光光度法 原子荧光法 电感耦合等离子体发射光谱法	0.003 0.000 4 0.03	GB/T 15505—1995 HJ 694—2014 HJ 776-2015
12	砷	原子荧光法 电感耦合等离子体发射光谱法	0.000 3 0.2	HJ 694—2014 HJ 776—2015
13	汞	原子荧光法 冷原子吸收分光光度法	0.000 04 0.000 02	HJ 694—2014 HJ 597—2011
14	氟化物	氟试剂分光光度法 离子色谱法	0.02 0.02	HJ 488—2009 HJ/T 84—2001
15	硫化物	亚甲基蓝分光光度法 直接显色分光光度法	0.005 0.004	HJ 1226—2021 GB/T 17133—1997
16	氰化物	容量法和分光光度法	0.01~0.25	HJ 484—2009

续表

序号	项目	分析方法	最低检出限/($mg \cdot L^{-1}$)	方法来源 *
17	粪大肠菌群	纸片快速法	20 MPN/L	HJ 755—2015
18	石油类	红外分光光度法	0.01（光程 40 mm）	HJ 637—2012
19	挥发酚	4-氨基安替比林分光光度法	0.0003	HJ 503—2009

部分引自《地表水环境质量标准》(GB 3838—2002)
* 最新版的标准方法请查阅官方网站

7.4.3.1　无机化学类指标

有以下6类无机化学类指标。

(1) 总氮：总氮（total nitrogen，TN）是水中各种形态无机氮（包括 NO_3^-、NO_2^- 和 NH_4^+）和有机氮的总量，以 mg/L 计，常被用来表示水体受营养物质污染的程度。氮是所有有机物的基本营养元素，可以转化为氨基酸。微生物可以将氮气转化为氨 (NH_3)，植物可以将 NO_3^- 和 NH_4^+ 作为氮源。水中游离态氨(NH_3)和 NO_2^- 都具有毒性。水中的 NO_3^- 来自化肥、工业废水、动物污水、大气沉降和有机物分解等。NO_3^- 在天然地下水中的含量<2 mg/L。高浓度的 NO_3^- 可能导致人体患高铁血红蛋白症（蓝婴综合征）。植物的生长需要氮素，但水中浓度过高的 NO_3^- 和 NH_4^+ 会导致藻类水华，引发水体富营养化。水中的总氮含量是衡量水质的重要指标之一，其测定有助于评价水体被污染程度或自净状况。总氮的分析方法主要为分光光度法（HJ 636—2012)，也可以采用自动分析仪分析（HJ 667—2013 和 HJ 668—2013）

(2) 氨氮：游离态的氨氮为 NH_3，离子态的氨氮为 NH_4^+（铵）。水中氨氮主要来源于有机物的分解，大气沉降，耕地施肥和焦化、合成氨等工业废水等。在天然水体中氨氮的含量在 0.02 mg/L（未受污染的地下水）至 12 mg/L（严重污染的地表水）之间。若在正常浓度范围内，则氨氮对人体并无危害，但当水中的游离态氨氮（NH_3）含量高于 0.02 mg/L 时，它们就会对鱼类及其他水生生物产生危害。氨氮的分析方法很多，表 7.6 中列举的均为比色或分光光度法，也可采用滴定法如《水质·氨氮的测定·蒸馏-中和滴定法》（HJ 537—2009）。分光光度法也可以结合连续流动分析仪或流动注射分析仪进行，这样不仅可以加快实验速度，也可以使实验中的人为误差大为减小，提高精度，如 HJ 665—2013 和 HJ 666—2013。纳氏试剂比色法里的 $HgCl_2$ 和 HgI 均为剧毒物质，须避免与身体和口腔接触。水样在实验之前应冷藏保存（ ≤6 ℃)，并用 H_2SO_4 酸化样品（pH<2)，可保存 7 天（Li & Migliaccio，2011)。

(3) 总磷：总磷（total phosphorus，TP）指水中可被氧化成磷酸盐的各种形态磷的总量，包括溶解的、颗粒的、有机的和无机的磷，是评价水质的重要指标。天然水体中的磷主要以磷酸盐的形态存在，如正磷酸盐、缩合磷酸盐和有机磷酸盐，来源包括工业废水、农田非点源污染、生活污水、大气沉降和有机物分解等。未受污染的水体磷酸盐的含量一般<0.03 mg/L，受污染的水体可超过 0.1 mg/L，过高含量的磷可导致水华和水体富营养化的发生。总磷的测试可采用分光光度法（GB11893—89)，可采用自动分析仪进行分析（HJ 671—2013)。

(4) 氟化物:氟(F)是化学性质十分活跃的卤族元素,在自然界中一般以化合物的形式存在。水中的氟化物主要来源于含氟矿物的风化、化肥和炼铝厂的废水排放、磷矿开采和饮用水中的人为添加等。地表水中氟化物的含量一般小于 1 mg/L,一些受含氟矿物影响的地下水中氟化物的含量可高达 50 mg/L(Li & Migliaccio,2011)。在饮用水中添加适宜浓度的氟化物可以有效预防蛀牙,美国疾病控制和预防中心(CDC)认为饮用水中氟的适宜含量范围为 0.7~1.2 mg/L,过高浓度的氟化物可导致人体患骨病。水中氟化物的检测可采用分光光度法和离子色谱法(IC)等,其中 IC 检测较为简便快速。

(5) 硫化物:硫化物(sulfides)指溶解性 H_2S 及其在水中的离解产物 HS^- 和 S^{2-}。硫化物的形态受 pH 控制,在酸性环境下游离态 H_2S 占主导地位,在碱性环境下 HS^- 占主导地位。一般在好氧环境下的地表水中很难检测到硫化物,但如果厌氧底泥释放硫化物的速度超过水体对其的氧化速度,那么硫化物就可在水中累积。一般天然水体中的硫化物含量不超过 0.002 mg/L,在发生富营养化的湖泊水中,硫化物的含量在 1~10 mg/L 之间。游离态 H_2S 对鱼类和其他水生动物具有很强的毒性,HS^- 和 S^{2-}的毒性则较小。当硫化物含量达到 0.1~0.5 mg/L 时,水体会出现异味,更高含量的硫化物会散发“臭鸡蛋”气味。在检测硫化物时,一般将硫化物全部转化为 H_2S,采用分光光度法进行测定,如 HJ 1226—2021 和 GB/T 17133—1997 所规定的那样(表 7.6)。

(6) 氰化物:氰化物(cyanides)指带有氰基(CN^-)的金属盐或其他化合物,大致可分为以下两类:一类是简单氰化物,由氰基和碱金属离子或铵离子构成,如 NaCN、NH_4CN 和 $Ca(CN)_2$ 等;另一类含有两个金属离子,分别为碱金属离子和重金属离子,如 $K_4Ce(CN)_6$ 和 $NaAg(CN)_2$ 等。氰化物对人类、动物和水生生物都有剧毒。氰化物可采用硝酸银滴定法和分光光度法测定。

7.4.3.2 重金属及微量元素指标

金属元素多数都有毒性,其中一些由于分布或使用广泛而成为重要的水质污染物,如美国国家环境保护局(USEPA)确定了 13 种重金属为优先控制污染物,分别为铝(Al)、锑(Sb)、砷(As)、铍(Be)、镉(Cd)、铬(Cr)、铜(Cu)、铅(Pb)、汞(Hg)、镍(Ni)、硒(Se)、银(Ag)和锌(Zn)。我国《地表水环境质量标准》的基础项目则将砷、镉、铬、铜、铅、汞、硒和锌这 8 种元素列入主要监测指标。

(1) 砷:砷的元素符号是 As。水中的砷主要来源于毒砂(AsFeS)、雄黄(AsS)和雌黄(As_2S_3)等含砷矿物在风化过程中所形成的砷酸盐在水中的溶解,但砷酸盐的可溶性不强,砷在地表水的平均含量约为 3 μg/L,在地下水中的平均含量为 1~2 μg/L,在海水中的含量为 4 μg/L。地下水中的砷污染(自然原因为主)在全球范围内都是一个严重的问题(Li & Migliaccio,2011; Boyd,2015)。此外,大气沉降物质、杀虫剂或工业污染物等也是水中砷的来源。砷的氧化物在医学上有些用途,但更多的是作为剧毒物质为人们熟知,一般用在杀虫剂、杀菌剂、木材防腐剂和化学武器中。饮用水中的砷含量和癌症发病风险有着密切关系。砷还会导致人体皮肤损伤和循环系统问题,因此各国水质标准都把砷列为重要污染物(Boyd,2015)。水中砷含量的分析方法主要为 AAS、GFAAS(石墨炉原子吸收光谱法)、AFS(原子荧光光谱法)

等。砷在AAS和AES中的测定波长在193.759 nm。GFAAS对砷的检出限可达0.3 μg/L，远优于ICP-AES的0.2 mg/L。

(2) 镉：镉(Cd)在自然界中主要以碳酸盐或氢氧化物的形态存在，是作为副产品从矿物精炼过程中提炼出来的。镉对人的新陈代谢有影响，可在肾脏和肝脏中累积并致人死亡，还可以导致人体骨质疏松和软化，引起"痛痛病"。镉在地壳中的丰度很小。在天然水体中往往无法检测出镉，镉能够检测出的含量一般也<1 μg/L。如果水中镉的含量超过1 μg/L，就说明水体极可能受到了镉污染。海水中镉的平均含量约为0.11 μg/L(Boyd，2015)。镉常被用来电镀在金属表面以防腐蚀，电镀废水是水体镉的重要污染来源，此外染料、电池和化学工业等排放的废水也是镉的污染源。水中的镉离子可采用AAS、GFAAS、ICP-AES等方法测量，镉在AAS中的测定波长为228.806 nm，在AES中的测定波长为226.502 nm。

(3) 铬：铬(Cr)是地壳中相对丰富的元素，常见于铬铁矿($FeCr_2O_3$)中，也可以数种氧化物的形态存在。天然水体中3价和6价铬是铬常见的形态。6价铬具有强烈的毒性，为致癌物质，并易被人体吸收而在体内蓄积，通常认为6价铬的毒性比3价铬大100倍。铬能导致人体患过敏性皮炎并增加致癌风险。天然水体中可检测出的铬含量平均约为9.71 μg/L，海水中的铬含量平均为0.05 μg/L，水体中出现高含量的铬可能是铬矿石加工、金属表面处理、皮革鞣制、印染、照相材料等行业的废水的污染所致。铬的检测方法为AAS、GFAAS或ICP-AES。铬在AAS中的测定波长为357.896 nm，在AES中的测定波长为205.552 nm。

(4) 铜：铜(Cu)是动物、植物和细菌体内数百种金属酶的重要辅助因子，这些酶的功能包括了催化RNA和DNA的合成，黑色素的产生，呼吸作用中的电子转移，形成胶原蛋白和弹性蛋白交联(Boyd，2015)。地壳中的铜以硫化物、碳酸盐或氧化物的形态存在。水中的铜主要来源于铜的腐蚀、大气沉降物质和杀菌剂及其他工业化学品。地表水中铜元素的平均含量为4~12 μg/L，地下水中<1 μg/L，海水中约为3 μg/L。尽管铜是动植物和人类所必需的微量元素，但是高浓度的铜离子也具有毒性，特别是对肝脏和肾脏。水中铜离子的检测方法主要是AAS(GFAAS)和ICP-AES(ICP-MS)，铜在AAS和AES中的测定波长为324.754 nm。

(5) 铅：铅(Pb)主要存在于方铅矿(PbS)、白铅矿($PbCO_3$)、铅矾($PbSO_4$)和磷氯铅矿($Pb_5(PO_4)_3Cl$)等矿物中。水中的含铅矿物以$PbCO_3$为主，主要来源于自然侵蚀过程，此外金属矿床开采、煤炭开采、管道腐蚀、含铅汽油使用和其他含铅工业品使用也是铅的重要来源。地表水中铅的平均含量约为3 μg/L，地下水中<1 μg/L，海水中约为0.03 μg/L(Li & Migliaccio，2011)。铅对儿童发育有着极大的影响，也会造成成年人的高血压和肾脏问题。水中铅含量的分析方法主要为AAS、GFAAS、ICP-AES和ICP-MS等。Pb在AAS中的测定波长一般为283.306 nm，在AES中的测定波长为220.353和283.306 nm。

(6) 汞：汞(Hg)虽在自然界的丰度很小，但分布很广。在许多矿物和煤炭中都可以发现汞。水中的汞主要来源于工业污水、采矿、杀虫剂、煤炭、电子器件(如电池、灯泡和开关等)和化石燃料的燃烧。未受污染的地表水的汞含量<0.005 μg/L，未受污染的海水<0.002 μg/L(Li & Migliaccio，2011)，一般认为水体汞含量>0.1 μg/L即标志着水体受到了汞污染。汞可以在生物体中以有机汞(如甲基汞)的形式累积，并通过食物链富集，最终对人类(特别是婴幼儿)产生极大的危害,成年人对汞轻度暴露可出现情绪波动、衰弱、抽搐和头部疼痛等神经系统症状,重度暴露可导致肾脏受损甚至死亡(Boyd,2015)。对水中的汞离子可采用冷原子吸收分光光度法(CVAAS)、冷原子荧光光谱法(CVAFS)和 ICP-MS 进行测定。

(7) 硒:硒(Se)是人体必需的微量元素,是硒半胱氨酸和硒代蛋氨酸的组成部分,也是某些过氧化酶和还原酶的辅助因子。硒在自然界中可能以单质硒、亚硒酸铁和亚硒酸钙的形态存在,在水中 $SeSO_3^{2-}$ 是最稳定的形态。地表水和地下水中的硒含量少有超过 1 μg/L 的,但 WHO 所报道(2011)的水体硒含量变化范围在 0.06~400 μg/L 之间,WHO 甚至报道了一个地区的地下水中硒含量高达 6 000 μg/L,海水中硒的平均含量为 4 μg/L。人体摄入过多的硒可导致循环系统问题和头发及指甲的脱落。尽管硒是水生生物必需的微量元素,但是由于其可通过食物链富集,因此硒污染可对水生生态系统造成严重的影响。对水中硒的测试可采用 GFAAS、ICP-AES 或 AFS,AAS 和 AES 对硒的测定波长为 196.090 nm。

(8) 锌:锌(Zn)是人体必需的元素,在金属酶中也扮演着重要角色,对许多生物化学分子的稳定起着重要作用。在植物体中,锌还参与叶绿素的合成。锌在地壳中主要以硫酸盐、碳酸盐、硅酸盐和氧化物的形式存在,由于其较低的溶解率,水体中游离态的锌的含量往往很低,其主要污染源是电镀、冶金、颜料及化工等部门的排水。锌对鱼类和其他水生生物影响较大。锌对水体的自净过程有一定的抑制作用。人体长期过量地摄入锌可导致贫血和胰腺的损伤。锌离子的检测方法有 AAS 和 ICP-AES,测定波长是 213.856 nm。

7.4.3.3 有机化学类指标

有以下 4 类有机化学类指标。

(1) BOD_5:生化需氧量(biochemical oxygen demand,BOD)指在规定条件下,微生物分解有机物质的生物化学过程中消耗的溶解氧,以 mg/L 计(HJ 505—2009)。BOD 间接反映了水中可生物降解的有机物量,其值越大说明水中有机污染物质数量越多。微生物在好氧条件下分解有机物可大致分为碳氧化阶段和硝化阶段,全部完成这些生物化学过程需要 20 天以上的时间,目前普遍将 20 ℃培养 5 天时所需要的溶解氧作为指标,称为五日生化需氧量(BOD_5)。未受污染水体的 BOD_5<1 mg/L,中等污染的水体往往介于 2~8 mg/L 之间,超过 8 mg/L 说明水体受到严重污染。BOD_5 采用稀释和接种法(HJ 505—2009)进行测定,具体做法是将水样充满完全密封的溶解氧瓶,在 20℃、避光条件下培养 5 天,通过测定培养前后的溶解氧的变化,计算得到 BOD_5。对于其中有机物过多的样品,应该稀释后再测定。

(2) COD:化学需氧量(chemical oxygen demand,COD)指采用化学方法将水样中所有有机物降解所需要的氧气的量,一般以重铬酸钾($K_2Cr_2O_7$)或高锰酸钾($KMnO_4$)为氧化剂,水中可溶性物质和悬浮物所消耗的氧化剂所对应的氧气的质量为衡量指标(以 mg/L 计)。COD 反映了水受还原性物质污染的程度(有机物和亚硝酸盐、硫化物、亚铁盐等无机物),可以快速测定水中有机质相对含量,是水质监测中的一个重要的综合指标。COD 测试的方法主要有重铬酸盐法。COD 测定采用滴定法(如 HJ 828—2017,表 7.6),或者分光光度法(如 HJ/T 399—2007)。

(3) 石油类:石油类(petroleum oils)是来源于原油的数百种化学物质的混合物,其中多数是碳氢元素构成的烃类，如乙烷、矿物油、苯、甲苯、二甲苯、萘和芴等。石油类污染物可通过原油开采、泄露、工业排放等途径进入水体。一些石油烃组分会悬浮在水面形成表面膜，影响水-气界面的氧气交换，有的石油烃组分可沉降进入底泥，部分石油烃组分可被微生物降解，从而消耗水中的溶解氧。有的石油烃会影响动物的中枢神经系统，引发头疼、晕眩等症状，石油类中的苯是一种致癌物，苯并(a)芘是一种可能的致癌物质。水中石油类的检测方法主要有红外光谱法和GC等。在采用红外光谱法检测时，需采用四氯化碳萃取水中的油类，以硅酸镁吸附去除萃取液中的植物油等极性物质，通过测定波数为 2 930 cm^{-1}、2 960 cm^{-1} 和 3 030 cm^{-1} 波段处的吸光度来计算石油类的浓度。

(4) 挥发酚：酚(phenol)是一个羟基(—OH)和芳香环相连的一类有机化合物。按酚的挥发性可将其分为不挥发酚和挥发酚，一般将沸点在 230 ℃以下，能随水蒸气蒸馏出的那部分酚定义为挥发酚。天然水体中的酚的含量极低，未受污染的河流中酚的含量在 0.01~1 ng/L 之间，未受污染的地下水中为 1 ng/L。水体中的酚主要来源于工业污染和含酚商品的使用。酚是一种原生质毒，过量摄入会导致急性中毒，人长期饮用被酚污染的水可导致各种神经系统症状，水中的酚也会影响鱼类的繁殖。在测试挥发酚时，可采用萃取或直接蒸馏的处理办法，以分光光度法完成(HJ 503—2009，表 7.6)。

7.4.3.4　生物类指标

生物类指标主要是粪大肠菌群(fecal coliforms)。粪大肠菌群存在于天然水体和动物粪便中，这些细菌本身一般没有危害，但水体中出现粪大肠菌群则说明水体已受到污染，可能有病原体、产病菌或病毒暴露在水体环境中了，如贾第鞭毛虫、隐孢子虫、沙门氏菌和诺沃克病毒等，可导致人体患肠胃炎和肝炎等疾病。粪大肠菌群的测定可采用纸片快速法(HJ 755—2015，表 7.6)，需单独采集微生物样品，样品在采集后需在 2 h 内完成测定，否则需在<10 ℃条件下冷藏(6 h 内)。将水样稀释后接种在粪大肠菌群测试纸上，在 44.5 ℃条件下培养 18~24 h，最终观测目标微生物的最大可能浓度，即最大可能数(most probable number，MPN)。

主要参考文献

[1] Boyd C E. Water quality：an introduction[M]. 2nd ed.Berlin：Springer，2015.

[2] 国家环境保护总局，国家质量监督检验检疫总局 . GB 3838—2002，地表水环境质量标准[S].

[3] 国家质量监督检验检疫总局 . GB/T 601—2002，化学试剂标准滴定溶液的制备[S].

[4] 环境保护部 HJ 494—2009，水质 采样技术指导[S].

[5] 环境保护部 HJ 495—2009，水质 采样方案设计技术规定[S].

[6] 环境保护部 HJ 506—2009，水质 溶解氧的测定 电化学探头法[S].

[7] ISO 5667-6：2014，Water quality—sampling part 6：guidance on sampling of rivers and streams [S].

[8] Li Y C，Migliaccio K.Water quality concepts，sampling，and analysis [M].Boca Raton：

CRC Press, 2011.

[9] Nollet L M L, De Gelder L S P. Handbook of water analysis [M].3rd ed. Boca Raton: CRC Press, 2014.

[10] Patnaik P.Handbook of environmental analysis chemical pollutants in air, water, soil, and solid wastes [M].3rd ed.Boca Raton: CRC Press, 2017.

[11] Skoog D A, West D M, Holler F J, et al. Fundamentals of analytical chemistry [M]. 9th ed.Belmont: Brooks/Cole Publishing, 2014.

[12] Wilde F D.Preparations for water sampling (ver.2.0): U.S.Geological Survey Techniques of Water-resources Investigations, book 9, chapter A1 [R]. Reston: U. S. Geological Survey, 2005.

[13] Wilde F D.Guidelines for field-measured water-quality properties (ver.2.0): U.S. Geological Survey Techniques of Water-resources Investigations, book 9, chapter A6, section 6.0 [R]. Reston: U. S. Geological Survey, 2008.

[14] Wilde F D.Water-quality sampling by the U. S. Geological Survey—standard protocols and procedures: U. S. Geological Survey fact sheet [R].Reston: U. S. Geological Survey, 2011.

[15] Wilde F D. Field measurements: U. S. Geological Survey Techniques of Water-resources Investigations, book 9, chapter A6 [R]. Reston: U. S. Geological Survey, 2008.

[16] Wilde F D, Sandstrom M W, Skrobialowski S C. Selection of equipment for water sampling (ver.3.1): U. S. Geological Survey Techniques of Water-resources Investigations, book 9, chapter A2 [R].Reston: U. S. Geological Survey, 2014.

[17] World Health Organization.Selenium in drinking water [M]. Geneva: WHO Press, 2011.

第 8 章　基于 ArcGIS 水文过程模拟

8.1 概　　述

地形是生成流域边界、水流方向、汇流累积量、水流长度、河流网络、河网流域的决定性因素。传统方法基于等高线地形图，通过手绘山脊线的连线确定流域分水岭，费时费力，且容易出错。数字高程模型（digital elevation model，DEM）是流域地形、地物识别的重要原始资料。自 20 世纪 60 年代以来，人们在利用数字高程模型 DEM 提取流域水文特征，模拟地表水文过程方面开展了大量的研究工作。ArcGIS 在其工具盒（ArcToolBox）中提供了水文分析工具集，其作用主要是模拟地表水形成径流的过程，并利用这一过程实现河流、出水口，以及流域的提取，大大提高了基于地形进行水文分析的效率和精度。

8.2 水文分析模块主要命令

水文分析模块（Hydrology）主要用来建立地表水的运动模型，辅助分析地表水流模拟，再现水流在地表的流动过程。ArcGIS 提取水文信息的水文分析模块命令位于工具盒（ArcToolbox）中的空间分析工具（Spatial Analyst Tools）里（图 8.1）。具体命令有：

(1) 水流方向提取（Flow Direction）：进行水流方向分析。

(2) 洼地计算（Sink）：通过水流方向来判断哪些地方是洼地，然后对洼地进行填充。洼地包括真实的洼地，它属于地表形态的真实反映。洼地还包括由 DEM 采样的随机性造成的伪洼地。在洼地计算中计算洼地深度，为洼地填充采用合理的填充阈值做好数据准备。

(3) 填洼计算（Fill）：采用给洼地增加高程的命令集方法，使其满足水流流出的条件，形成连续的排水网。填洼之后，会生成新的无凹陷的 DEM 数据。

(4) 汇流累积分析（Flow Accumulation）：利用填洼后无凹陷的 DEM 数据计算水流方向，根据每个栅格的水流方向计算汇流累积量。每一个栅格的汇流累积量数据标志着：上游有多少个栅格的水流经过汇流路径到达该栅格。若汇流累积量的数值小，则可视之为坡面或季节性河道；若数值大，则可视之为常年有水流的永久性河道。

(5) 栅格图层条件判断（Conditional）：利用 ArcGIS 的栅格地图条件判断功能，选择累积量阈值进行河网提取。阈值代表着有多少坡面汇流网格的水流汇集就能形成河道。

(6) 自然流域生成(Basin):针对 DEM 数据范围内的所有河流出口(最大汇流累积值点),进行自然流域分割。

(7) 出水口获取(Snap Pour Point):根据指定的地点(如水文站),捕获一定距离范围内最低的出水口点(相对累积量点最高)栅格。

(8) 集水区(指定流域)生成(Watershed):生成指定水流出口的流域范围。

(9) 转成矢量河流数据(Stream to Feature):属于空间数据格式转换工具。把 DEM 生成的栅格形式的河网数据转换成矢量 shp 数据形式,便于利用 GIS 工具进行下一步的应用和处理。

(10) 河流链(Stream Link)生成:利用累积量"阈值"分析得到的河流栅格数据结果,给河流交点之间的每条河段赋予一个单一值。

(11) 流长计算(Flow Length):顺流或溯流计算流长。

(12) 河网分级命令(Stream Order):可以分别采用两种河流分级方法(即 Shreve 分级方法和 Strahler 分级方法)给河网中的各条河段进行分级。

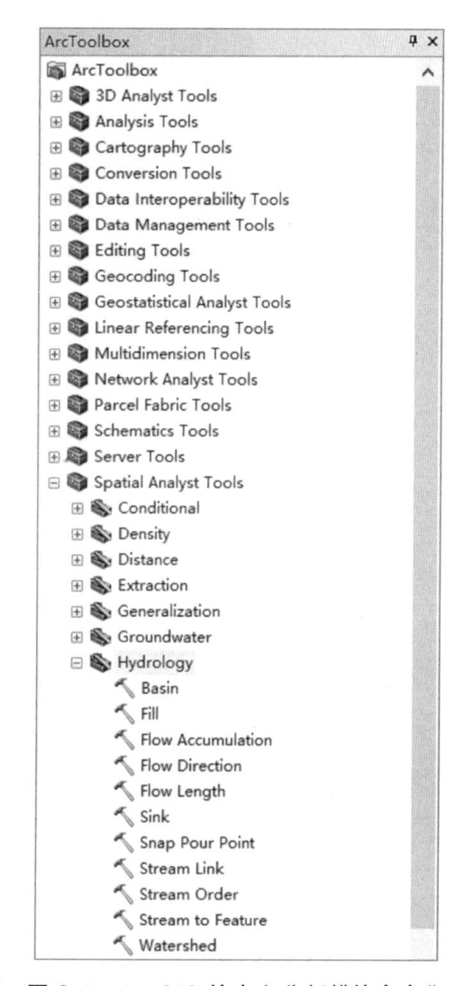

图 8.1 ArcGIS 的水文分析模块命令集

8.3 ArcGIS 水文模块实习——以开都河为例

8.3.1 数据准备

实习数据为新疆开都河流域 DEM 数据、开都河流域的水文测站数据(大山口)。开都河位于巴音郭楞蒙古自治州,处在新疆维吾尔自治区中部。

利用 Data Management Tools/Raster/Raster Processing/CLIP 工具从新疆 30″(0.008 333°,近似 1 km)空间分辨率的数字高程模型(DEM)中裁剪出所需范围的 DEM 数据。在本书的实验中,该步骤已完成,可提供已裁剪好的开都河 DEM 数据(图 8.2)。

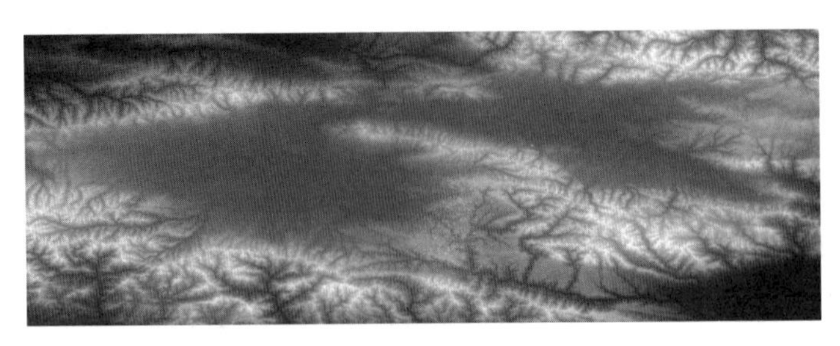

图 8.2　所需范围的 DEM 数据

8.3.2　流向计算

利用原始 DEM 数据,采用 Flow Direction 工具计算(图 8.3),得到每个栅格的流向(图 8.4)。

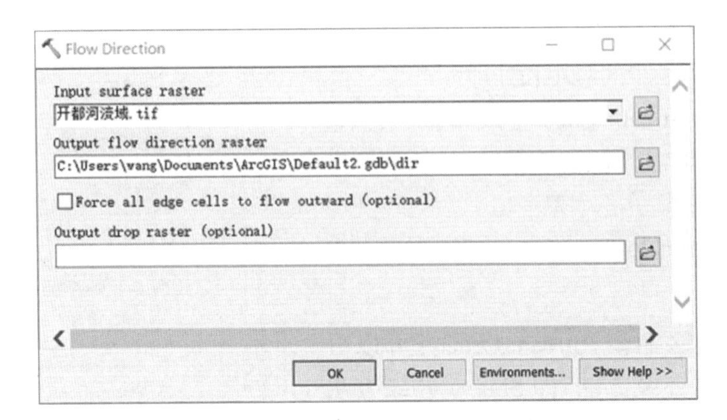

实习数据 1
开都河相关数据

图 8.3　用 Flow Direction 工具计算流向

图 8.4　栅格流向图

8.3.3　洼地和填洼计算

DEM 误差及真实地形(如局地洼地)的存在,通常影响数字水系的连续性,往往使研究人员得到不合理的甚至错误的水流方向。因此,在进行水流方向计算之前,应该首先对原始的 DEM 进行洼地填充,得到无洼地的 DEM。用 Sink 工具进行洼地搜索并计算洼地深度(图 8.5)。基于原始 DEM 的坡向,进行求洼操作后,得到洼地分布图。

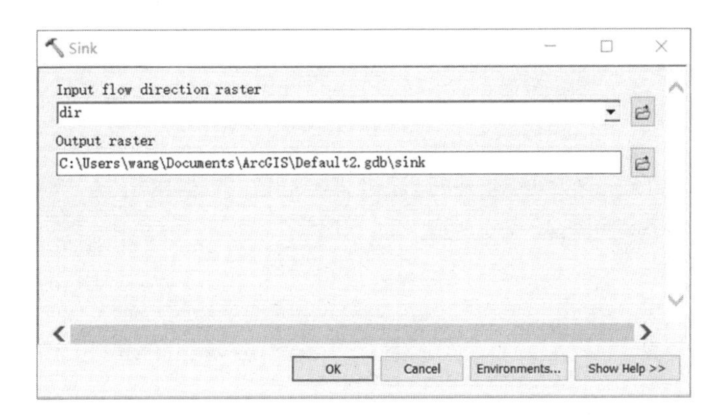

图 8.5 用 Sink 工具搜索洼地

因这里用 Sink 工具检验后得知该 DEM 不存在洼地，故后续填洼计算和重新计算流向的步骤可以省略。

在填洼计算时，需要运行 Sink 扫描命令找出洼地，用 Fill 工具将洼地点的高程值设为与其相邻点的最小高程值，这样多次迭代操作直到填平所有的洼地(图 8.6)。填洼之后形成了新的经过修正无凹陷的 DEM。

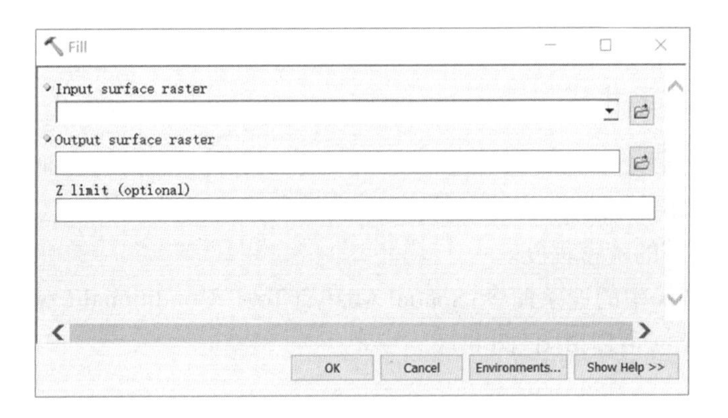

图 8.6 用 Fill 工具填充洼地

8.3.4 汇流累积计算

先利用填洼处理后的新的 DEM 重新计算流向(Flow Direction)。

然后利用无凹陷的 DEM 求坡向，得到坡向分布数据。再利用汇流累积(Flow Accumulation)命令计算出每个栅格上游累积的汇流格点数，越是上游的栅格，累积数越小；越是下游的栅格，累积数越大(图 8.7 和图 8.8)。

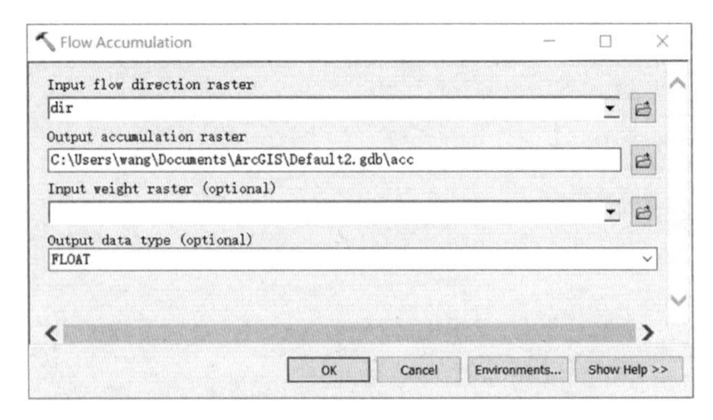

图 8.7 用 Flow Accumulation 工具求累积汇流

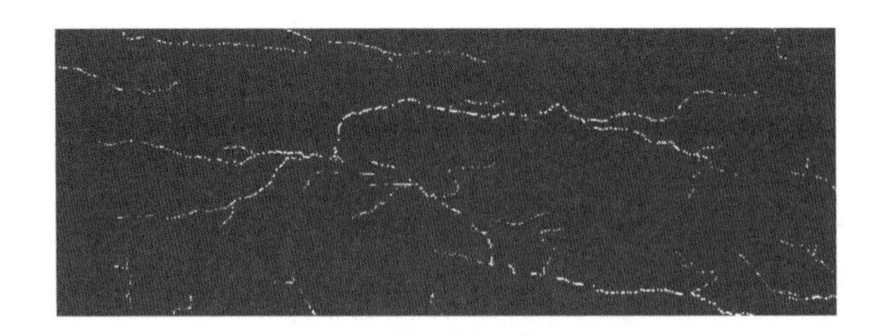

图 8.8 栅格累计汇流图

8.3.5 数字水系生成

首先设定阈值,假定汇流累积超过 2 500 个(或 3 000 个)栅格的坡面流可以形成河道形态,然后采用 ArcGIS 栅格地图代数运算方法,计算属于河道的栅格。这里所设定的阈值大小会决定所生成河道的疏密程度。

运用 Arctool Box 中的这条命令:Spatial Analyst Tools/Conditional/Con(图 8.9 和图 8.10)。

这样,就生成了河道栅格图(图 8.11)。

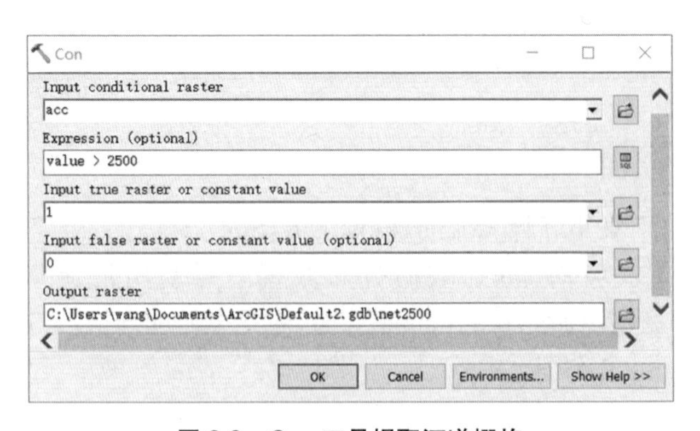

图 8.9 Con 工具提取河道栅格

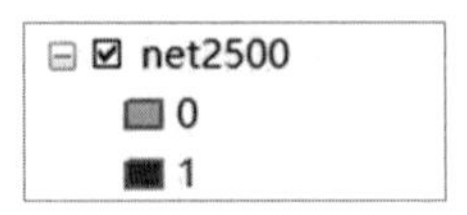

图 8.10 图层信息

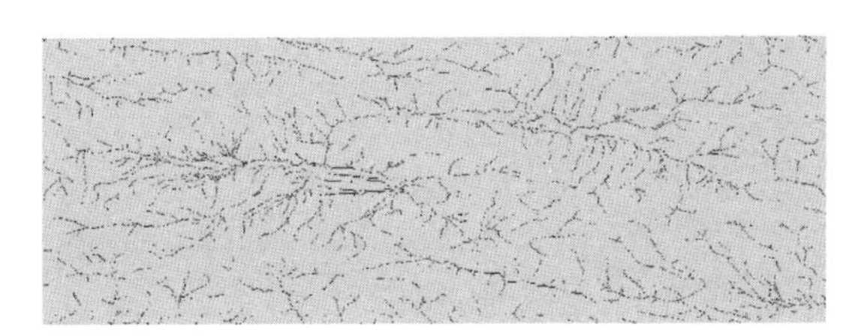

图 8.11 河道栅格图

8.3.6 生成流域和子流域

第一步，先在软件里生成自然流域。

利用自然流域生成（Basin）命令提取自然流域的边界（图 8.12）。河流的出口均在图幅的边缘。河流的出口是各条河流中累积值最大的栅格。

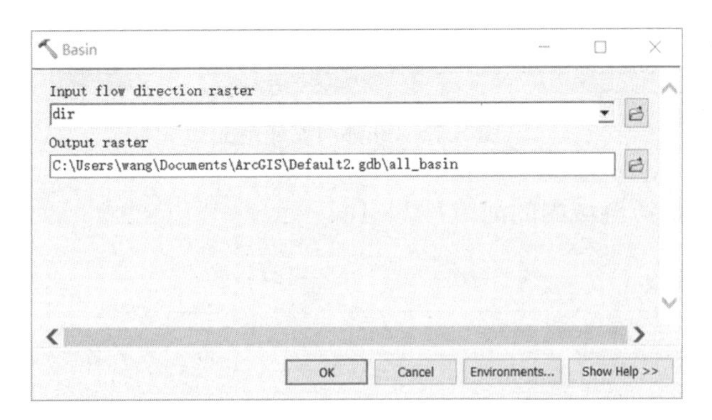

图 8.12 用 Basin 工具提取流域边界

用不同的颜色表示不同的自然流域，如图 8.13 所示。

图 8.13 自然流域图

彩图 8.13
自然流域图

用查询工具查询到开都河流域的栅格值是 288。

第二步，提取开都河流域范围。用 Con 条件判断命令，仅提取开都河流域范围（图 8.14、图 8.15）。

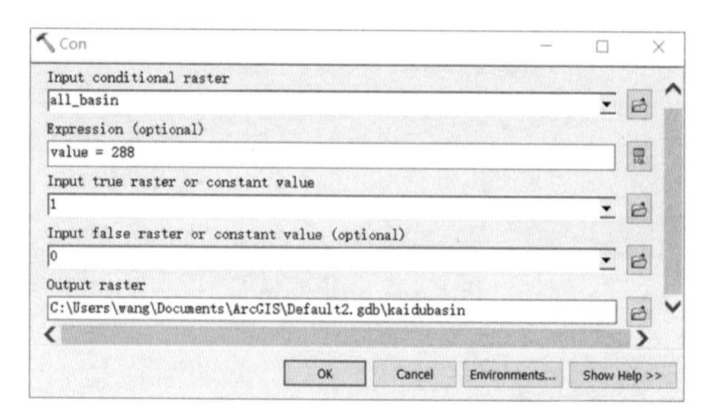

图 8.14 用 Con 工具提取开都河流域范围

图 8.15 开都河流域范围

第三步,提取开都河流域内的河流(图 8.16)。

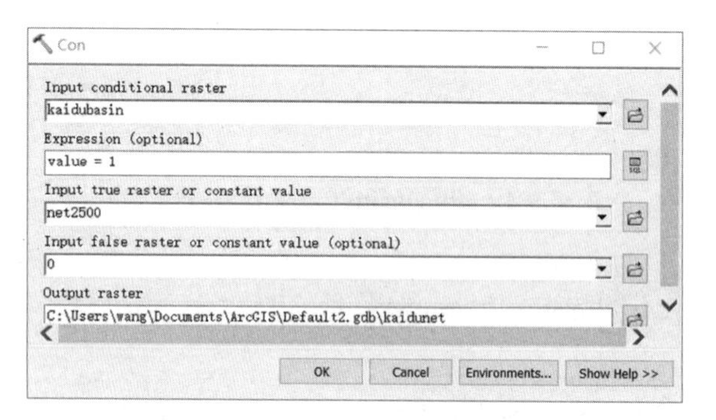

图 8.16 用 Con 工具提取开都河河道

第四步,得到开都河河道(图 8.17)。

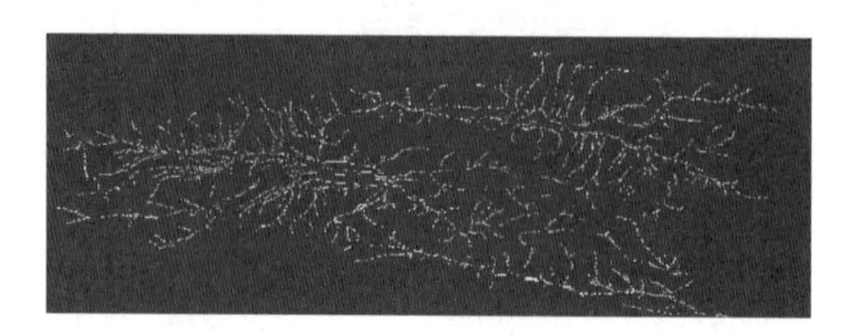

图 8.17 开都河河道

可用 Watershed 命令提取指定的集水区(图 8.18)。如利用水文站的站点数据获取水文站上游流域范围。但该命令需要水文站位置准确地落在河网位置。如果站点位置有微小偏差,那么可以采用 Snap Pour Point 命令,根据指定的水文站来捕获一定距离范围内最低的出水口点(图 8.19)。

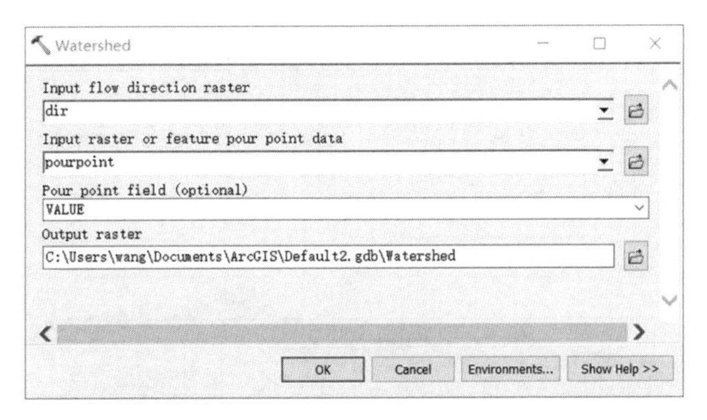

图 8.18 用 Watershed 工具提取集水区

Snap Distance 是在图面上量出的水文站点到河道中心的距离。如果距离太远,那么需要用编辑工具移动站点位置(图 8.20)。

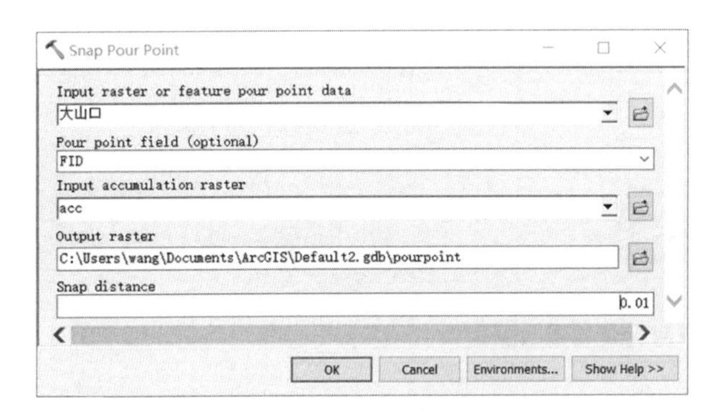

图 8.19 用 Snap Pour Point 工具捕获最低出水口点

图 8.20 编辑站点位置

观察原来水文站的点位是否已分布在河道上。若仍未分布在河道上,则也可采用“Editor 工具”编辑站点图层,将站点移动到所需位置(河道上)。

同时,需要注意设置环境变量输出的范围“Extent”(图 8.21,图 8.22)。

把 DEM 生成的栅格形式的河网数据、流域范围转换成矢量数据形式(shp),便于利用 GIS 工具进行下一步的应用和处理(图 8.23)。

选择 ArcToolBox 菜单栏里的下列命令:Convertion Tools/From Raster/Raster to Polygon (图 8.24)。

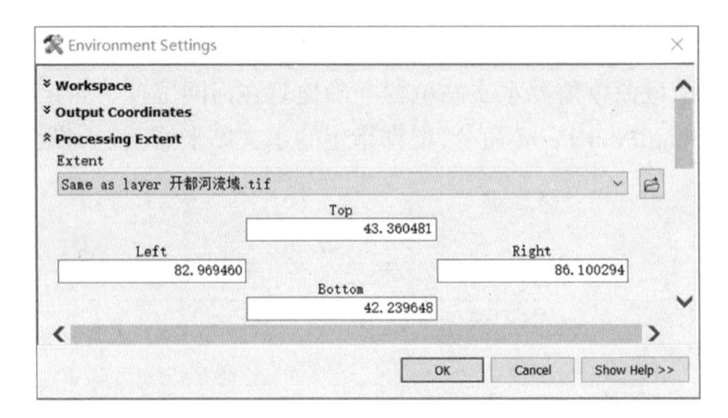

图 8.21　用 Environment Settings 工具设定输出范围

图 8.22　开都河大山口水文站上游流域范围

图 8.23　开都河流域矢量数据形式

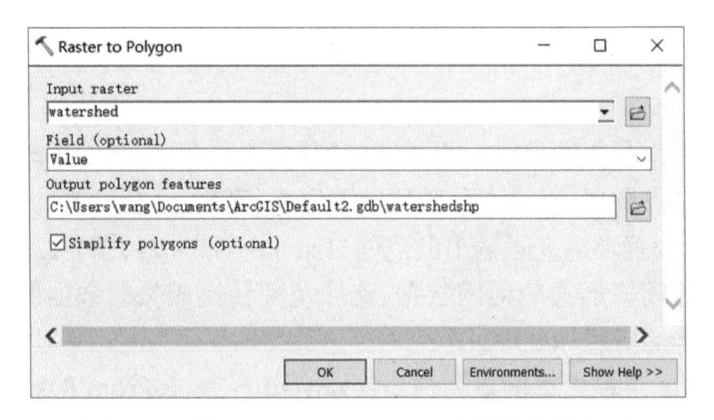

图 8.24　用 Raster to Polygon 工具转换矢量数据

用上述操作得到的流域范围矢量图(图 8.23)截取原始的 DEM 数据,可以得到开都河流域的 DEM(图 8.25)。

图 8.25　开都河流域 DEM 数据

将河流栅格数据转换为矢量数据使用如下命令:Convertion Tools/From Raster/Raster to Polyline(图 8.26,图 8.27)。

对河流链(Stream Link)、流长计算(Flow Length)和河网分级命令(Stream Order),读者可自行练习。

根据河网分级命令得到的结果,可修改线条的粗细以表示不同级别的河流。河流级别越高,线条越粗(图 8.28)。

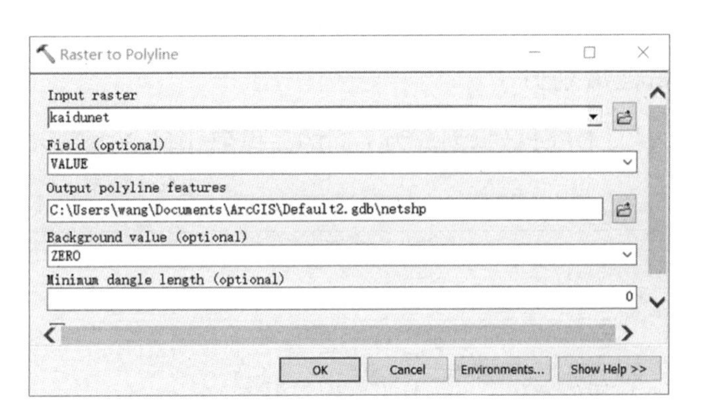

图 8.26　用 Raster to Polyline 工具转换矢量数据

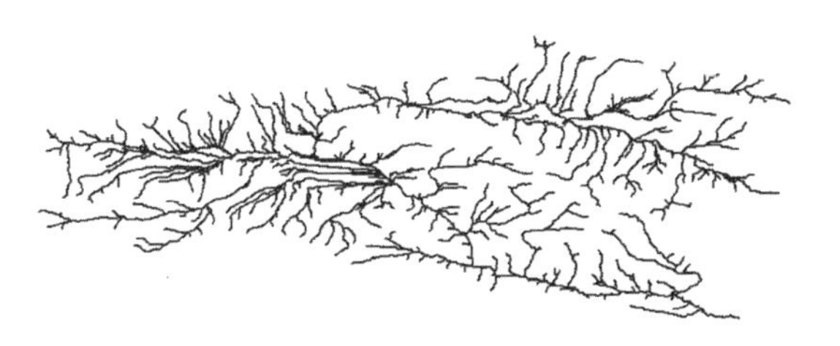

图 8.27　开都河流域河网图

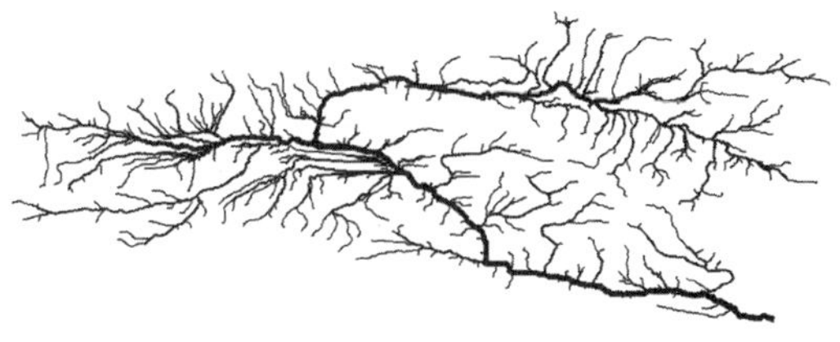

图 8.28　开都河流域河流分级图

通过以上操作，可得最后结果如图 8.29 所示（其他细节读者可自行添加及改变）。

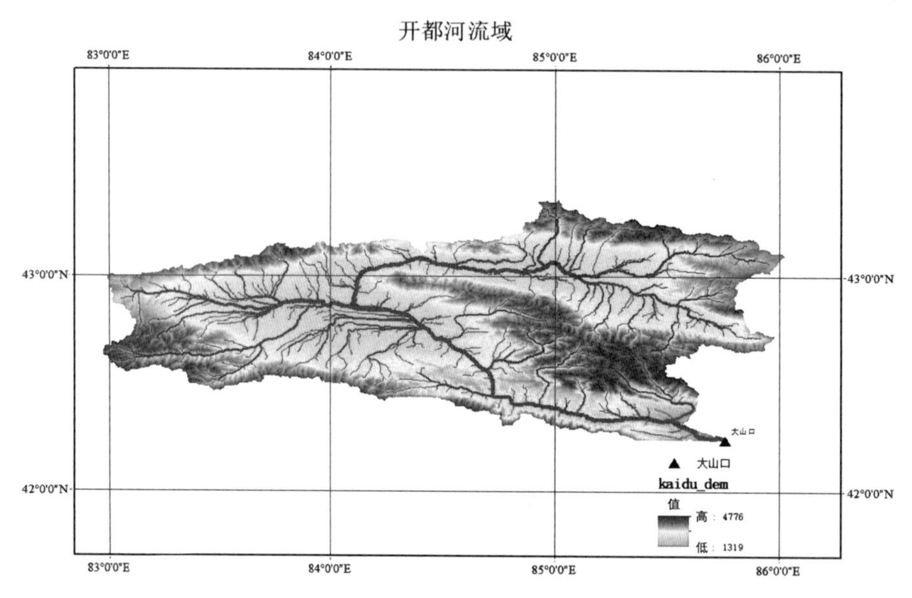

图 8.29　开都河流域示意图

8.4　水文响应分区的空间统计——以开都河为例

8.4.1　流域高程带划分

用 Reclassify 工具将 DEM 数据划分为不同的高程带（图 8.30）。

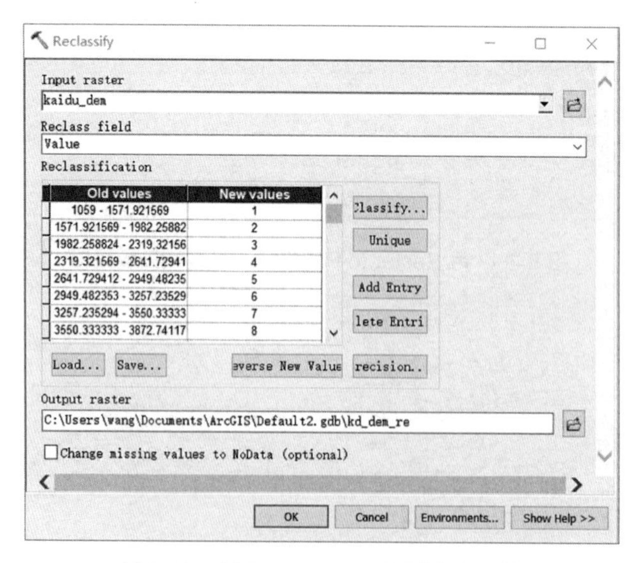

图 8.30　用 Reclassify 工具划分高程带

开都河流域的高程范围如图 8.29 所示，可将其按间隔为 100 重分类成 36 份（图 8.31）。选择 ArcToolBox 的下列命令：3D Analyst Tools/Raster Reclass/Reclassify。

图 8.31　开都河流域高程带划分图

8.4.2　冰川和非冰川区划分

根据冰川的矢量数据将步骤 8.4.1 的结果划分为冰川区与非冰川区（图 8.32～图 8.35）。

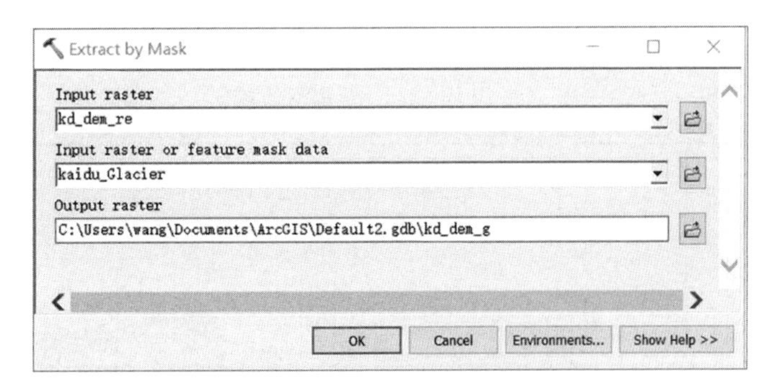

图 8.32　用 Extract by Mask 工具提取冰川区

图 8.33　开都河流域冰川区

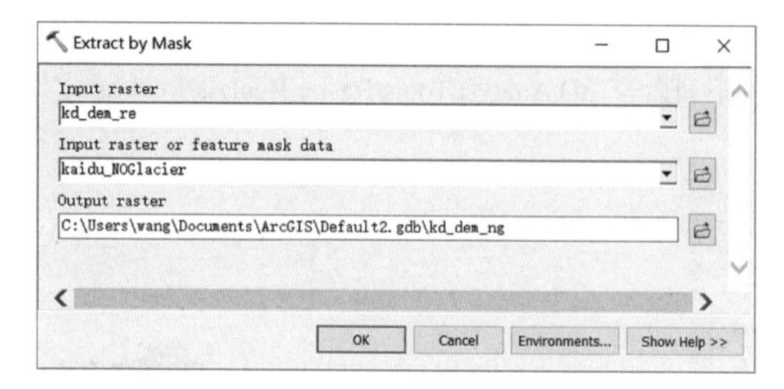

图 8.34　用 Extract by Mask 工具提取非冰川区

图 8.35　开都河流域非冰川区

将冰川区和非冰川区的数据与上节的河网数据联合,可得开都河流域图(图 8.36)。

彩图 8.36
开都河流域
示意图
(含冰川区)

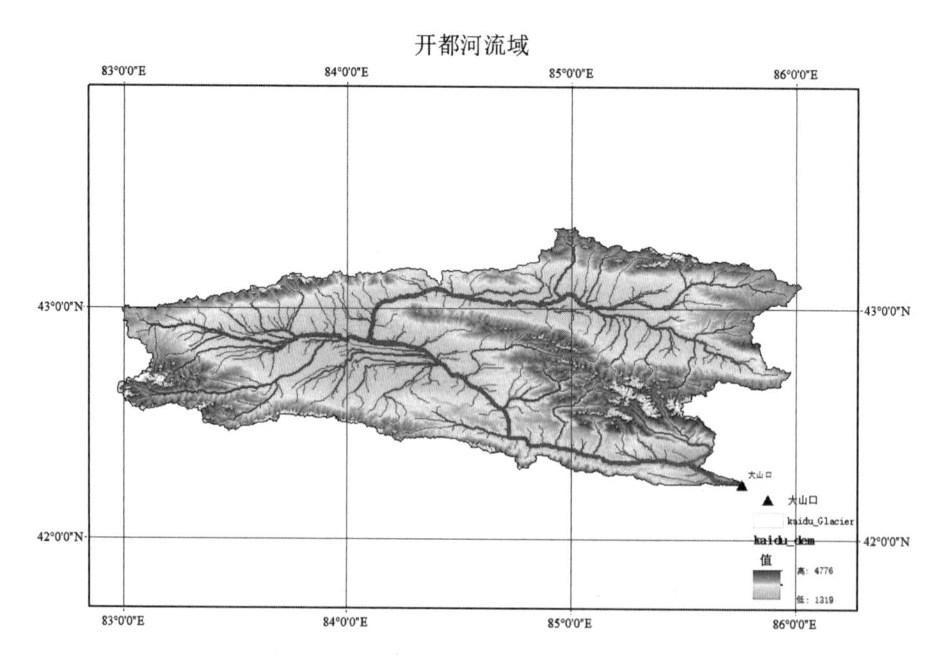

图 8.36　开都河流域示意图(含冰川区)

8.4.3 生成坡向数据

利用 Aspect 工具得到 DEM 坡向数据(图 8.37、图 8.38)。选择 ArcToolBox 工具下的如下命令:3D Analyst Tools/Raster Surface/Aspect。

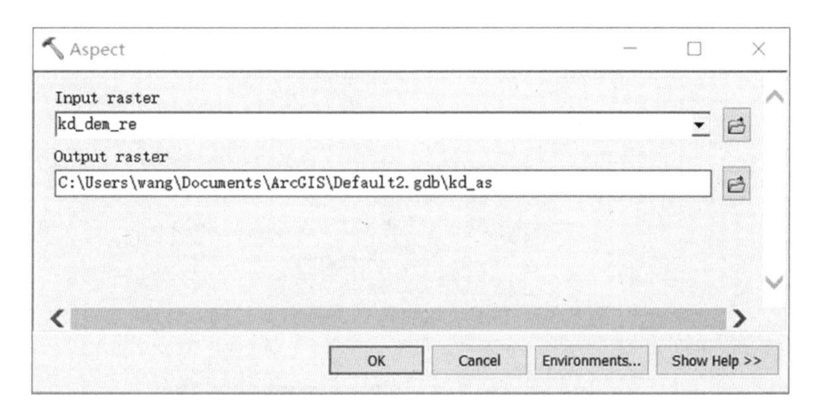

图 8.37 用 Aspect 工具计算坡向

彩图 8.38 开都河流域实际坡向图

图 8.38 开都河流域实际坡向图

8.4.4 栅格计算得到水文响应分区

利用 Reclassify 工具根据坡向度数将坡向数据分为北、南、东西,为了后续操作方便,可将其分别编号为 1、2、3(图 8.39,图 8.40)。

为了最终得到冰川区和非冰川区不同高程带不同坡向的统计结果,可利用栅格计算器(Raster Calculator)工具。

选择 ArcToolBox 菜单栏里的如下命令:Spatial Analyst Tools/Map Algebra/Raster Calculator。

将冰川区标号为 1,非冰川区标号为 2,分别乘以 1 000。将步骤 8.4.3 中重分类的坡向(北 1、南 2、东西 3)分别乘以 100。上述两者相加再加上步骤 8.4.1 中重分类的高程(1~36)可得一个四位数序列(图 8.41,图 8.42)。

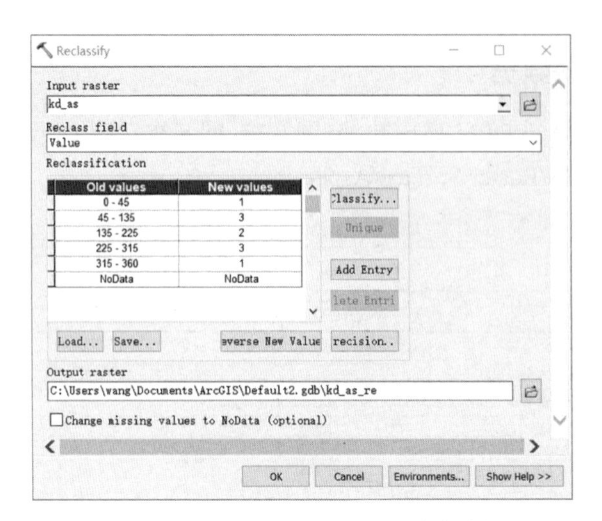

图 8.39　用 Reclassify 工具重分类坡向

图 8.40　开都河流域重分类坡向图

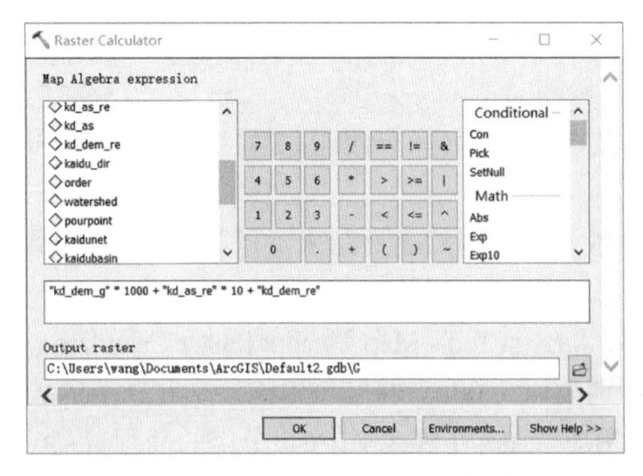

图 8.41　用 Raster Calculator 工具标注冰川区

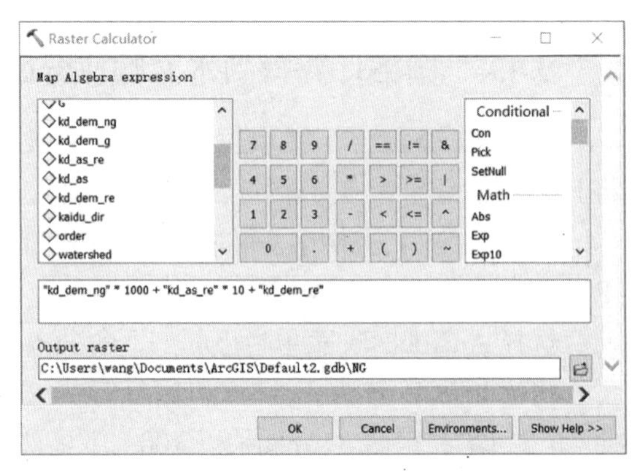

图 8.42　用 Raster Calculator 工具标注非冰川区

千位表示该栅格是否为冰川，百位表示该栅格的坡向，十位和个位表示该栅格的高程(图8.43，图8.44)。

G

	Rowid	VALUE	COUNT
▸	0	1123	53
	1	1124	464
	2	1125	1697
	3	1126	3367
	4	1127	4437
	5	1128	4904
	6	1129	4365
	7	1130	3300
	8	1131	1914
	9	1132	909
	10	1133	481

图 8.43 冰川区栅格属性值

NG

	Rowid	VALUE	COUNT
▸	0	2101	91
	1	2102	413
	2	2103	777
	3	2104	1216
	4	2105	1639
	5	2106	1973
	6	2107	1999
	7	2108	2352
	8	2109	2889
	9	2110	3481
	10	2111	4655

图 8.44 非冰川区栅格属性值

将数据统计在一起计算百分比，可得下表(图8.45)，并绘制成柱状图(图8.46)。

avg_ele	NG_N	NG_S	NG_EW	G_N	G_S	NG_EW
1319	6.6692E-05	0.000117261	6.59591E-06	0	0	0
1419	0.000302679	0.000352515	6.81577E-05	0	0	0
1519	0.000569447	0.000647132	0.000135583	0	0	0
1619	0.000891181	0.00092929	0.000184685	0	0	0
1719	0.001201188	0.001249558	0.00027483	0	0	0
1819	0.00144597	0.001455497	0.000351782	0	0	0
1919	0.001465025	0.001588148	0.000410412	0	0	0
2019	0.001723731	0.001827067	0.00048883	0	0	0
2119	0.002117287	0.002236013	0.000638337	0	0	0
2219	0.002551151	0.002727042	0.000815694	0	0	0
2319	0.003411551	0.003583778	0.001317716	0	0	0
2419	0.007612413	0.00780003	0.00314918	0	0	0
2519	0.013432204	0.013520882	0.005120625	0	0	0
2619	0.017609613	0.017682168	0.006356258	0	0	0
2719	0.020641533	0.020712622	0.007391083	0	0	0
2819	0.023304082	0.023288691	0.008181859	0	0	0
2919	0.026214344	0.026318412	0.009213753	0	0	0
3019	0.02923014	0.029341538	0.010508017	0	0	0
3119	0.031146618	0.031088721	0.011224772	0	0	0
3219	0.031175933	0.030396883	0.011322978	0	0	0
3319	0.030585966	0.029425086	0.011672561	0	0	0
3419	0.029972546	0.028434967	0.012340214	0	0	0
3519	0.028962639	0.027702821	0.01243329	3.88426E-05	1.46576E-06	2.19864E-06
3619	0.026223871	0.025644164	0.011995028	0.000340056	1.46576E-05	1.8322E-05
3719	0.022003222	0.023056369	0.010429599	0.001243695	8.50139E-05	9.38085E-05
3819	0.017451311	0.020505217	0.00867069	0.002467603	0.00017809	0.000202275
3919	0.012275721	0.016160712	0.006527019	0.003251783	0.000271898	0.00028509
4019	0.007583097	0.011789822	0.004758582	0.003594038	0.000359844	0.000341522
4119	0.00414956	0.007745064	0.002914659	0.003199016	0.000396487	0.000416275
4219	0.00191428	0.004680897	0.001493607	0.0024185	0.000408946	0.000388426
4319	0.000781249	0.00245661	0.000675714	0.00140273	0.000373768	0.000306343
4419	0.000263104	0.001049483	0.000276295	0.000666187	0.000312206	0.000186151
4519	7.62194E-05	0.000346652	9.30756E-05	0.000352515	0.000184685	9.45414E-05
4619	1.02603E-05	7.32879E-05	1.68562E-05	0.000117993	7.69523E-05	4.03083E-05
4719	1.46576E-06	1.53905E-05	3.66439E-06	3.73768E-05	2.4185E-05	1.09932E-05
4819	7.32879E-07	7.32879E-07	0	7.32879E-06	5.86303E-06	1.46576E-06
						1

图 8.45 不同高程不同方向冰川区、非冰川区占比

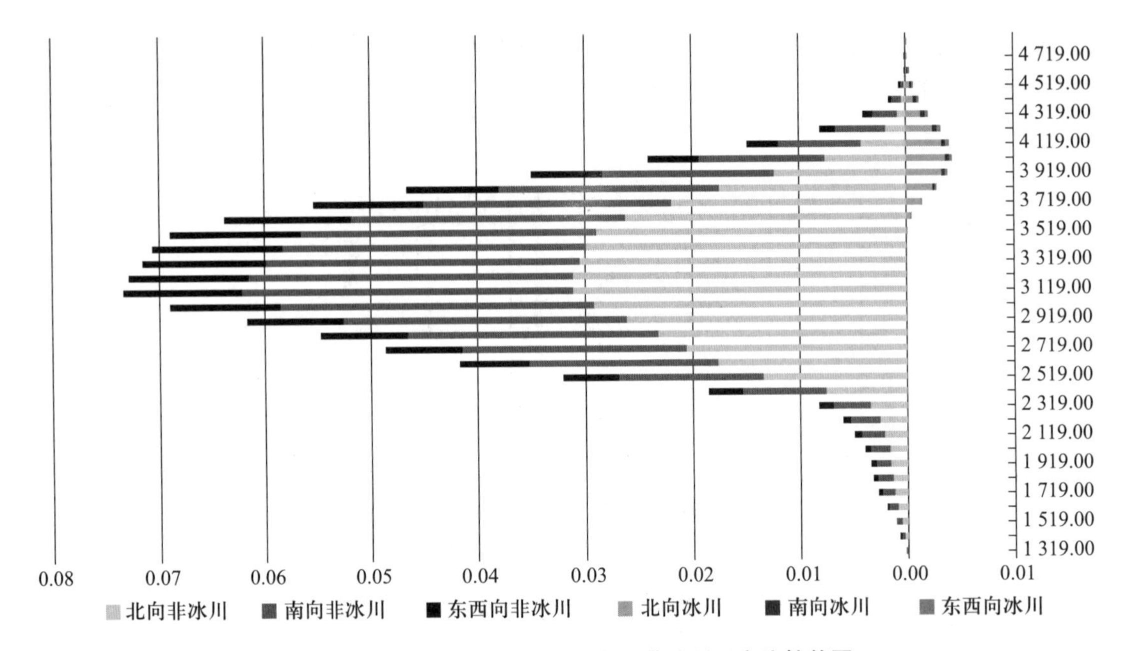

图 8.46　不同高程不同方向冰川区、非冰川区占比柱状图

彩图 8.46
不同高程
不同方向
冰川区、
非冰川区
占比柱状图

第 9 章　洪涝数值模型实习

9.1 概　　述

20 世纪 60 年代以来，洪涝数值模拟研究主要经历了水文学方法、一维水动力学方法、一维/二维耦合水动力学方法，以及基于地理信息系统的高精度模拟等阶段。传统的洪涝模型如美国的 HEC-RAS、HEC-HMS，荷兰的 Delft3D、SOBEK，丹麦的 MIKE 系列模型等，一般通过有限元方法来模拟洪涝的水文 – 水动力过程。但是，这类模型需采用不规则网格（如三角网格）构建研究区地形，建模较为复杂，尤其在模拟城市复杂下垫面环境下的洪涝过程时，精度和计算效率还需进一步提高。

20 世纪 90 年代以来，随着地理信息系统和遥感技术的发展，高精度数字地形高程数据（DEM 和 DSM）的逐渐普及，使得基于地理信息系统栅格运算的洪涝模拟技术成为可能。区别于传统的水动力数值模拟中需预先采用非结构网格构建地形，基于地理信息系统的栅格运算方法可以直接基于数字高程模型，利用简化的曼宁方程或圣维南方程，计算浅水波非恒定流在地理信息系统规则网格（raster grid）之间的传导过程，具有操作简便、计算高效、模拟精确等优点，尤其适用于地形较为复杂的城市地区的洪涝过程数值模拟，代表性模型包括英国的 Lis-FLOOD、JFLOW、FloodMap，以及华东师范大学自主研发的 ECNU Flood-Urban。本章将以 FloodMap 为例来具体介绍基于地理信息系统的洪涝数值模型的建模过程和操作步骤。

9.2 模型建模方法

FloodMap 模型主要包括一维河流水动力模型和二维洪涝淹没水动力模型两个模块。其中一维水动力模型采用圣维南方程组描述一维河流浅水波非恒定流，求解方法为 Preissmann 算法，假设河道断面为矩形，其质量与动能方程如下：

$$\frac{\partial h}{\partial t}+h\frac{\partial u}{\partial x}+u\frac{\partial h}{\partial x}=0 \tag{9.1a}$$

$$\frac{\partial u}{\partial t}+u\frac{\partial u}{\partial x}+g\frac{\partial h}{\partial x}=0 \tag{9.1b}$$

若考虑边界剪切应力，则引入河床坡度和能量梯度线的坡度，那么动能方程 9.1b 可改写为：

$$\frac{\partial u}{\partial t}+u\frac{\partial u}{\partial x}+g\frac{\partial h}{\partial x}=gS_0-gS_{\mathrm{f}} \tag{9.2}$$

式中：h——水深(m)；

u——流速($m \cdot s^{-1}$)；

x——空间步长(m)；

t——时间步长(s)；

g——重力加速度($m \cdot s^{-2}$)；

S_0——河床坡度(°)；

S_f——能量梯度线的坡度(°)。

坡度又称比降。第2.3节里的水面比降、能面比降和这里的能量梯度线的坡度、能量斜率，量纲一致。

二维水动力模型主要通过曼宁方程在规则网格间的离散化来实现洪涝过程的动态模拟。这种模型虽然简化了水动力条件，但是具有操作简便、计算效率高、模拟精度高等优点。曼宁方程的表达式如下所示：

$$Q=\frac{AR^{2/3}S^{0.5}}{n} \tag{9.3}$$

式中：Q——流量($m^3 \cdot s^{-1}$)；

A——横截面积(m^2)；

R——水力半径(m)；

n——曼宁糙率系数，量纲为1；

S——能量斜率，量纲为1。

在水力分析中通常的做法是将复合横截面分成一系列面板，然后分别计算水流输送参量。这里的栅格为正方形。将每个栅格单元面上的流量视为单独的面板，然后计算流过栅格面的水流面积：

$$A=w \cdot d \tag{9.4}$$

式中：w——栅格的宽度(m)；

d——水流深度(m)，水力半径等于栅格的水流深度。

$$R=\frac{A}{P}=\frac{w \cdot d}{w}=d \tag{9.5}$$

式中：P——湿润参数(m)。

如果引入公式9.4和公式9.5，那么曼宁方程可以改为以下形式：

$$Q=\frac{wd^{5/3}S^{0.5}}{n} \tag{9.6}$$

考虑到规则网格和与其相邻的四个单元，将网格单元的正交方向称为i轴和j轴。求解方程9.6，需要推导出两个参数，即能量斜率S和有效深度d，每个正交方向的能量斜率通过网格之间水位差异除以网格中心之间的距离(方程9.7a和方程9.7b)。只有当源网格的斜率与另一个相邻时，才允许水流至相邻的网格，即：

$$S_i = \frac{h_{i,j} - h_{i\pm1,j}}{w} \tag{9.7a}$$

$$S_j = \frac{h_{i,j} - h_{i,j\pm1}}{w} \tag{9.7b}$$

通过确定 i 轴和 j 轴方向上的能量斜率的矢量来确定流动方向。水流仅允许在由能量斜率的矢量和定义的两个相邻正交方向上流出。沿 i 轴和 j 轴方向的能量斜率值,由下式算出:

$$S = \sqrt{S_i^2 + S_j^2} \tag{9.8}$$

四个方向中的每个方向上的有效水深被确定为上方的网格水位沿着 i 轴或 j 轴方向的两个地平面中较高的一个,如下所示:

$$d_i = h_{i,j} - \max\left[g_{i,j}, g_{i\pm1,j}\right] \tag{9.9a}$$

$$d_j = h_{i,j} - \max\left[g_{i,j}, g_{i,j\pm1}\right] \tag{9.9b}$$

式中:d——有效深度(m);

h——水面高程(m);

g——地面高程(m)。

流出方向上的水流深度可以通过计算两个水流有效深度的算术平均值取得,即

$$d = \frac{d_i S_i^2 + d_j S_j^2}{S^2} \tag{9.10}$$

将公式 9.8 和公式 9.10 代入公式 9.6 可以求解在规则网格中的曼宁方程。在网格的 i 轴和 j 轴方向上求解水流向量,从而计算出每个时间步长中从源网格流至最多两个相邻单元网格的水量:

$$Q_i = Q\frac{S_i}{S} = \frac{wd^{5/3}S_i}{nS^{0.5}} = \frac{wd^{5/3}\left(\dfrac{h_{i,j} - h_{i\pm1,j}}{w}\right)}{n\left[\left(\dfrac{h_{i,j} - h_{i\pm1,j}}{w}\right)^2 + \left(\dfrac{h_{i,j} - h_{i,j\pm1}}{w}\right)^2\right]^{1/4}} \tag{9.11a}$$

$$Q_j = Q\frac{S_j}{S} = \frac{wd^{5/3}S_j}{nS^{0.5}} = \frac{wd^{5/3}\left(\dfrac{h_{i,j} - h_{i,j\pm1}}{w}\right)}{n\left[\left(\dfrac{h_{i,j} - h_{i\pm1,j}}{w}\right)^2 + \left(\dfrac{h_{i,j} - h_{i,j\pm1}}{w}\right)^2\right]^{1/4}} \tag{9.11b}$$

对于每个时间步长,应用计算域中每个单元的流入和流出的通量公式 9.11a 和公式 9.11b。然后根据公式 9.12 计算每个单元中水深的变化量。

$$\Delta d = \frac{\left(\sum_{d=1}^{4} Q_{\text{in}\,i,j}^{d} - \sum_{d=1}^{4} Q_{\text{out}\,i,j}^{d} + Q_{\text{inflow}}\right)\Delta t}{w} \tag{9.12}$$

式中：Δt——时间步长（s）。

9.3　模型操作步骤

FloodMap 模型已经基于 JAVA 语言开发出一套具有较佳的用户界面和可视化功能的洪涝模拟软件，主要具有以下技术特点：① 支持高精度数值模拟。可以运行的栅格单元的数量与地形数据的分辨率相关。单个个人计算机最多可以运行 400 万栅格运算（如可支持 400 万 1 m 分辨率的栅格运算），并行处理模块可以支持多机协作运行，支持更多的栅格单元运算。② 支持高精度规则网格。模型输入地形文件使用 GIS 的 ASCII 格式。模型直接读入 ASCII 格式的文件，建立规则网格进行模拟计算。在输入文件预处理中只需要定义河流，以及横断面的位置即可输出栅格文件在模型中使用。③ 支持即时模拟的显示。模型（界面模块）支持即时模拟显示。在计算（时间）步长可以表示的任一时刻，模型都能显示模拟的分布式预测结果。用户可以选择显示水深、水速、水量，以及水的流向。显示的结果可以直接在界面中操作处理。④ 支持即时参数的显示。模拟运行的参数可以选择通过两种方式显示。在界面模式下运行，模型直接显示分布式的模拟结果及参数。每个栅格的预测指标及相关参数直接在界面中显示。用户可以通过鼠标与模拟结果直接交互。⑤ 输出 ASCII 文件和图形文件。模型即时输出 GIS 格式的 ASCII 文件和图形文件。文本文件可以直接在 GIS 中显示与分析。用户可以选择输出时间间隔，以及路径。图形文件显示设定时间点的水深。

FloodMap 模型软件可在 Windows 操作系统上运行使用。当用户打开模型运行文件后，将会弹出如下的主界面（图 9.1）。用户如果点击主界面左上角的“Model”按钮，就

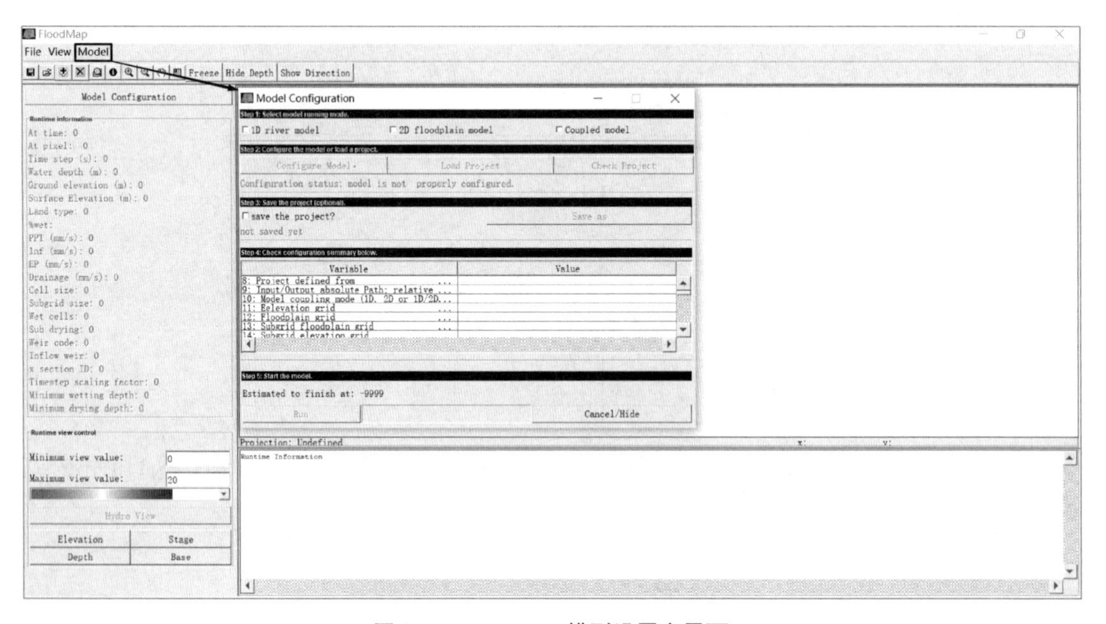

图 9.1　FloodMap 模型设置主界面

可以激活在模型设置(Model Configuration)窗口里的输入输出条件,以及模型的参数。在模型运行时,视图窗口可以实时显示模型的模拟结果。主界面左下角显示模拟的时间、水深的图标。主界面下方实时信息窗口显示模拟实时的结果,包括时间步长、最大水速、总水量等模型实时水文变量。主界面左侧显示光标所在位置的水文信息。

9.3.1 模型运行模式

在模型设置(Model Configuration)窗口中选择模型的运行模式,可以选择一维河流模型、二维洪泛模型或一维/二维耦合模型。在选取运行模式后,可点击“设置模型”(Configure Model)按钮。一维河流模型不考虑(二维)漫堤淹没的情况。二维洪泛模型使用一维河流模型的模拟结果(水位时间序列)作为输入的水文边界条件。一维/二维耦合模型能够同时模拟能够河流水动力,以及洪泛淹没过程的情况。

9.3.2 设置模型地形边界条件

在上面的窗口中选择好模型运行模式后,如果点击“设置模型”按钮,就会弹出如下的窗口(图 9.2)。这个窗口是主要的模型参数设置窗口。它的顶部列出了不同类别的输入输出数据,以及模型参数。在地形设置中定义河流的位置(河流数据按钮),以及地面的高程(地形数据按钮)。这类文件的格式是ASCII。需要注意的是,所定义的河流及地形图层必须匹配。

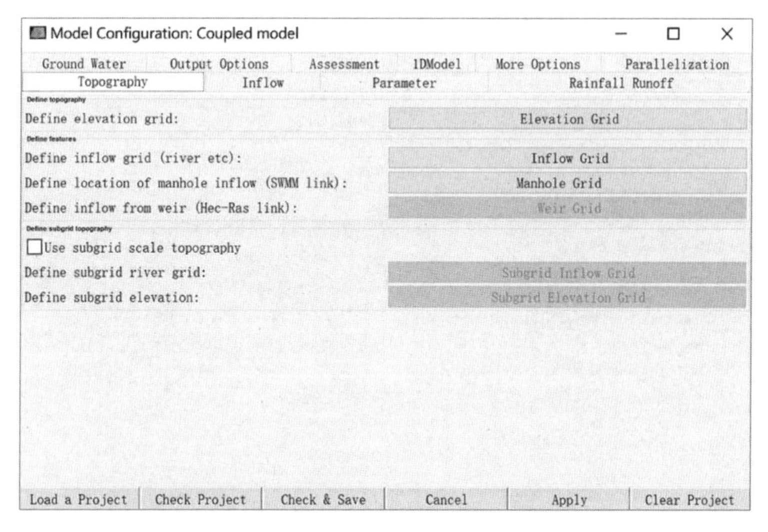

图 9.2 地形边界条件设置窗口

9.3.3 设置模型水文边界条件

在图 9.3 所示的窗口设置边界水文条件。可以从数据库,以及 text 文件里直接读取河流或海域(Inflow)及降雨 – 径流(rainfall runoff)的水文边界条件。模型提供了多种输入边界条件,用户可以考虑水文条件的时空分布过程,选择不同的边界条件。在设置降雨 – 径流过程时还需要根据实际情况设置蒸发、下渗、排水等条件。此外，模型在运行时可以将河流洪水、降雨内涝和风暴潮等洪涝过程一起模拟（图 9.4）。

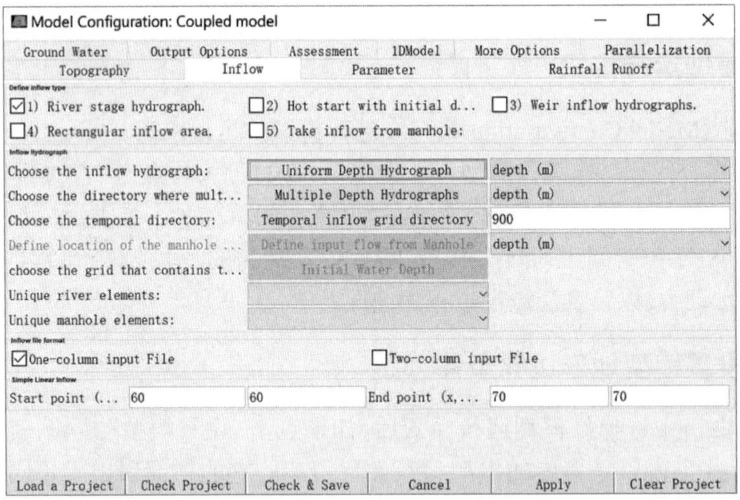

Model Configuration: Coupled model
Ground Water | Output Options | Assessment | 1DModel | More Options | Parallelization
Topography | Inflow | Parameter | Rainfall Runoff
Define inflow type
☑1) River stage hydrograph.　☐2) Hot start with initial d...　☐3) Weir inflow hydrographs.
☐4) Rectangular inflow area.　☐5) Take inflow from manhole:
Inflow Hydrograph
Choose the inflow hydrograph: | Uniform Depth Hydrograph | depth (m)
Choose the directory where mult... | Multiple Depth Hydrographs | depth (m)
Choose the temporal directory: | Temporal inflow grid directory | 900
Define location of the manhole ... | Define input flow from Manhole | depth (m)
choose the grid that contains t... | Initial Water Depth
Unique river elements:
Unique manhole elements:
Inflow file format
☑One-column input File　☐Two-column input File
Simple Linear Inflow
Start point (... | 60 | 60 | End point (x,... | 70 | 70
Load a Project | Check Project | Check & Save | Cancel | Apply | Clear Project

图 9.3　流域或海岸洪水水位边界条件设置窗口

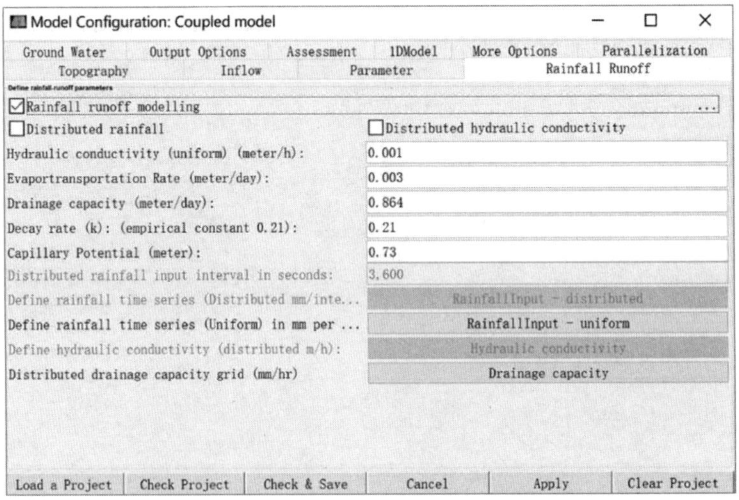

Model Configuration: Coupled model
Ground Water | Output Options | Assessment | 1DModel | More Options | Parallelization
Topography | Inflow | Parameter | Rainfall Runoff
Define rainfall-runoff parameters
☑Rainfall runoff modelling ...
☐Distributed rainfall　☐Distributed hydraulic conductivity
Hydraulic conductivity (uniform) (meter/h): | 0.001
Evaportransportation Rate (meter/day): | 0.003
Drainage capacity (meter/day): | 0.864
Decay rate (k): (empirical constant 0.21): | 0.21
Capillary Potential (meter): | 0.73
Distributed rainfall input interval in seconds: | 3,600
Define rainfall time series (Distributed mm/inte... | RainfallInput - distributed
Define rainfall time series (Uniform) in mm per ... | RainfallInput - uniform
Define hydraulic conductivity (distributed m/h): | Hydraulic conductivity
Distributed drainage capacity grid (mm/hr) | Drainage capacity
Load a Project | Check Project | Check & Save | Cancel | Apply | Clear Project

图 9.4　降雨内涝水位边界条件设置窗口

9.3.4　设置模型参数

参数设置包括地表糙率、曼宁公式的糙率系数、模拟总时长（单位：s），以及地形数据的水平精度（单位：m）等（图 9.5）。初始步长默认由模型动态计算，输入值为初始时间步长（单位：s）。建议设置较小的初始步长以确保模型的稳定性。

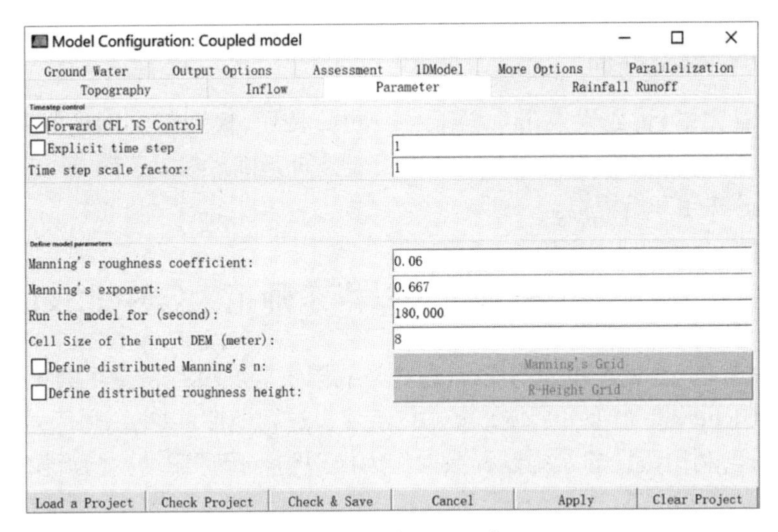

图 9.5 模型参数设置窗口

9.3.5 设置模型输出指标

模型的输出指标在图 9.6 所示的窗口中定义。模型可以输出固定时间间隔的洪水淹没图像及数据,以及对应时间的多个水文变量的模拟结果。图像文件为 JPG 格式,模拟结果为 ASCII 格式,它们可以在 GIS 中分析使用。在选取图像输出间隔与水文变量输出间隔后,还要选择输入输出间隔(秒),以及输出位置(文件夹)。图像输出参数可以选择是否显示水深和时间,以及输出的图像名称定义格式。

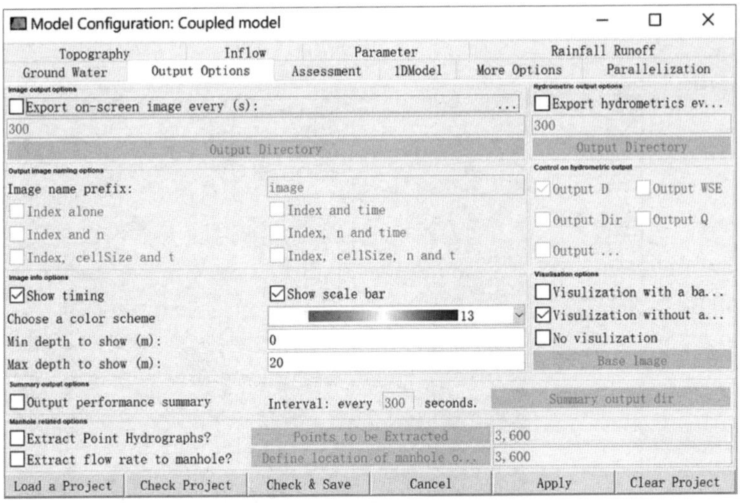

图 9.6 模型输出设置窗口

9.3.6　运行模型界面

当模型设置完毕后，如果点击“应用”（Apply）按钮，模型就会回到模型设置（Model Configuration）窗口。用户此时可以检查模型设置是否正确。如果正确，就可以点击左下角的“运行”（Run）按钮开始模拟。

9.4　城市暴雨内涝模拟——以华东师范大学中北校区为例

暴雨内涝（俗称“在城市里看海”）是近年来我国主要城市频繁发生的灾害事件。本节主要学习运用 FloodMap 模型开展城市暴雨内涝淹没过程模拟，以华东师范大学中山北路校区为案例研究区，利用假设的暴雨过程数据作为模型输入条件驱动内涝淹没模拟模型。具体操作步骤如下：

9.4.1　设置降雨时间序列数据

实习数据 2
洪涝模拟

降雨时间序列数据是随着时间变化的降雨量。新建一个 txt 文本文件，其中第一个数据为时间间隔（单位：s），在这里设置为 3 600 s，后续数据为每个单位时间间隔的降雨量（单位：mm）。

9.4.2　设置研究区地形输入数据

研究区的地形数据来自上海市测绘院提供的高精度地形表面模型（DSM）数据。它的空间分辨率为 2 m，数据格式为 GIS 栅格数据，在 ArcGIS 软件中转换为 ASCII 格式并输出（图 9.7）。

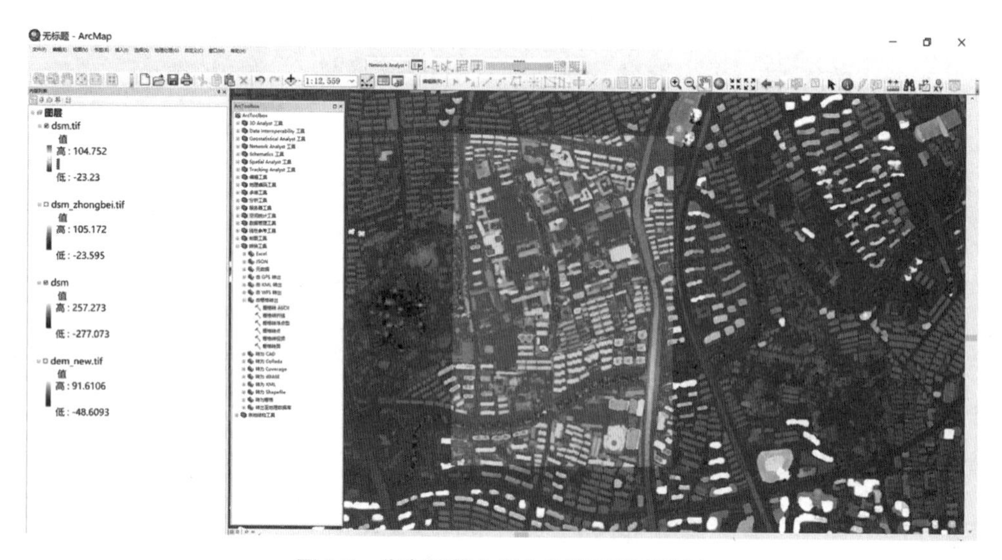

图 9.7　华东师范大学中北校区地形数据

9.4.3 启动模型并设置边界条件

如图 9.8 所示,启动模型,选择二维洪泛模块(2D floodplain model),点击“设置模型”(Configure Model)按钮。

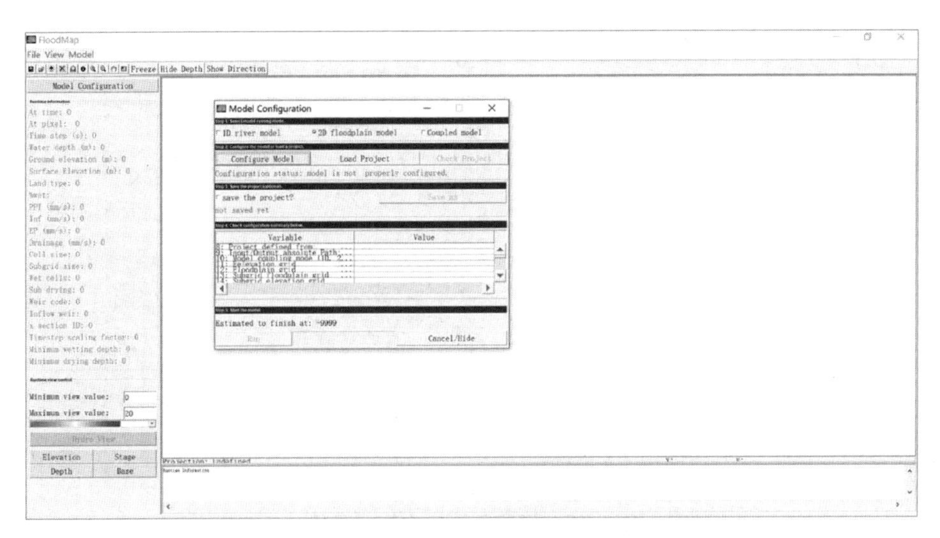

图 9.8 模型设置界面

如图 9.9 所示,进入地形(Topography)模块,点击“高程网格”(Elevation Grid)按钮读取研究区地形网格数据。

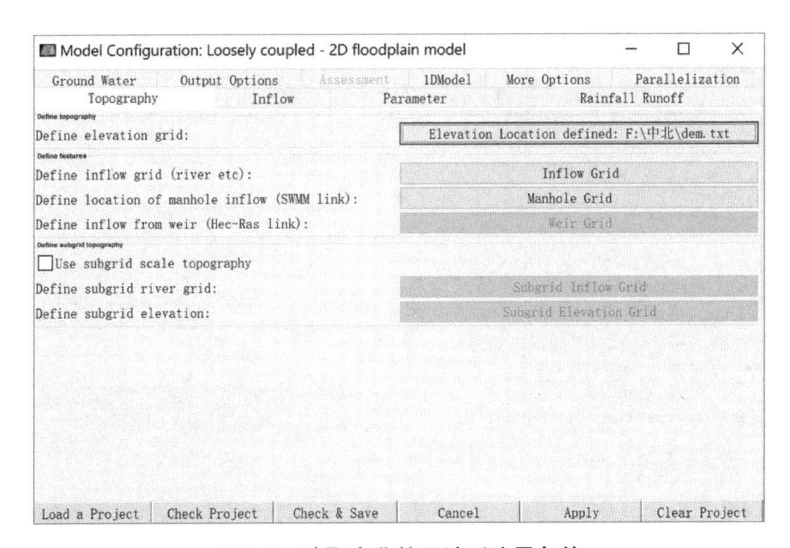

图 9.9 读取中北校区地形边界条件

如图 9.10 所示，进入降雨－径流（Rainfall Runoff）模块，选中左上角“Rainfall runoff modeling”选项，点击“Rainfall Input”按钮读取降雨时间序列数据。将蒸发、下渗、排水等参数按默认参数设置。点击“应用”（Apply）按钮。

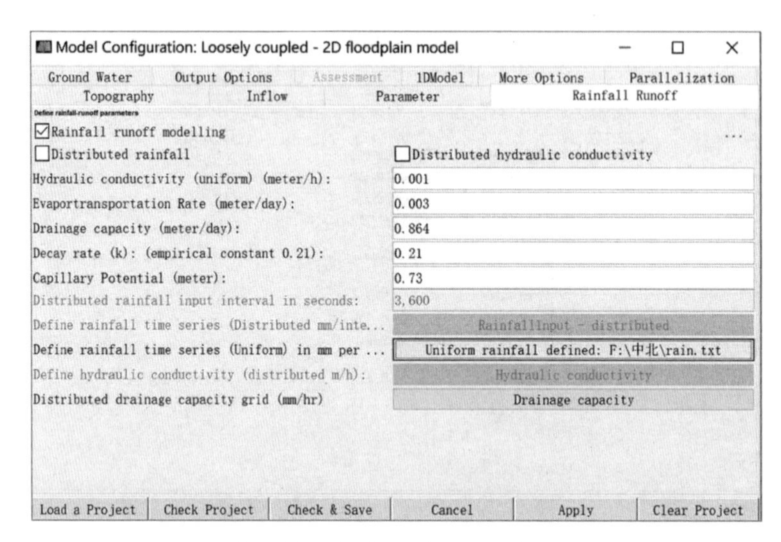

图 9.10　读取降雨水文边界条件

如图 9.11 所示，进入参数（Parameter）模块设置模型参数，将地表糙率和曼宁公式的糙率系数分别设置为 0.06 和 0.667，将模拟总时长设置为 180 000 s，将地形数据的水平精度设置为 2 m。

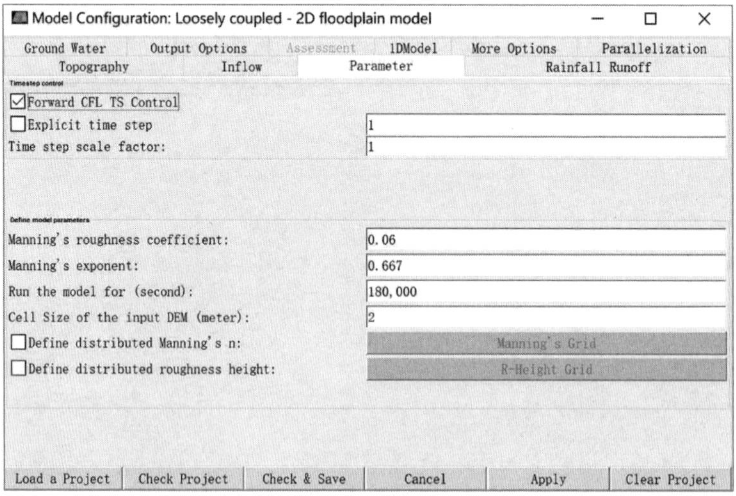

图 9.11　降雨淹没模拟参数设置

9.4.4 设置模拟输出结果及路径

如图 9.12 所示，进入输出（Output Options）模块，选中左上角“Export on-screen image every（s）”选项，设置为每 300 s 输出一张模拟结果图片，点击下面的“Output Directory”按钮设置图片输出路径；选中右上角“Export hydrometrics every（s）”，设置为每 300 s 输出一个模拟结果数据，点击下面的“Output Directory”按钮设置结果输出路径，根据需要选择输出结果类型（淹没深度、流向、流量等），选中“Output D”选项输出淹没深度。

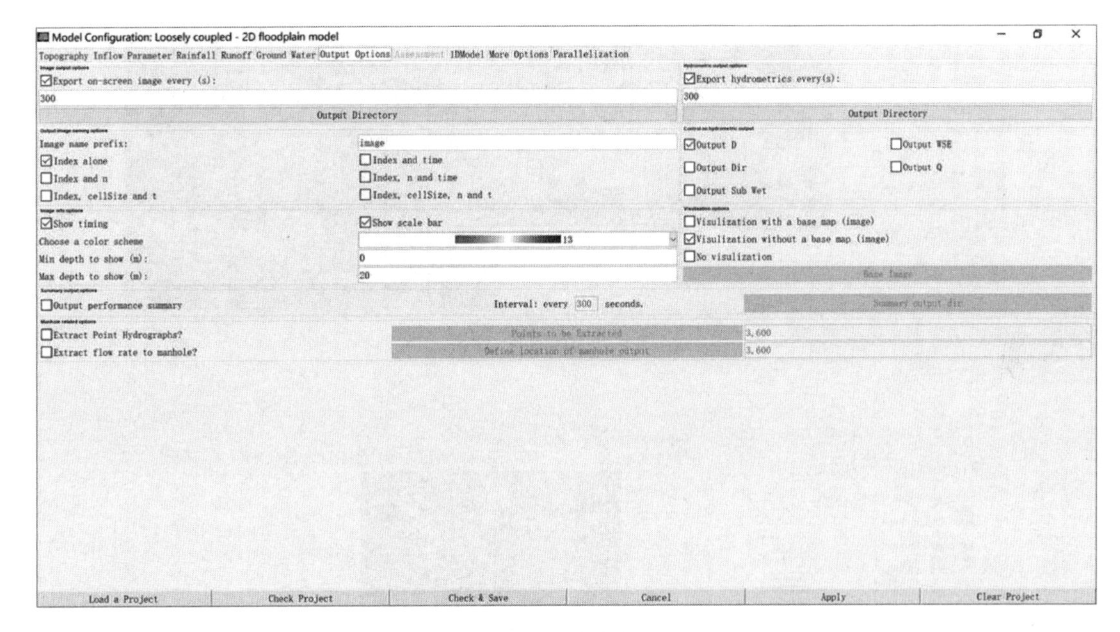

图 9.12 输出参数设置

如图 9.13 所示，点击“运行”（Run）按钮运行模型，开始模型模拟进程，模拟窗口实时展示模拟进程和参数，以及预计的模拟完成时间“Estimated to finish at:”。在运行过程中可以点击“停止”（Stop）按钮停止或“取消”（Cancel）按钮取消模拟进程。

如图 9.14 所示，在模拟进程完成后关闭模型界面，打开存放模拟结果数据的文件夹，可以看到输出的时间序列淹没图片和模拟数据，模拟结果数据可以在 ArcGIS 中进一步做后续处理、分析、展示、作图等操作。

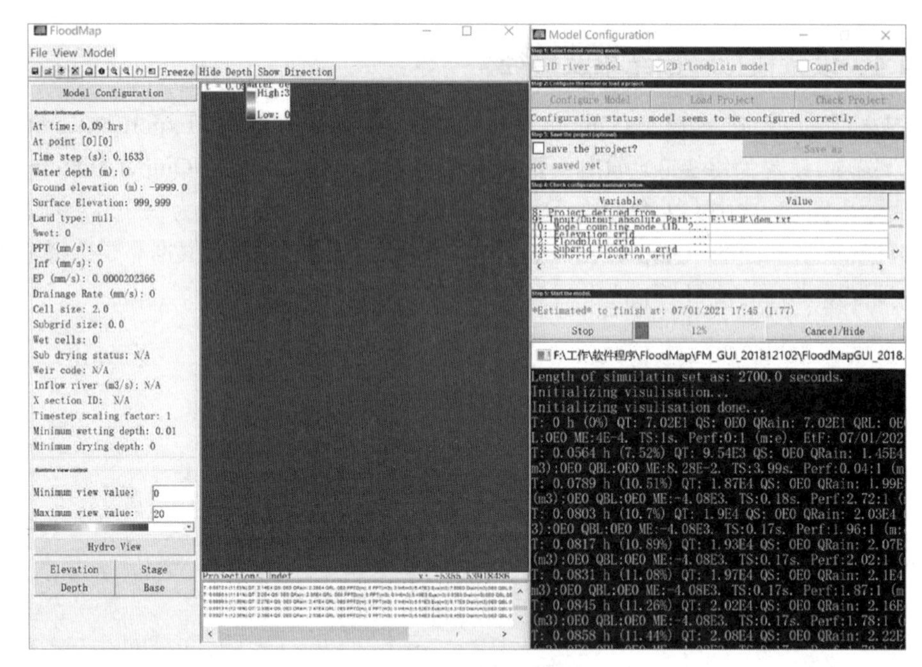

图 9.13　模型运行界面

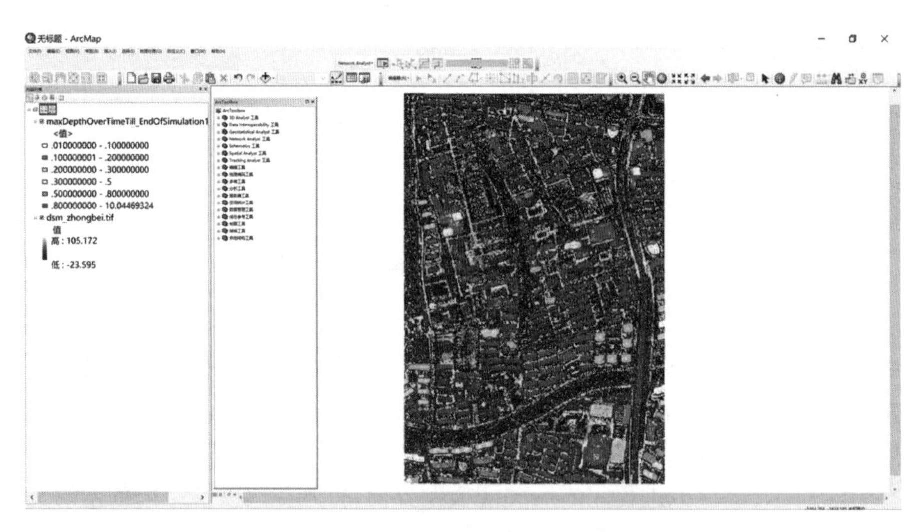

图 9.14　降雨内涝淹没输出结果显示

9.5　河流洪涝模拟分析实习——以千步泾溃堤洪水为例

2013 年 10 月 8 日下午 14:30，受“菲特”台风影响，上海市黄浦江上游千步泾河段约 15 m 的堤防工程发生溃塌，引发严重的河流洪涝事件，给周围居民的生活造成了较大的影响。本研究基于本次极端事件开展关于河流洪水的高精度洪涝数值模拟实习。这里选取千步泾区域作为研究区,模拟此次洪涝演进过程。

实习数据分为三类:① 千步泾地区地形数据(6 m×6 m 空间分辨率数字高程模型 DEM);② 黄浦江图形文件(千步泾区域);③ “菲特”台风期间每隔五分钟的水文测站数据。

河流洪涝模拟分析实习具体操作步骤如下:

9.5.1 设置水位时间序列

水位时间序列数据是随着时间变化的河流水位信息,本案例的水位时间序列来源于上海市水务局在 2013 年 10 月 8 日—9 日 12 时“菲特”台风过境期间总共 36 小时的历史水文测站数据。新建一个 txt 文本文件(Water level.txt),第一个数据为时间间隔(单位:s),这里设置为 300 s,后续数据为每个单位时间间隔的水位信息(单位:m)。

9.5.2 设置研究区地形输入数据

研究区的地形数据来自商业卫星提供的 6 m×6 m 空间分辨率数字表面模型(DSM),空间分辨率为 6 m×6 m,数据格式为 GIS 栅格数据。河流流域数据为来源于上海市测绘院的 GIS 栅格数据。将地形数据和河流流域数据在 ArcGIS 软件中转变为 ASCII 格式并输出(Qianbujing_dem.asc,Qianbujing_inflow.asc),如图 9.15 所示。需要注意的是,这里所定义的河流及地形代表的范围及像元大小必须一致,如图 9.16 所示。

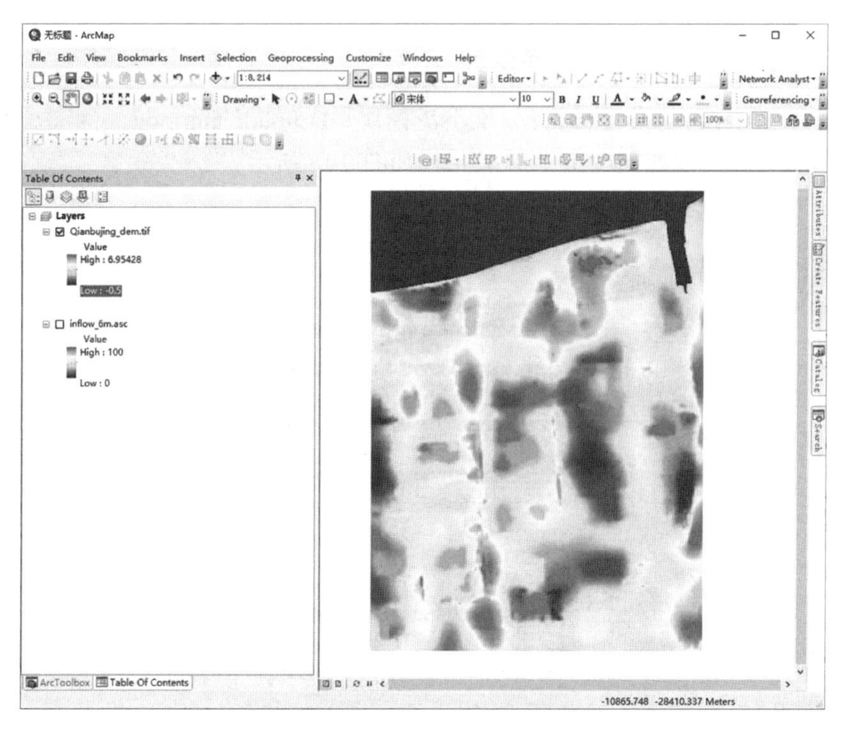

图 9.15 千步泾地区地形数据

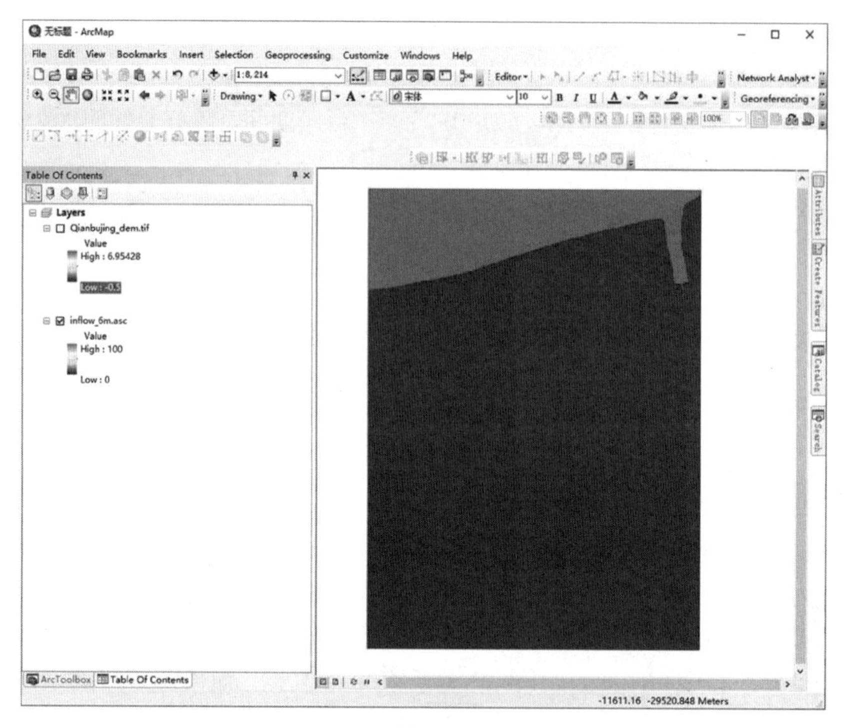

图 9.16　河流流域栅格数据

9.5.3　启动模型并设置边界条件

如图 9.17 所示，启动模型，选择二维洪泛模块（2D floodplain model），点击“设置模型”（Configure Model）按钮。二维洪泛模块菜单栏如图 9.18 所示。

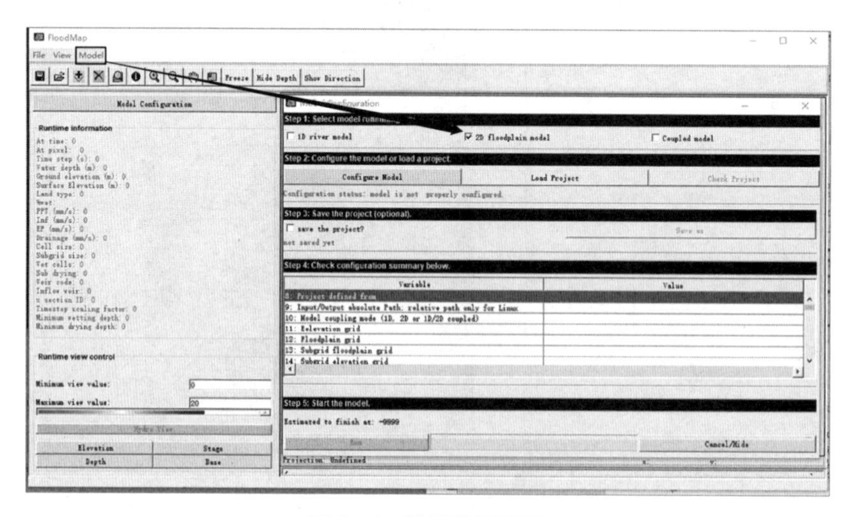

图 9.17　模型设置界面

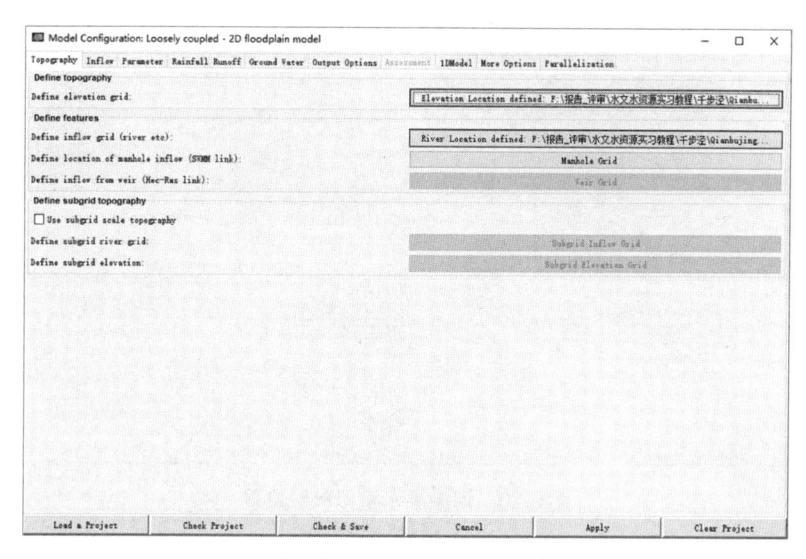

图 9.18　读取千步泾地形和流域数据

进入地形(Topography)模块,点击"Elevation Grid"按钮读取研究区地形网格数据(Qianbujing_dem.asc)。点击"Inflow grid"按钮读取河流流域栅格数据(Qianbujing_inflow,asc)

如图 9.19 所示,进入河流或海域水文边界设置(Inflow)模块,点击"Uniform Depth Hydrograph"按钮读取水位时间序列数据(Water level.txt),点击"应用"(Apply)按钮。

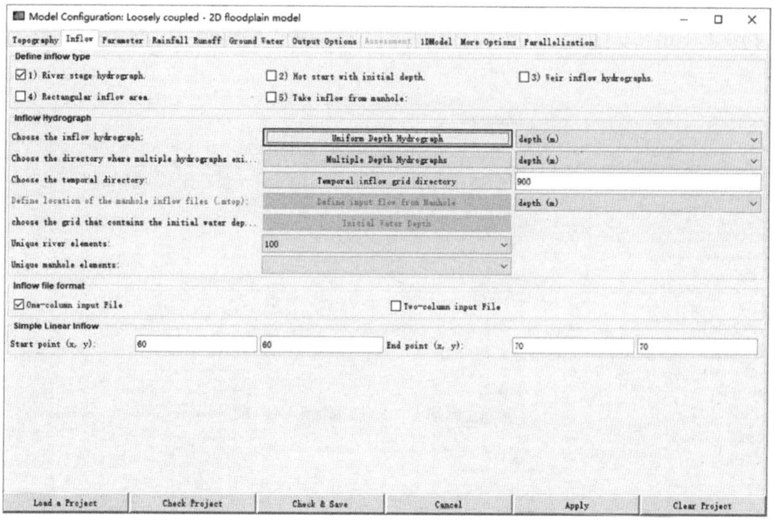

图 9.19　河流水文边界条件设置

如图 9.20 所示,进入参数(Parameter)模块设置模型参数,将地表糙率和曼宁公式的糙率系数分别设置为 0.06 和 0.667,将模拟总时长设置为"36 h,共计 129 600 s",将地形数据的水平精度设置为 6 m × 6 m。

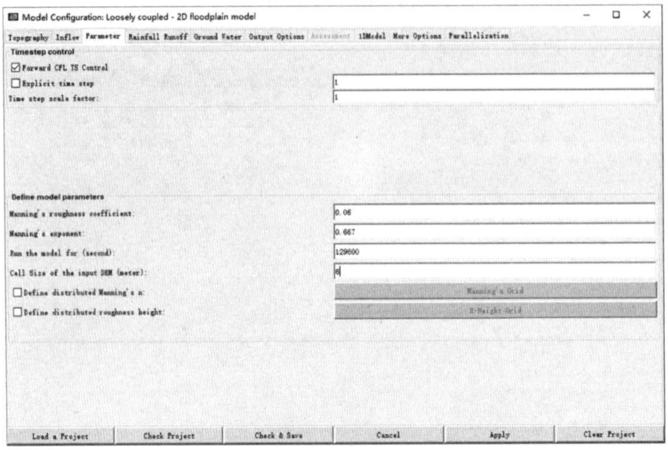

图 9.20　河流洪水模拟参数设置

9.5.4　设置模拟输出结果及路径

如图 9.21 所示，进入输出（Output Options）模块，选中左上角“Export on-screen image every（s）”选项，设置为每 300 s 输出一张模拟结果图片，点击下面的“Output Directory”按钮设置图片输出路径；选中右上角“Export hydrometrics every（s）”选项，设置为每 300 s 输出一个模拟结果数据，点击下面的“Output Directory”按钮设置结果输出路径，根据需要选择输出结果类型（淹没深度、流向、流量等），选中“Output D”选项输出淹没深度。

点击“运行”（Run）按钮运行模型，开始模型模拟进程，模拟窗口实时展示模拟进程和

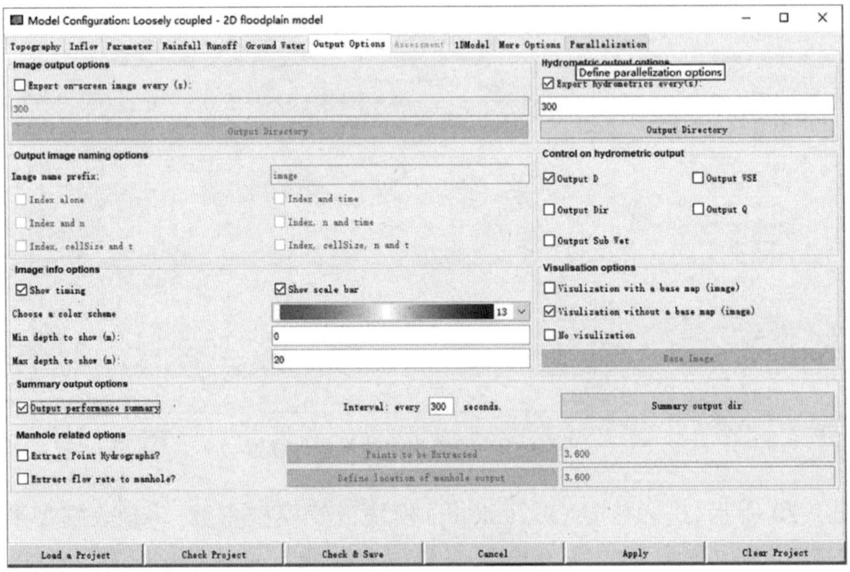

图 9.21　输出参数设置

参数(如图 9.22 所示),以及预计的模拟完成时间“Estimated to finish at:”。在运行过程中可以点击“停止”(Stop)按钮停止或“取消”(Cancel)按钮取消模拟进程。

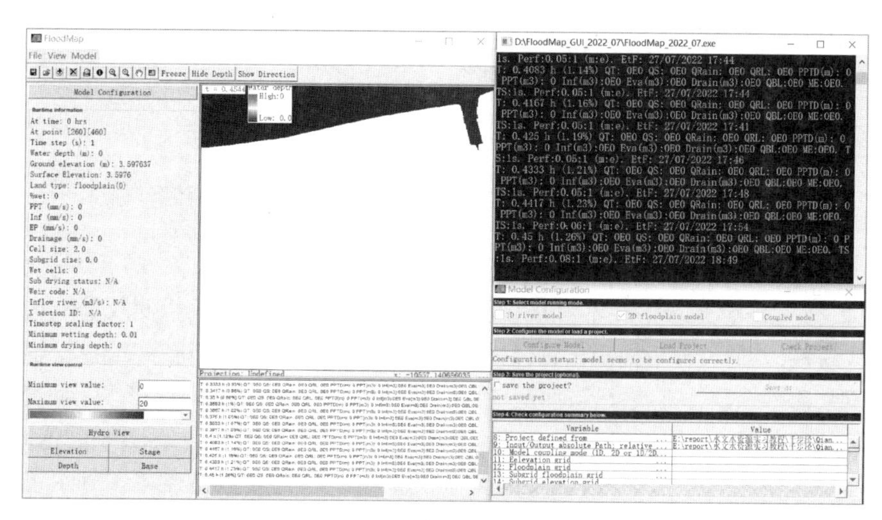

图 9.22 模型运行界面

在模拟完成后,关闭模型界面,打开存放模拟结果数据的文件夹,可以看到输出的时间序列淹没图片和模拟过程数据(ASCII 格式),模拟结果数据可以在 ArcGIS 中进一步做后处理、分析、展示、作图等操作,如图 9.23 所示。

图 9.23 河流洪水淹没模拟结果显示

彩图 9.23 河流洪水淹没模拟结果显示

第10章　水文与水资源遥感

10.1　概　　述

遥感即“遥远的感知”，指在不直接接触探测目标的情况下，应用探测仪器从远处记录目标的电磁波特性，并通过分析揭示出物体的特征性质及其变化（梅安新等，2001）。遥感技术具有快速、宏观、动态等显著特点，已被广泛应用于水体要素、水色参数监测等多个研究领域。

本章以 ENVI 5.3 版软件（ENVI 指环境可视化图像系统）和 Landsat-8 遥感影像为例，介绍获取水域范围、水位、蓄水量，以及反演叶绿素 a 浓度、悬浮物浓度等多种水色参数的方法和软件操作流程。

10.2　遥感影像预处理

用于软件操作演示的 Landsat-8 遥感影像是从美国地质调查局（USGS）官方网站下载的 2020 年 9 月 8 日覆盖太湖和淀山湖区域的 1 景 Landsat-8 OLI/TIRS Level-1 遥感影像，影像原始名称为“LC08_L1TP_119038_20200908_20200918_01_T1”。Landsat-8 Level-1 产品已经经过了辐射校正和几何校正，还需进行辐射定标和大气校正预处理步骤。

实习数据 3
遥感数据

10.2.1　辐射定标

遥感影像通常是由量纲一的数字量化值（digital number，DN）记录信息的。在进行遥感定量化分析时，需要用到辐射亮度值、反射率值或温度值等物理量。辐射定标就是将遥感影像的 DN 值转换为这些物理量的过程（梁顺林，2018）。辐射定标可以为大气校正做准备，定标符合单位要求的辐射量数据、转换数据顺序等。

ENVI 提供的定标工具（Radiometric Calibration）可以通过读取元数据文件将遥感图像定标为辐射亮度值、大气表观反射率和亮度温度（邓书斌等，2014）。下面以 Landsat-8 数据为例，介绍运用 Radiometric Calibration 工具定标辐射亮度值的操作步骤。

（1）在 ENVI 主界面中，依次选择“File”“Open”命令，打开需要定标图像的元数据文件，例如本例的“LC08_L1TP_119038_20200908_20200918_01_T1_MTL.txt”文件。

（2）在 Toolbox 工具箱中，双击“Radiometric Correction/Radiometric Calibration”工具。在选择输入文件（Select Input File）菜单中，选择多光谱数据“LC08_L1TP_119038_20200908

_20200918_01_T1_MTL_MultiSpectral”，如图 10.1 所示。

(3) 单击“确认”（OK）按钮，打开“Radiometric Calibration”选项卡，按照图 10.2 所示，设置相关参数。

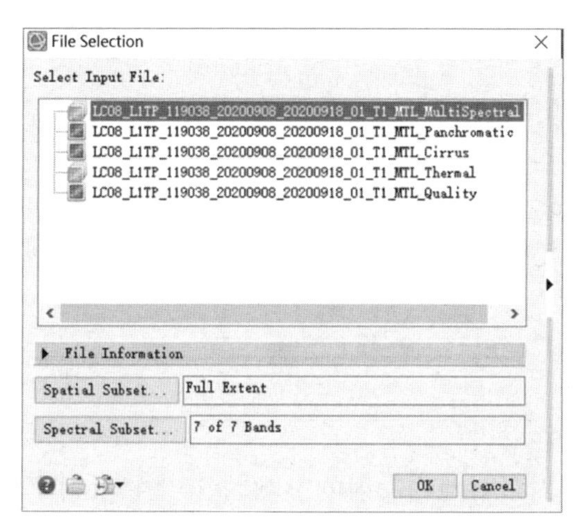

图 10.1 File Selection 选项卡

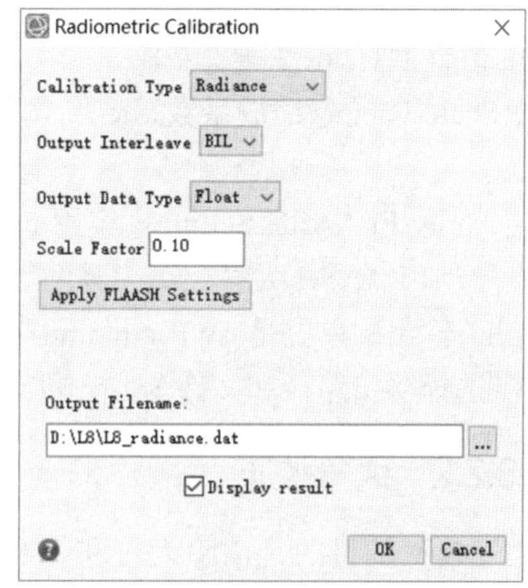

图 10.2 Radiometric Calibration 选项卡

① Calibration Type（定标类型）选项：包括辐射亮度值、大气表观反射率、亮度温度。

Radiance（辐射亮度值）：当数据每个波段包括 Gain 和 Offset 参数时，ENVI 自动从元数据文件中获取这些参数，并运用公式 10.1 进行定标。

$$L_\lambda = \text{Gain} * \text{DN} + \text{Offset} \tag{10.1}$$

式中：ENVI 默认 Gain 和 Offset 参数定标单位为 W/(m^2·μm·sr)，得到的辐射亮度值 L_λ 的单位为 W/(m^2·μm·sr)。

Reflectance（大气表观反射率）：如果数据的元数据文件中包括 Gain 和 Offset 参数、太阳辐照度（solar irradiance）、太阳高度角（sun elevation）和成像时间，就可以运用公式 10.2 进行定标。

$$\rho_\lambda = \frac{\pi L_\lambda d^2}{E_s \sin\theta} \tag{10.2}$$

式中：L_λ——辐射亮度值，单位为 W/(m^2·μm·sr)；

d——地球 – 太阳距离，单位为天文单位；

E_s——太阳辐照度，单位为 W/(m^2·μm·sr)；

θ——太阳高度角，单位为度。

Brightness Temperature（亮度温度）：用于计算 Landsat–8、ETM+ 和 TM 热红外图像的亮度温度，计算方法如公式 10.3 所示。

$$T = \frac{K_2}{\ln\left(\frac{K_1}{L_\lambda} + 1\right)} \tag{10.3}$$

式中：K_1 和 K_2——常量，从 Landsat 系列图像元数据文件中读取。

② Output Interleave（输出储存顺序）选项：BSQ 为按波段顺序存储，BIL 为按行顺序存储，BIP 为按像元顺序存储。

③ Output Data Type（输出数据类型）选项：有浮点型（Float）、双精度浮点型（Double）、无符号 16 位整型（Uint）3 种。

④ Scale Factor（缩放系数）选项：调整输出的辐射亮度值单位不是 W/(m^2·μm·sr) 的缩放系数。

⑤ Apply FLAASH Settings（应用 FLAASH 设置）按钮：这一参数是为了让定标的辐射亮度值符合 FLAASH 大气校正工具的数据要求，包括 BIL 存储顺序、浮点型数据类型、缩放系数（0.1），输出的单位是 μW/(cm^2·nm·sr)。

（4）选择输出路径和文件名，单击“确认”（OK）按钮，执行定标过程。

10.2.2　大气校正

大气校正的目的是消除大气和光照等因素对地物反射的影响，获得地物反射率、辐射率、地表温度等真实物理模型参数。ENVI 提供了多种大气校正模块，本章以 FLAASH 大气校正模块为例进行介绍。FLAASH 基于 MODTRAN5 辐射传输模型，该模型由光谱科学公司（Spectral Sciences，Inc.，缩写为 SSI）和美国空军实验室（Air Force Research Laboratory，缩写为 AFRL）共同研发。FLAASH 大气校正模块具有支持传感器种类多、算法精度高、不依赖同步测量的大气参数数据、能有效去除水蒸气和气溶胶散射效应、能矫正目标像元和邻近像元交叉辐射的“邻近效应”、操作简单等多种优点（邓书斌等，2014）。

以下以第 10.2.1 小节经过辐射定标的 Landsat-8 影像为例，介绍 FLAASH 大气校正的操作流程。

在 Toolbox 工具箱中，依次选择“Radiometric Correction”“Atmospheric Correction Module”“FLAASH Atmospheric Correction”工具，启动 FLAASH 模块，设置如图 10.3 所示的相关参数。

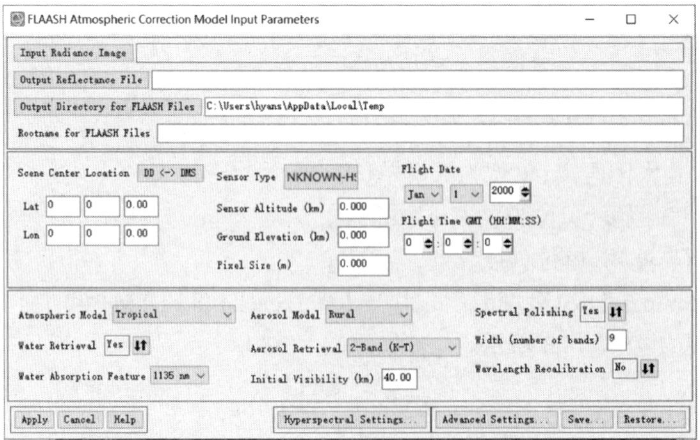

图 10.3　FLAASH Atmospheric Correction Model Input Parameters 选项卡

(1) Input Radiance Image 选项：选择辐射定标后的辐射亮度值数据，单击“确认”(OK)按钮，在弹出的“Radiance Scale Factors”对话框中选择“Use single scale factor for all bands”选项，并将“Single scale factor”选项设置为 1.000000，如图 10.4 所示。

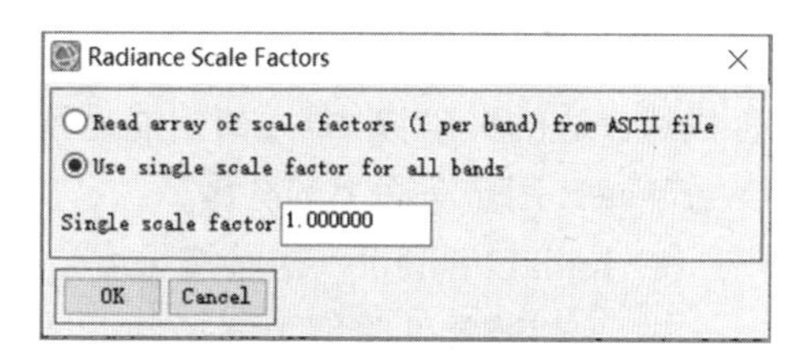

图 10.4 Radiance Scale Factors 对话框

(2) Output Reflectance File 选项：设置输出反射率文件名和路径。本例输出名称为“L8_reflectance”。

(3) Output Directory for FLAASH Files 选项：设置大气校正其他输出结果存储路径，例如水汽反演结果、云分类结果和日志等。

(4) 传感器与图像信息：可打开元数据文件“MTL.txt”，查看成像时间等参数；也可在图层管理器（Layer Manager）中单击 Landsat-8 影像图层右键选择“View Metadata”选项，浏览 time 字段获取成像时间。

① Lat（纬度）：31°44′17.22″N；Lon（经度）：120°23′35.4″E。

提示：ENVI5.0 SP3 及之后版本会自动从有坐标信息的图像中代入。

② Sensor Type（传感器类型）：Landsat-8 OLI。

③ Sensor Altitude（传感器飞行高度）：705。

提示：当选择传感器类型时，会自动添加该值。

Ground Elevation（图像区域平均海拔）：0.007。

提示：可从相应区域的 DEM 数据中获得平均高程值。

Pixel Size（空间分辨率）：30。

Flight Date（成像日期）：2020-9-8。

Flight Time（成像时间）：2 ∶ 31 ∶ 22。

(5) Atmospheric Model（大气模型）选项：Mid-Latitude Summer。

提示：ENVI 提供 6 种标准 MODTRAN 大气模型。它们分别为：亚极地冬季（Sub-Arctic Winter）、中纬度冬季（Mid-Latitude Winter）、美国标准大气（U. S. Standard）、亚极地夏季热带（Sub-Arctic Summer）、中纬度夏季（Mid-Latitude Summer）和热带（Tropical），一般根据图像中心纬度和成像日期确定其所属的大气模型。

(6) Aerosol Model（气溶胶模型）选项：Urban。

提示：ENVI 提供 5 种气溶胶模型。它们分别为：无气溶胶（No Aerosol），指不考虑气溶胶影响；乡村（Rural），指没有城市和工业影响的地区；城市（Urban），指混合 80% 乡村和 20% 烟尘气溶胶，适合高密度城市或工业地区；海面（Maritime），指海平面或者受海风影响的大陆区域，混合了海雾和小粒乡村气溶胶；对流层（Tropospheric），应用于平静、干净天气条件下（能见度大于 40 km）的陆地，只包含微量成分的乡村气溶胶。

(7) Aerosol Retrieval（气溶胶反演）选项：2-Band（K-T）。

提示：ENVI 提供 3 种气溶胶反演方法。它们分别为：None，在选择此项时，初始能见度

(Initial Visibility)值将用于气溶胶反演模型;2-Band(K-T),使用 K-T 气溶胶反演方法,在没有找到合适的黑暗像元时,初始能见度值(Initial Visibility)将用于气溶胶反演模型;2-Band Over Water,用于海面上的图像。

(8) Initial Visibility(初始能见度)选项:40。

提示:在通常的晴朗天气条件下,能见度范围为 40~100 km;在薄雾天气条件下,能见度范围为 15~40 km;在大雾天气条件下,能见度范围为≤15 km。

(9) Water Retrieval(水汽反演)选项:不执行水汽反演。

提示:多光谱数据由于缺少相应波段和较低的光谱分辨率不执行水汽反演,通常使用一个固定水汽含量值,可从 Water Column Multiplier 选项输入一个固定水汽含量值乘积系数,默认为 1.0。

(10) Multispectral Settings(多光谱设置)选项:在“Multispectral Settings”对话框中,依次选择“Kaufman-Tanre Aerosol Retrieval”“Defaults”“Over-Land Retrieval Standard(660 : 2100 nm)”命令,如图 10.5 所示。

(11) Advanced Settings(高级设置)选项:将文件大小(Tile Size)设置为 200,如果文件过大,系统就会弹出错误信息,这时系统需要重新设置,其他选项按照默认设置,如图 10.6 所示。

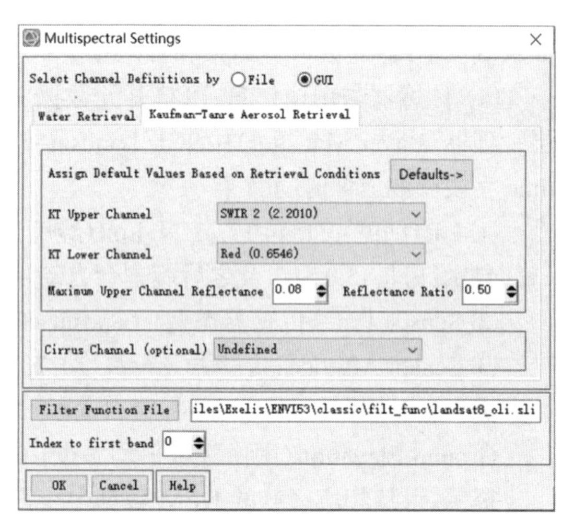

图 10.5 Multispectral Settings 选项卡

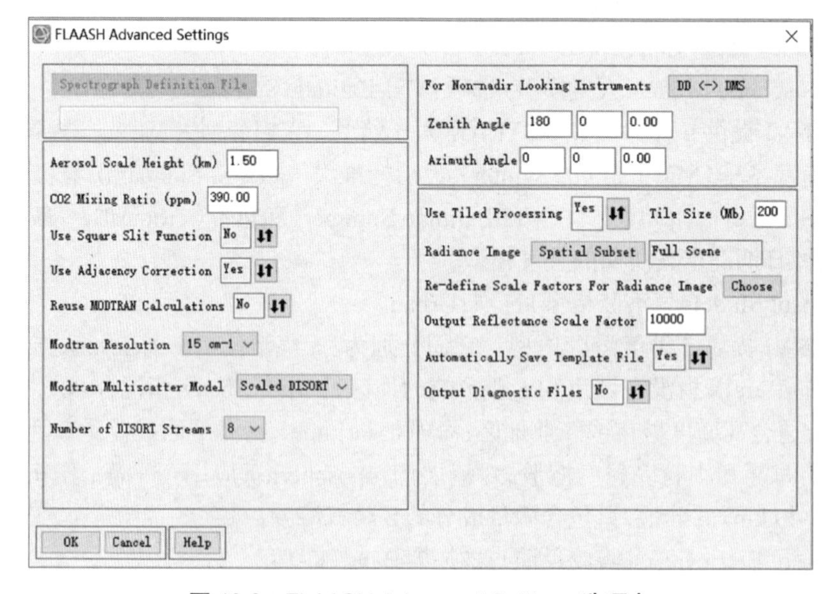

图 10.6 FLAASH Advanced Settings 选项卡

(12) 完成图 10.7 所示的设置，单击“应用”（Apply）按钮，执行 FLAASH 大气校正。

FLAASH Atmospheric Correction Model Input Parameters

Input Radiance Image D:\L8\L8_radiance.dat
Output Reflectance File D:\L8\L8_reflectance
Output Directory for FLAASH Files D:\L8\
Rootname for FLAASH Files

Scene Center Location DD <-> DMS
Lat 31 44 17.22
Lon 120 23 35.40
Sensor Type Landsat-8 OLI
Sensor Altitude (km) 705.000
Ground Elevation (km) 0.007
Pixel Size (m) 30.000
Flight Date Sep 8 2020
Flight Time GMT (HH:MM:SS) 2 : 31 : 22

Atmospheric Model Mid-Latitude Summer
Water Retrieval No
Water Column Multiplier 1.00
Aerosol Model Urban
Aerosol Retrieval 2-Band (K-T)
Initial Visibility (km) 40.00

Apply Cancel Help Multispectral Settings... Advanced Settings... Save... Restore...

图 10.7 FLAASH Atmospheric Correction Model Input Parameters 选项卡

10.3 水域范围

10.3.1 水体的光谱特征

图 10.8 显示了水体、土壤和植被的反射光谱曲线。在可见光范围内，水体的反射率总体上比较低，不超过 10%，其反射率在蓝绿光波段最高，在近红外和短波红外波段，清澈水体的反射率接近于 0，因此水体在影像上呈现暗色调。这种特征与植被和土壤等地物的反射光谱曲线形成明显差异，可以利用这一特征将水体和其他地物区分开来，这是在可见光和近红外波段提取陆地水体信息的基本原理。

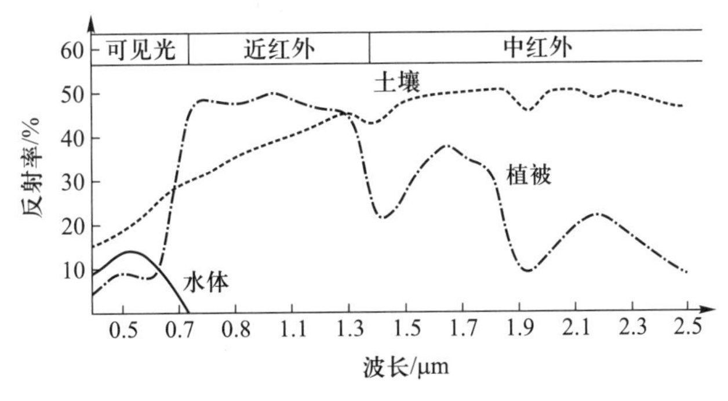

图 10.8 水体、土壤和植被的反射光谱曲线（根据 SEOS 项目）

10.3.2　水域范围提取方法

基于多光谱遥感影像的水域范围提取方法包括：单波段法、波段比值法，以及图像分类法等（刘元波等，2016）。

10.3.2.1　单波段法

单波段法也称为单波段阈值法，它根据水体与周围背景地物在某一波段上反射率的不同特点，对单个波段设置某一阈值，以区分水体和背景地物（王刚等，2008）。例如，水体在短波红外波段吸收最强，反射率几乎为零。因此可以在短波红外波段确定区分水体和其他背景地物的阈值，将小于该阈值的像元分为水体，将大于该阈值的像元分为其他类型。单波段法操作简单、易于使用，但易受“异物同谱”的影响而导致分类精度不高（刘元波等，2016）。

10.3.2.2　波段比值法

波段比值法选择水体的最强和最弱的反射波段，计算两者的比值，从而增强水体与其他地物的差异，强化水体信息在生成图像上的亮度，最终达到提取水体的目的。目前应用较广泛的波段比值法包括归一化差异水体指数（normalized difference water index，NDWI）（McFeeters，1996）和改进的归一化差异水体指数（modified normalized difference water index，MNDWI）（徐涵秋，2005）。

归一化差异水体指数（NDWI）的计算如公式 10.4 所示：

$$\text{NDWI}=(\text{Green}-\text{NIR})/(\text{Green}+\text{NIR}) \tag{10.4}$$

式中：Green 和 NIR——分别表示绿光和近红外波段的反射率，在 Landsat-8 影像中分别为第 3、5 波段。

改进的归一化差异水体指数（MNDWI）在 NDWI 的基础上，用中红外波段替代近红外波段，能更有效地增大水体与建筑物之间的差异，更利于水体信息的提取，其计算如公式 10.5 所示：

$$\text{MNDWI}=(\text{Green}-\text{MIR})/(\text{Green}+\text{MIR}) \tag{10.5}$$

式中：Green 和 MIR——分别表示绿光和中红外波段的反射率，在 Landsat-8 影像中分别为第 3、6 波段。

10.3.2.3　图像分类法等其他方法

这类方法包括图像分类法、密度分割法和谱间关系法等方法。其中的图像分类法又可以分为监督分类和非监督分类两大类（赵英时，2013）。相比之下，这些方法由于受分类精度等因素的制约，应用范围没有波段比值法广泛（刘元波等，2016）。

10.3.3　利用 Landsat-8 提取水域范围实例

本小节以改进的归一化差异水体指数（MNIWI）为例，介绍基于 Landsat-8 的水域范围提取操作流程。需要注意的是，没有经过大气校正的辐射亮度或者量纲为 1 的 DN 值数据不适合计算水体指数。

（1）打开 ENVI，打开并显示 10.2.2 中经过 FLAASH 大气校正后的 Landsat-8 影像

“L8_reflectance”。

(2) 在工具箱中,依次选择“Band Algebra” “Band Math”命令,双击弹出“Band Math”对话框,如图 10.9 所示,在“Enter an expression”选项卡中输入 MNDWI 数学表达式“(float(b3)–float(b6))/(float(b3)+float(b6))”。单击“Add to List”按钮,表达式出现在“Previous Band Math Expression”对话框中,单击“OK”按钮。

(3) 在弹出的“Variables to Bands Pairings”窗口中,按照图 10.10 所示,分别从“Available Bands list”列表中的“L8_reflectance”文件中选择对应的波段,并选择文件输出的路径和文件名称。

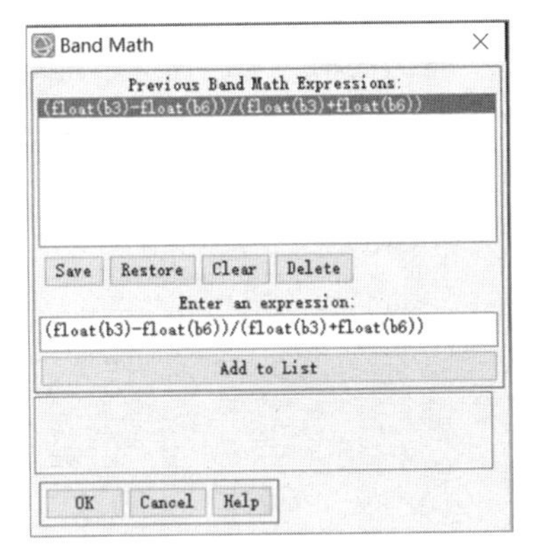

图 10.9 Band Math 对话框

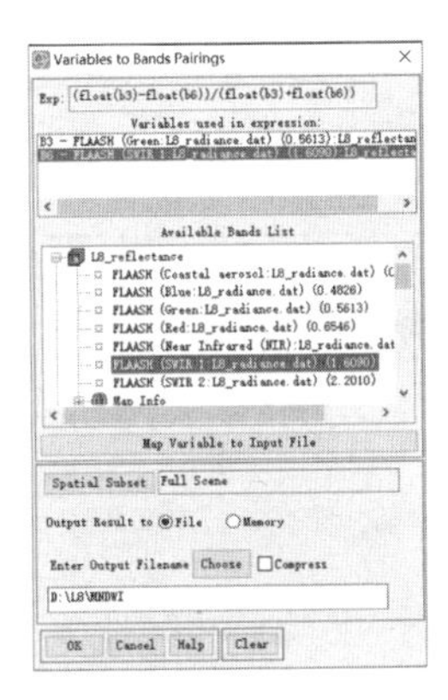

图 10.10 Variables to Bands Pairings 选项卡

(4) 如果单击“OK”按钮,那么 MNDWI 计算的结果如图 10.11 所示,其中白色(高亮度)代表水体。

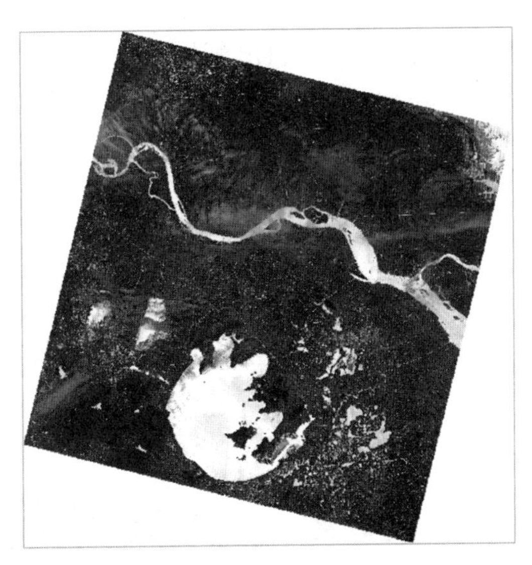

图 10.11 MNDWI 计算结果

(5) 针对通过以上计算所得到的 MNDWI 结果，对水体和其他典型地物的灰度值进行统计分析，例如，分析得到水体的分割阈值大于 0.5，因此，再次在工具箱中依次选择“Band Algebra”“Band Math”工具，双击弹出“Band Math”对话框，在“Enter an expression”对话框中输入“b1 gt 0.5”。单击“Add to List”按钮，如图 10.12 所示。

(6) 在弹出的“Variables to Bands Pairings”窗口中，从“Available Bands list”列表中选择 MNDWI 计算结果，并选择文件输出的路径和文件名称“MNDWIgt0.5”，如图 10.13 所示。

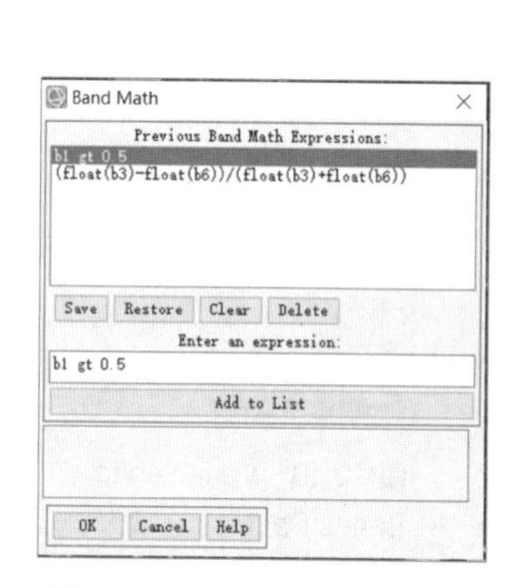

图 10.12　Band Math 对话框

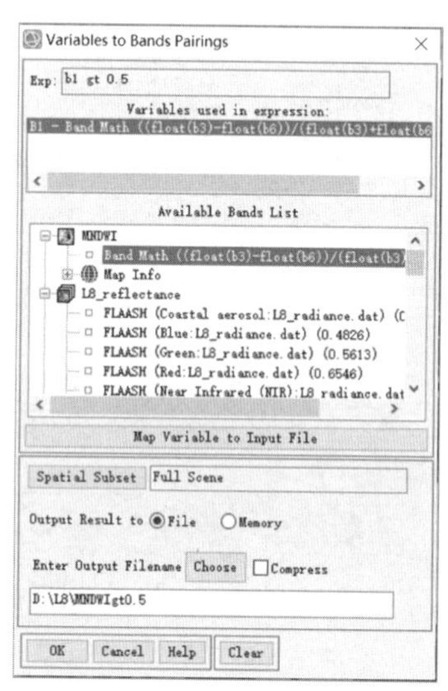

图 10.13　Variables to Bands Pairings 对话框

(7) 如果单击“OK”按钮，那么水体提取的结果“MNDWIgt0.5”如图 10.15 所示。

提示：如果打开“MNDWIgt0.5”时主窗口出现全黑色，那么可以通过调整亮度对比度，例如拖动图 10.14 上的滑块，显示所提取的水体图像。

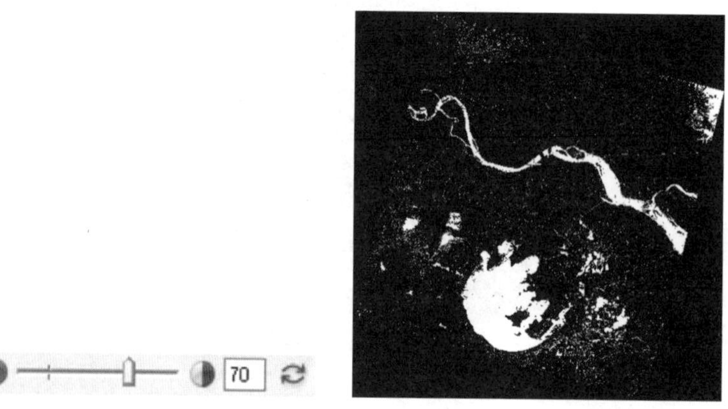

图 10.14　亮度对比调节菜单

图 10.15　水体提取结果

(8) 通过分析水体提取的结果,可以发现结果存在较多的孔洞和不连续问题,以及椒盐噪声。因此,可以对水体提取结果进行后续处理,例如,形态学滤波、去噪、栅格转矢量等操作。具体方法如下。

① 形态学滤波处理:在工具箱中,依次选择“Filter”“Convolutions and Morphology”工具,双击弹出“Convolutions and Morphology Tool”选项卡,单击“Morphology”按钮,弹出下拉菜单,选择“Closing”(闭运算滤波)选项,如图 10.16 所示;弹出闭运算窗口,如图 10.17 所示;单击“Apply to File”按钮,弹出“Morphology Input File”窗口,如图 10.18 所示,选择参与闭运算的文件;单击“OK”按钮,弹出对水体进行形态学滤波后的处理结果,如图 10.19 所示。通过分析图 10.19,可以发现水体中的部分孔洞和不连续被填充。

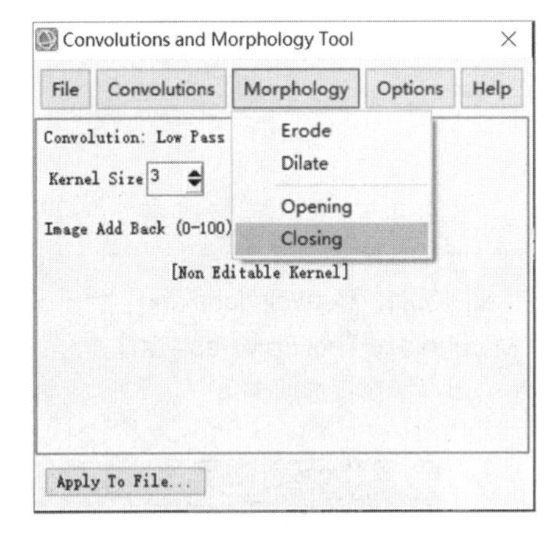

图 10.16 Convolutions and Morphology Tool Closing 运算选项卡

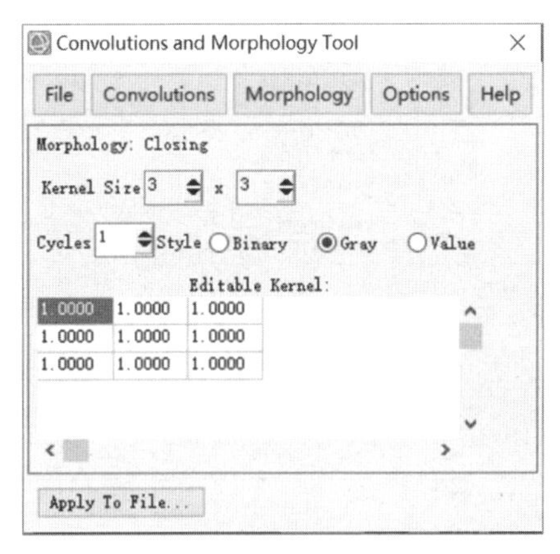

图 10.17 Convolutions and Morphology Tool Closing 运算窗口选项卡

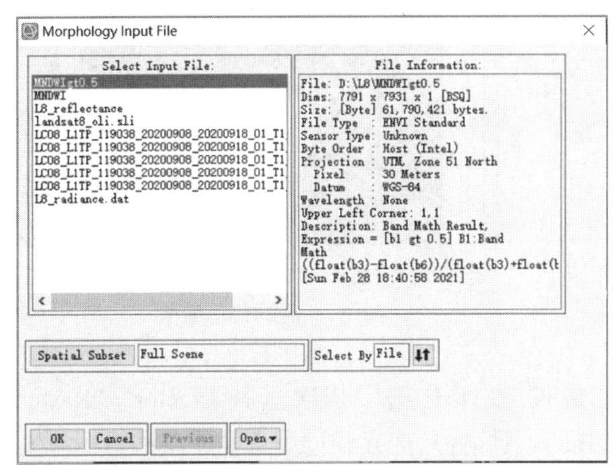

图 10.18 Morphology Input File 选项卡

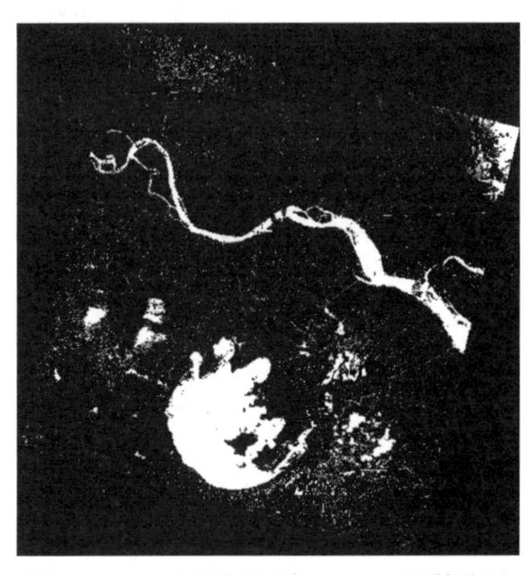

图 10.19 对水体进行 Closing 运算滤波后的处理结果

② 卷积滤波处理：在“Convolutions and Morphology Tool”工具中，依次选择“Convolutions”“Low Pass”选项，如图 10.20 所示；弹出“Low Pass”（低通滤波）运算窗口，如图 10.20 和图 10.21 所示；单击“Apply to File”按钮，弹出“Convolution Input File”选项卡，如图 10.22 所示，选择参与低通滤波运算的文件；单击“OK”按钮，弹出进行低通滤波处理后的结果，如图 10.23 所示。通过分析图 10.23，可发现水体结果中的部分椒盐噪声（零散分布的高亮像元或像元集合）被消除。如果结果中的噪声过多，那么可以进行多次卷积滤波处理。

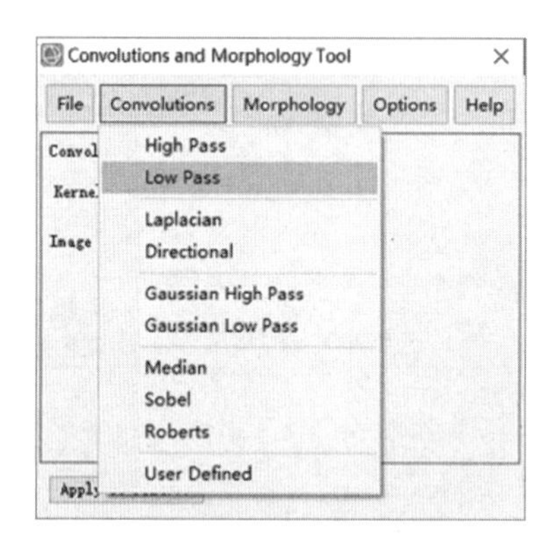

图 10.20　Convolutions and Morphology Tool Low Pass 选项卡

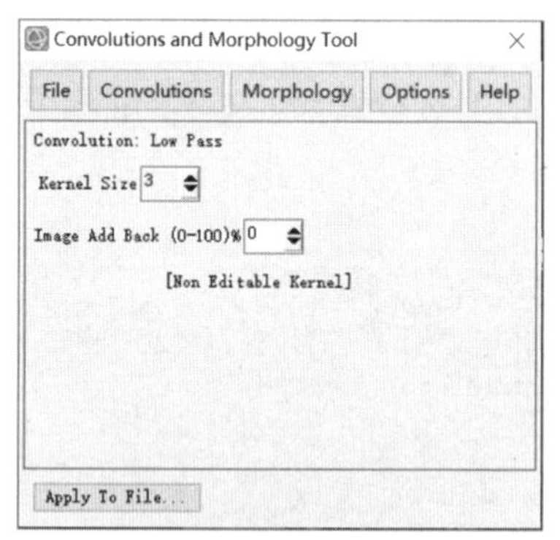

图 10.21　Convolutions and Morphology Tool Low Pass 运算窗口选项卡

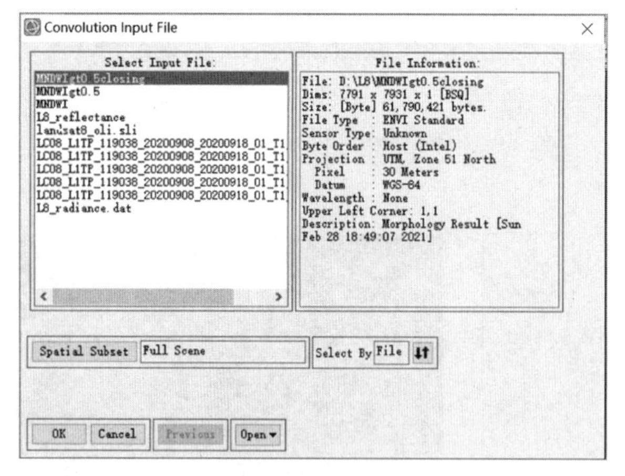

图 10.22　Convolution Input File 选项卡

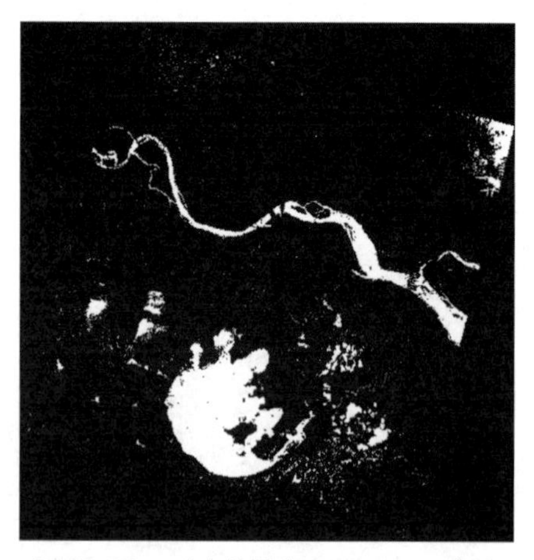

图 10.23　对水体进行 Low Pass 滤波后的处理结果

③ 将栅格格式的水体转换为矢量格式：在工具箱中依次选择“Vector”“Raster to Vector”选项，打开“Raster to Vector Input Band”对话框，选择经过形态学滤波和卷积滤波处理后的水体结果，如图 10.24 所示，单击“OK”按钮；打开“Raster to Vector Parameters”对话框，如图 10.25 所示，输入需要转为矢量的类别 DN 值，例如，本例中 DN 值为 1 表示水体，设

置输出路径及文件名，单击“OK”按钮，将栅格格式水体转换为 EVF 格式矢量文件；随后还可利用“Vector”“Classic EVF to Shapefile”命令，将 EVF 格式转换成 Shapefile 格式的矢量文件，如图 10.26 所示。

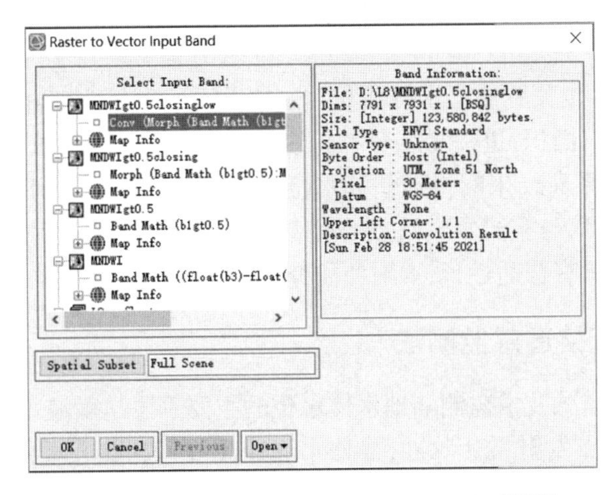

图 10.24 Raster to Vector Input Band 对话框

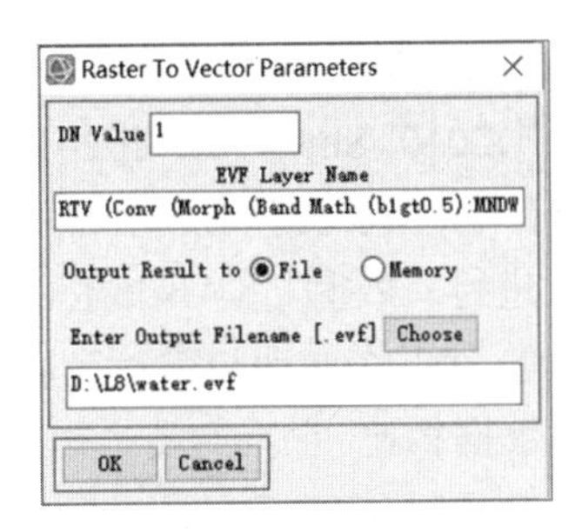

图 10.25 Raster to Vector Parameters 对话框

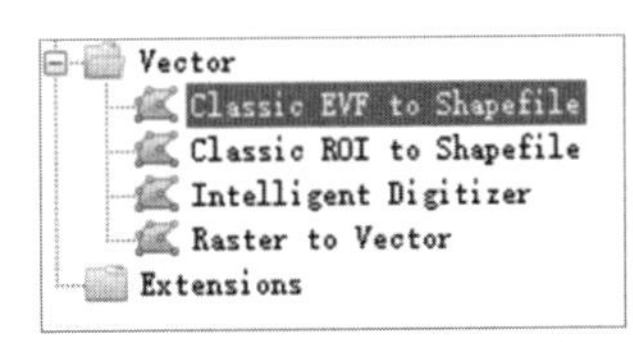

图 10.26 EVF 格式转 Shapefile 格式工具

10.4 水　　位

目前利用遥感技术监测水位所涉及的方法主要包括光学间接遥感反演法、微波直接遥感监测法和多传感器联合反演法(刘元波等，2016)。

10.4.1 光学间接遥感反演法

光学间接遥感反演法主要通过光学遥感影像获取的水体属性信息间接地推算水位信息。例如，湖泊水位与面积之间存在相对固定的数理统计关系，如果能够从光学遥感影像中获取到水域面积数据，就可以利用此关系推算得到湖泊水位。利用光学遥感影像提取陆表水体水位的方法可分为遥感影像法和水域面积－水位关系法(刘元波等，2016)。

(1) 遥感影像法。遥感影像法通过将从光学遥感影像中获取的水域分布数据与 DEM 地形数据相叠加,获取水陆交接处的高程值,作为其水位值(宋平等,2011)。DEM 叠置法虽然操作简单,但是在地形较为复杂或植被覆盖较多的地区误差较大,并且在很大程度上取决于 DEM 地形数据的精度(Alsdorf, et al., 2007),因此更适用于湖盆变化平缓的区域,在实际应用中并不广泛。

(2) 水域面积 – 水位关系法。水域面积 – 水位关系法利用多时相遥感影像获取湖泊或水库在不同时期的水域面积,进一步结合水文站点观测资料建立水域面积 – 水位关系曲线,从而根据所建立的关系曲线来间接地估算水位(宋平等,2011)。利用水域面积 – 水位关系法估算得到的水位精度,与实测水文站点的代表性及资料的充分程度有关。此外,湖泊的水域面积 – 水位关系不具有普适性,需要对所研究的水体进行单独建模(Smith, 1997)。

10.4.2　微波直接遥感监测法

利用主动式微波遥感技术监测陆地水体水位的主要手段是微波雷达高度计,其原理为:测量仪器主动向星下点发射雷达脉冲,根据水面回波反射到接收器的往返时间,计算卫星平台(高度计天线)至星下点水面之间的垂直距离,最终结合卫星轨道高度,提供相对于某个参考椭球面的点位高程数据(刘元波等,2016)。可用于陆地水体水位监测的雷达测高卫星包括 Janson–1、Janson–2、Jason–3、Topex/Poseidon(T/P)、ENVISAT RA–2, SARAL/Altika、Sentinel–3 等(Medina, et al., 2010; Lemoine, et al., 2010; Shu, et al., 2020)。虽然雷达高度计可直接监测水位,但是其观测范围"足迹"十分有限,仅仅提供了有限的且非连续的信号覆盖区,不能对湖泊或水库任意空间位置上的水位进行有效测量(Alsdorf, et al., 2007)。

激光雷达高度计也被用于探测陆地水体水位,其工作原理与雷达高度计相似,工作波段为可见光波段和近红外波段。与其他雷达测高数据相比,它具有覆盖范围广、采样密集、垂直分辨率高等特点(Zwally et al., 2002)。星载激光雷达高度计主要包括 2003 年发射成功的 ICEsat–1 和 2018 年发射成功的 ICEsat–2。

需要注意的是,雷达高度计在内陆水体高度测量应用中受到一定的制约:一是受到陆地水体大小的限制,微波雷达高度计水体测量一般要求所研究的水域宽度超过 1 千米数量级,而激光雷达中的 ICEsat–1 需要水域宽度超过 70 m(Alsdorf, et al., 2007);二是陆地地形的复杂性,会导致微波雷达回波容易受到其他地物的影响(Birkett, et al., 2002);三是激光雷达相对而言比较容易受到天气影响,在有浓雾和云层干扰的情况下,可能存在数据丢失或者测量数据严重偏差的状况(Shu, et al., 2018)。

10.4.3　多传感器联合反演法

单一测高卫星由于受到卫星轨道、往返周期等因素限制,在测量水位时存在一定的局限性。例如,单一高度计的脚印点(footprint)间隔较大,落在湖泊或水库表面的脚印点相对有限,在数据获取的空间分辨率上存在明显不足;此外,已有的测高卫星重复周期较长,在数据获取的时间分辨率上也存在一定的限制(Kim, et al., 2009)。随着多源、多代卫星测高数据的积累,联合多种卫星传感器数据进行水位监测能够充分利用各种高度计的优点,大大提高水位的时空分辨率,成为未来水位遥感监测技术的发展趋势。

10.5 蓄 水 量

目前,遥感反演陆地蓄水量应用较多的方法有水域面积 – 水位关系法、重力卫星法(刘元波等,2016)。

10.5.1 水域面积 – 水位关系法

利用遥感获取水域面积和水位参数,再结合数字高程模型估算地表蓄水量的原理如图 10.27 所示,蓄水量的计算方法如公式 10.6 所示。

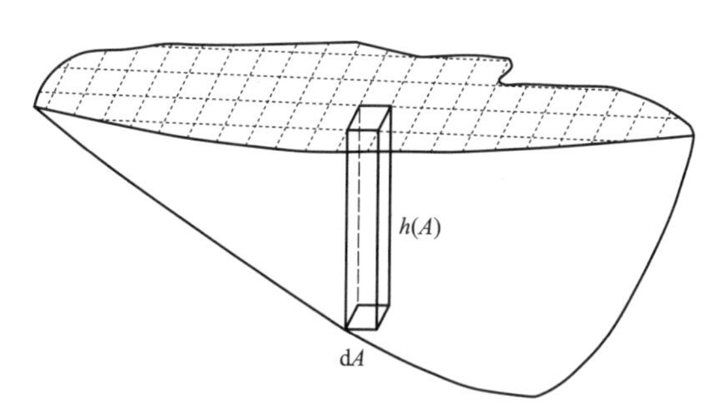

图 10.27 水域面积 – 水位关系法计算蓄水量原理图(刘元波等,2016)

$$S = \int_0^h A(h)\mathrm{d}h = \int_0^A h(A)\mathrm{d}A \tag{10.6}$$

式中:S——地表水量(m^3);

h——水位(m);

A——水域面积(m^2)。

A 和 h 彼此互为函数。估算陆地水量的一种简单直接的方法是获取 A 和 h。如果已经获取了湖底的数字高程模型,那么 S 便可由 A 和 h 估算出来。

随着遥感技术的发展,水域面积 – 水位关系法已经得到了广泛的应用。由于湖底的 DEM 难以获取,因此人们很难精确估算出陆地水体的绝对蓄水量。因此,在实际研究中,人们通常更关注地表蓄水量的变化量。

10.5.2 重力卫星法

利用重力卫星数据反演得到的陆地蓄水量是指包括陆表水体和地下水在内的广义蓄水量。常用的重力卫星有 GRACE、CHAMP 和 GOCE。GRACE 卫星于 2002 年 3 月发射,利用 GRACE 卫星观测资料解算的地球重力场模型可以反映 300 km × 300 km 空间尺度上的地球重力场变化。从地球重力场的变化中去除地壳物质移动、大气运动、洋流和潮汐等因素的影响后，便可得到陆地水储量的变化（冉艳红，2021），其适合应用于上千千米及以上尺度区域的水储量变化监测。2018 年 5 月，继 GRACE 重力卫星停止工作一年之后，GRACE-FO（GRACE Follow-On）重力卫星成功发射，旨在接替 GRACE 重力卫星继续监测地球水运动和地球表面物质变化。

10.6 水 色 参 数

水体水色参数主要包括浮游植物、悬浮物质和有色可溶性有机物等。这些水色参数含量的变化，会引起水体生物光学特性和水面反射率的改变。一般而言，先利用遥感传感器获取水面光谱，然后根据水色要素与水面光谱特征的关系，利用经验模型、半经验模型、神经网络模型、物理机理模型等方法提取水体叶绿素浓度、悬浮物含量、透明度等水环境参数（李云梅等，2010）。具体方法如下。

(1) 经验模型法。经验模型法是基于经验或遥感波段数据与地面实测数据的相关统计分析，选择最优波段或波段组合与水环境参数实测值建立统计回归模型，从而反演水环境参数的方法。

(2) 半经验模型法。半经验模型法是根据水环境参数光谱特征，结合统计分析，确定用于水环境参数反演的波谱范围、波段、波段组合等，从而建立遥感数据和水环境参数间的定量经验计算法。半经验模型法虽然缺乏物理机理的解释，但是简单适用，是目前应用最多的方法。

(3) 神经网络模型法。与统计模型回归相比，神经网络模型的自适应性、自组织性和容错性，使其在模拟光谱反射率（或辐亮度值）与水体组分之间的错综复杂的关系中表现出一定的优势。神经网络模型用已知的多对参数值或观测值进行学习训练，经多次反馈和自学习后，确定网络的最优化结构，最终反演未知参数。神经网络模型法尽管能够解决非线性关系的参数反演问题，但是由于它需要大量样本数据进行神经网络训练，因此它的推广应用具有一定的局限性。

(4) 物理机理模型法。物理机理模型以辐射传输理论为依据，根据水体组分如悬浮物、叶绿素、纯水等的吸收、散射等光学特性，结合信息获取时的环境因素，如太阳辐射入射角和反射角、水面粗糙度等，建立水体反射光谱的模拟模型，进而实现水质参数的反演。虽然物理机理模型的建立充分考虑了辐射光束与水体内介质的相互作用机理，但是这种模型需要大量的实测水体光学特性参数，由于这些参数难以获取，并且变化较大，所以该方法目前主要还处于研究阶段，较难在水环境遥感监测中大量应用。

下面介绍叶绿素 a 浓度（Chl-a）、悬浮物含量、总氮含量等多种水色参数遥感反演的半经验模型原理和方法。

10.6.1 叶绿素 a 浓度

叶绿素 a 是浮游植物或藻类植物中最丰富的色素，它的浓度是藻类浓度、种类等的重要指标。通常用单个波段、波段比值、波段差值等遥感指标建立叶绿素定量遥感模型。其中应用比较广泛的是波段比值法，即根据两个波段的比值，建立线性回归方程。为了计算方便，常用叶绿素 a 含量代替叶绿素 a 浓度。

(1) 根据两个波段的比值，建立线性回归方程：

一阶线性回归方程形式：

$$C_{\mathrm{chla}} = a_1 + a_2 \times \frac{R(n_1)}{R(n_2)} \tag{10.7}$$

式中：C_{chla}——叶绿素 a 含量($\mathrm{mg/m^3}$)；

a_1、a_2——回归系数；

$R(n_1)$、$R(n_2)$——传感器两个不同波段的遥感信息(n_1、n_2 表示中心波长)，通常选择叶绿素的特征吸收谷和反射峰所在波段。

特征吸收谷通常选 675 nm 附近波段，特征反射峰通常选 700 nm 附近波段(Iluz et al., 2003)。

二阶线性回归方程形式(疏小舟等，2000)：

$$C_{\mathrm{chla}} = a_1 + a_2 \times \frac{R(n_1)}{R(n_2)} + a_3 \times \left(\frac{R(n_1)}{R(n_2)}\right)^2 \tag{10.8}$$

式中：n_1=705 nm；

n_2=675 nm。

(2) 针对不同波段建立多元线性回归方程(陈晓翔等，1995)：

$$C_{\mathrm{chla}}=a_1 \times R(n_1)+a_2 \times R(n_2)+a_3 \times R(n_3)+a_4 \times R(n_4) \tag{10.9}$$

式中：C_{chla}——叶绿素 a 含量($\mathrm{mg/m^3}$)；

a_1、a_2、a_3、a_4——回归系数；

$R(n_1)$、$R(n_2)$、$R(n_3)$、$R(n_4)$——传感器的不同波段(n_1、n_2、n_3、n_4 表示中心波长)的遥感信息。

(3) 建立反射峰位置与叶绿素含量对数值的线性回归方程(疏小舟等，2000)：

$$\lg C_{\mathrm{chla}}=a_1+a_2\lambda_{\max} \tag{10.10}$$

式中：$\lambda_{\max}$——第 n 波段附近反射峰的位置(nm)。

该模型只适用于高光谱数据。

(4) 对不同波段或波段组合进行处理(如加、减、乘、除、取对数)后，建立回归方程：

$$C_{\mathrm{chla}}=a_1 \times x+a_2 \tag{10.11}$$

式中：x——处理后的值（佘丰宁和李旭文，1996；陈楚群等，1996）。

例如：

$$C_{\text{chla}} = 0.035\ 013x_1 - 0.366\ 984,\ x_1 = TM_3 \times TM_4 \tag{10.12}$$

$$C_{\text{chla}} = 0.114\ 975x_2 - 0.387\ 297,\ x_2 = \frac{TM_3 \times TM_4}{\ln TM_1} \tag{10.13}$$

$$C_{\text{chla}} = 0.130\ 428x_3 - 0.382\ 138,\ x_3 = \frac{TM_3 \times TM_4}{\ln(TM_1 + TM_2)} \tag{10.14}$$

$$C_{\text{chla}} = 0.213\ 500x_4 - 0.405\ 492\ 4,\ x_4 = \frac{TM_3 \times TM_4}{\ln(TM_1 \times TM_2)} \tag{10.15}$$

（5）指数回归模型（佘丰宁和李旭文，1996；Gitelson，1992）：

$$C_{\text{chla}} = aZ^b \tag{10.16}$$

式中：$Z = \frac{R_{\text{active}}}{R_{\text{reference}}}$，

$R_{\text{active}} = R_{700}$，

$R_{\text{reference}} = R_{560}$ 或 R_{675}。

（6）利用植被指数建立回归模型（李云梅等，2010）：

$$C_{\text{chla}} = a_1 \times \theta + a_2 \tag{10.17}$$

式中：θ——植被指数。

10.6.2　悬浮物浓度

悬浮物是指不能通过孔径为 0.45 μm 的滤膜的固体物，常悬浮在水流之中，其含量的多少直接影响水体透明度、浑浊度、水色等光学性质。为了计算方便，常用悬浮物含量代替悬浮物浓度。水中的悬浮物主要是泥沙，所以悬浮物可以称为悬浮泥沙。悬浮物含量反演的常用算法模式有线性模式、对数模式、Gordon 模式、负指数模式及统一模式等（李云梅等，2010）。具体参数如下。

（1）线性模式：

$$S = A + BR \tag{10.18}$$

式中：R——敏感波段的水体反射率；

S——水面悬浮泥沙含量；

A、B——待定系数。

该算法只适用于含量较低的悬浮泥沙水体。

（2）对数模式：

$$R = A + B\lg S \text{ 或 } S = 10^{\frac{K-A}{B}} \tag{10.19}$$

式中：R——敏感波段的水体反射率；

S——水面悬浮泥沙含量；

A、B——待定系数。

在悬浮泥沙含量不高的情况下，该式能真实地反映悬浮泥沙含量和卫星数据的关系。

(3) Gordon 模式：

$$R = C + \frac{S}{A + BS} \quad 或 \quad S = \frac{A}{\left(\frac{1}{R - C} - B\right)} \tag{10.20}$$

式中：R——敏感波段的水体反射率；

S——水面悬浮泥沙含量；

A、B、C——待定系数。

该式的适用区间包括低含沙量区和高含沙量区。

(4) 负指数模式：

$$R=A+B(1-e^{-DS}) \text{ 或 } S=A+B\ln(D-R) \tag{10.21}$$

式中：R——敏感波段的水体反射率；

S——水面悬浮泥沙含量；

A、B、D——待定系数。

该式在很大程度上克服了估算误差随悬浮泥沙含量增大而增加的弱点，并可以近似地概括线性模式和对数模式。

(5) 统一模式：

$$R = A + B\left(\frac{S}{G + S}\right) + C\left(\frac{S}{G + S}\right)e^{-DS} \tag{10.22}$$

式中：R——敏感波段的水体反射率；

S——水面悬浮泥沙含量；

A、B、C、D、G——待定系数。

该模式在一定条件下包含了 Gordon 模式和负指数模式。

10.6.3 其他水色参数

遥感技术也应用到了有色可溶性有机物（CDOM）、总磷（TP）、总氮（TN）、化学需氧量（COD）、生物需氧量（BOD）、透明度（SD）等多种水色参数的反演研究当中。

遥感反演 CDOM 含量常用的模式有两类：一类是直接提取含量信息的模式，在此类模式中，CDOM 含量常以溶解性有机碳的含量来表征；另一类是计算 CDOM 在某一特征波段的吸收系数，然后用吸收系数来表示 CDOM 含量（李云梅等，2010）。

总氮、总磷等水色参数反演方法主要分为直接反演和间接反演。直接反演是指通过传感器获取的离水辐亮度或遥感反射率直接计算其含量值。间接反演是指先由离水辐亮度或遥感反射率反演主要水色参数浓度如叶绿素 a、悬浮物和有色溶解有机物的含量，再依据水体物质含量之间的相关关系求得其他水色参数含量(刘瑶等，2013)。

10.6.4　利用 Landsat-8 反演叶绿素 a 含量实例

10.6.4.1　裁剪淀山湖区域

本案例的研究区域为淀山湖，首先对经过预处理的遥感影像进行裁剪，获取淀山湖区域影像。操作步骤如下：

(1) 打开经过定标和大气校正后的图像。

(2) 在主界面中，依次选择“File”“Save As”命令。

(3) 在打开的“File Selection”选项卡中，如图 10.28 所示，选择图像文件，单击“Spatial Subset”按钮，在右侧打开的选项卡中单击“Subset By Vector”按钮，在打开的对话框中选择提前准备好的淀山湖区域矢量文件“dianshanriver.shp”，单击“OK”按钮。回到“File Selection”选项卡，单击“OK”按钮，如图 10.29 所示。

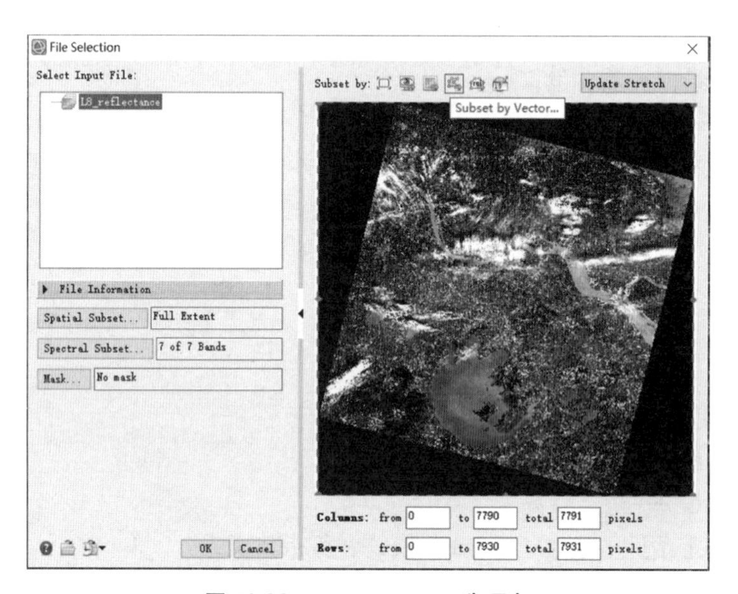

图 10.28　File Selection 选项卡

(4) 在打开的“Save File As Parameters”选项卡中，设置输出格式为 ENVI，设置输出路径和文件名“dianshanriver”，单击“OK”按钮，完成图像裁剪处理。

提示：裁剪功能也可以在 Toolbox 工具箱中的“Regions of Interest”“Subset Data from ROIs”命令中实现。

10.6.4.2　反演叶绿素 a 含量

本实例选择波段比值法反演叶绿素 a 含量，反演模型见公式 10.7。

(1) 获取采样点位置反射率

在 ENVI 中打开经过预处理和裁剪的淀山湖区域的图像“dianshanriver”。

在 Toolbox 工具箱中，依次选择“Band Algebra”“Band Math”工具，如图 10.30 所示，在“Enter an expression”对话框中输入表达式：float(b5)/b4，单击“Add to List”按钮，再单击“OK”按钮。

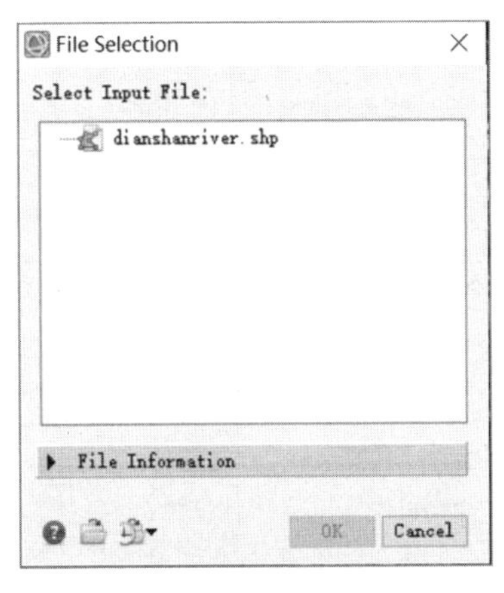

图 10.29 File Selection Select Input File 选项卡

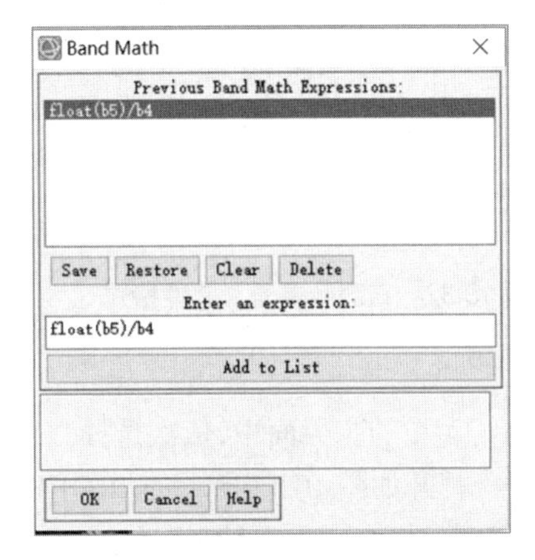

图 10.30 Band Math 选项卡

如图 10.31 所示，在打开的“Variables to Bands Pairings”选项卡中，分别为 b5 和 b4 变量选择波段 5 和 4，设置输出路径和文件名，单击“OK”按钮，计算得到比值图像“dianshanriver_B5B4”。

(2) 整理采样点实测数据

本实验需要结合实地调查数据，建立水面采样点实测叶绿素含量与采样点所对应的影像像元值在空间上的一一对应关系，从而求解公式 10.7 中的参数 a_1 和 a_2，再利用建立好的公式反演研究区域所有像元的叶绿素 a 含量。实地调查数据包括水面采样点的编号、经度、纬度，以及叶绿素 a 含量，采用图 10.32 所示的格式保存为 .txt 文件。本实验采样点实测数据名为“insitu_chla.txt”。

(3) 提取采样点对应像元位置的 B5/B4 值

在“ENVI Classic”主界面中，依次选择“File”“Open Image File”命令，打开“dianshanriver_B5B4”，并在“Display”菜单的主界面中显示该图像。

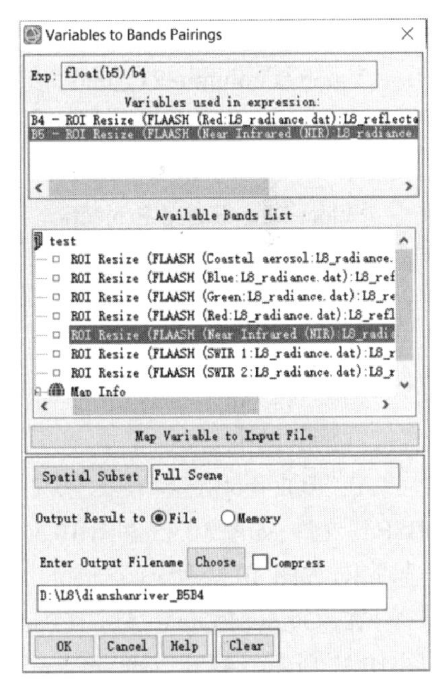

图 10.31 Variables to Bands Pairings 选项卡

*insitu_chla.txt - 记事本

文件(F) 编辑(E) 格式(O) 查看(V) 帮助(H)

ID	Lat	Long	Chla (mg/m3)
1	31.140569	120.940991	0.1529
2	31.176665	120.974921	0.1542
3	31.156951	120.977803	0.1635
4	31.147430	120.962181	0.1503
5	31.136146	120.962657	0.1495
6	31.140122	121.004062	0.1787
7	31.130534	120.983989	0.1603
8	31.115518	120.990751	0.1559
9	31.102825	120.978482	0.1511
10	31.097724	120.961837	0.1531

图 10.32　实测叶绿素 a 文件格式

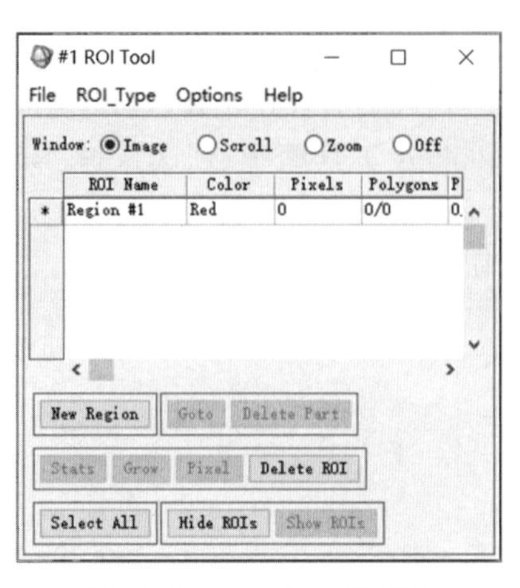

图 10.33　ROI Tool 选项卡

在“Display”菜单的主界面中，依次选择“Overlay”“Region of Interest”命令，打开如图 10.33 所示的“ROI Tool”选项卡。

在“ROI Tool”选项卡中，依次选择“ROI_Type”“Input Points from ASCII”命令，选择采样点实测文件“insitu_chla.txt”，按照图 10.34 所示内容设置相关参数。图 10.34 中四个关键参数的意义如下：

X points column：3（选择经度：3）；

Y points column：2（选择纬度：2）；

These points comprise：Individual Points（点集组成类型：个体点）；

Select Map Based Projection：Geographic Lat/Lon（选择地图基准投影：地理经纬度）。

提示：投影坐标与实测数据中坐标值的投影参数需要保持一致。

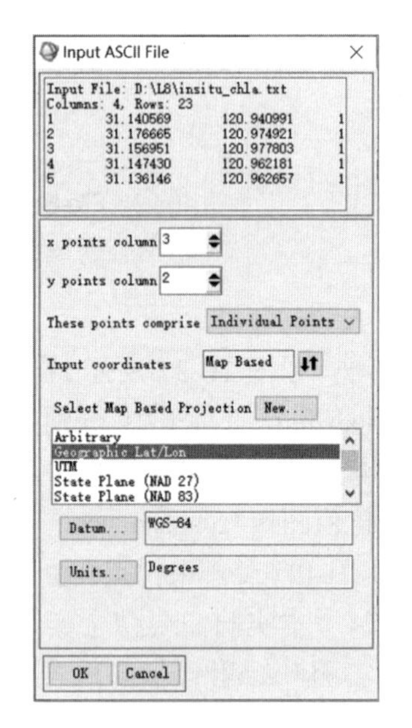

图 10.34　Input ASCII File 选项卡

当设置好相关参数后，单击“OK”按钮就可将实测数据信息加载到图像中。

在“ROI Tool”选项卡中，依次点击“File”“Output ROIs to ASCII”按钮，选择“dianshanriver_B5B4”文件，如图 10.35 和图 10.36，点击“OK”按钮，打开“Output ROIs to ASCII Parameters”选项卡，如图 10.37 所示。

在“Output ROIs to ASCII Parameters”选项卡中，选择“Edit Output ASCII Form”按钮，如图 10.37 所示。打开“Output ROI Values to ASCII”选项卡，勾选“Point #（unique ID）”“Geo Location”“Band Value”选项，如图 10.38 所示。

通过以上操作，便可将水面调查点与 B5/B4 对应的像元值导出为 txt 格式的文件。本实

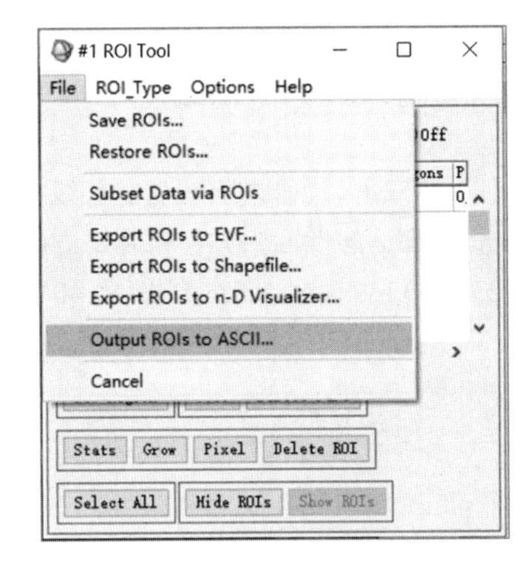

图 10.35　Output ROIs to ASCII 选项卡

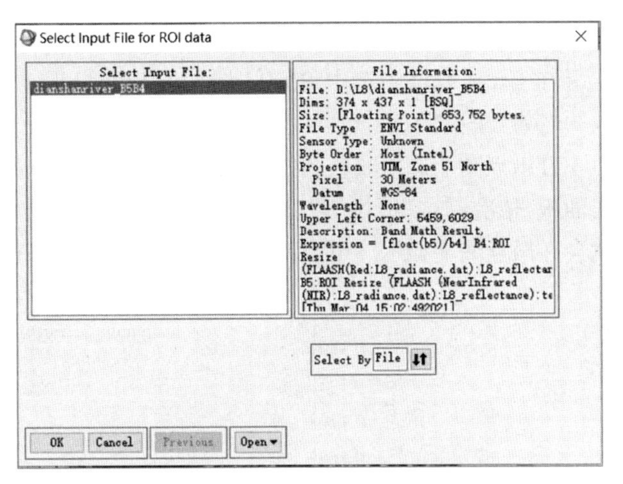

图 10.36　Select Input File for ROI data 选项卡

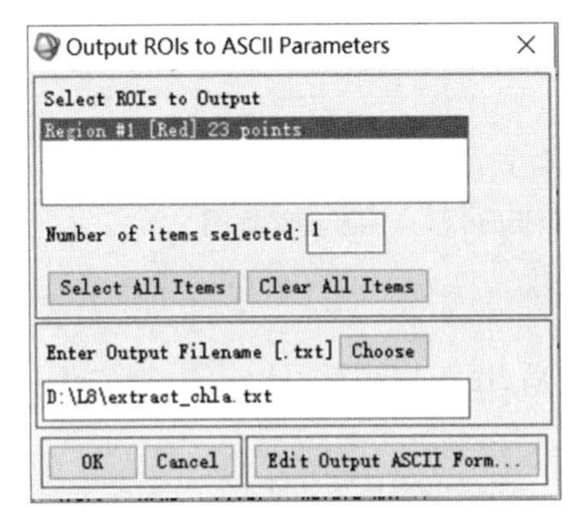

图 10.37　Output ROIs to ASCII Parameters 选项卡

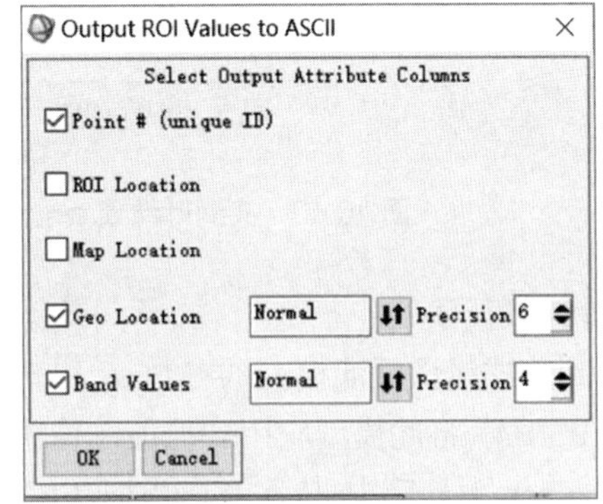

图 10.38　Output ROIs to ASCII Parameters 选项卡

验的导出文件名为“extract_chla.txt”，格式如图 10.39 所示。需要注意的是，导出的经纬度和输入实测点的经纬度不完全一致。这是由于一般影像中像元的坐标是取中心点的经纬度，而实测采样点位置并不一定恰好对应着像元的中心点，所以当输入的经纬度与影像上像元的经纬度不一致时，就会采用就近原则，与最临近的像元相匹配，输出该像元中心点的经纬度坐标。如 Landsat-8 的空间分辨率是 30 m × 30 m，如果换算成经纬度，就是几秒的范围。

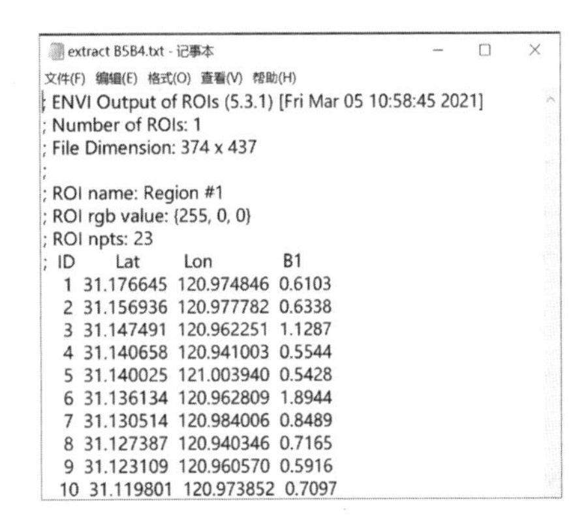

; ENVI Output of ROIs (5.3.1) [Fri Mar 05 10:58:45 2021]
; Number of ROIs: 1
; File Dimension: 374 x 437
;
; ROI name: Region #1
; ROI rgb value: {255, 0, 0}
; ROI npts: 23

; ID	Lat	Lon	B1
1	31.176645	120.974846	0.6103
2	31.156936	120.977782	0.6338
3	31.147491	120.962251	1.1287
4	31.140658	120.941003	0.5544
5	31.140025	121.003940	0.5428
6	31.136134	120.962809	1.8944
7	31.130514	120.984006	0.8489
8	31.127387	120.940346	0.7165
9	31.123109	120.960570	0.5916
10	31.119801	120.973852	0.7097

图 10.39　导出的水面调查点所在像元位置的 B5/B4 值文件格式

(4) 模型参数反演

将“extract_chla.txt”文件中的 B5/B4 像元值与

“insitu_chla.txt”文件中的实测叶绿素 a 含量放在同一个 Excel 表格中,建立一一对应关系。

在 Excel 表格中选中 B5/B4 像元值与叶绿素 a 含量实测值,依次选择 Excel 主菜单“插入”“散点图”按钮。

在散点图上选中散点,单击鼠标右键,选中“添加趋势线”,再双击。如果打开设置趋势线格式面板,依次勾选“线性”“显示公式”“显示 R 平方值”选项,那么线性回归方程和 R 平方值就会在散点图上显示。可以看到,最终反演模型为:$y=0.023\,1x+0.137\,6$,$R^2=0.883\,1$(图 10.40)。

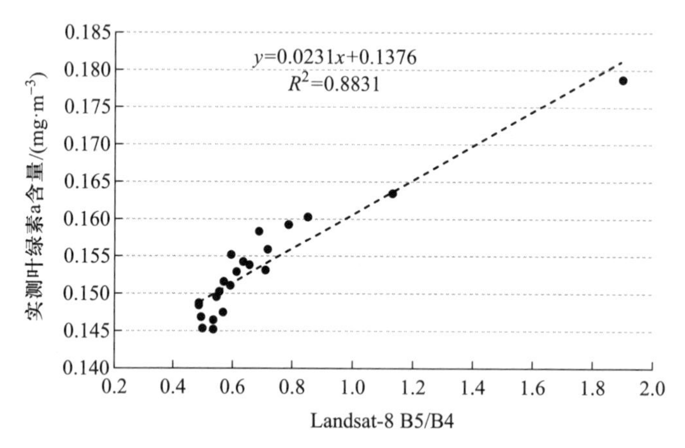

图 10.40　实测叶绿素 a 含量与 B5/B4 散点图及趋势线图

(5) 叶绿素反演

在得到公式线性反演模型的参数 a_1 和 a_2 之后,反演模型就可以表达为:Chl-a=0.137 6+0.023 1*(B5/B4),将此模型应用到比值图像中。

在 Toolbox 工具箱中,依次双击“Band Ratio”“Band Math”工具,在“Enter an expression”对话框中输入表达式:0.137 6+0.023 1*b1,单击“Add to List”按钮,将表达式添加到上方的列表中,然后单击“OK”按钮。

在“Variables to Bands Pairings”选项卡中,选择 b1 为 b5/b4 比值图像,设置输出路径和文件名,单击“OK”按钮,计算得到叶绿素 a 含量反演结果图像“dianshanriver_chla”。结果图像中的像素值代表该像元范围内平均叶绿素 a 含量,单位与实测数据一致。

10.6.4.3　结果验证与应用

提取验证点对应像元位置反演得到的叶绿素 a 含量。操作步骤和“提取采样点对应像元位置的 B5/B4 值”小节类似。在 ENVI Classic 主界面中,依次选择“File”“Open Image File”,打开“dianshanriver_chla”,并在“Display”菜单的主界面中显示该图像。

在“Display”菜单的主界面中,依次选择“Overlay”“Region of Interest”命令,打开“ROI Tool”选项卡。在“ROI Tool”选项卡中,选择“ROI_Type”“Input Points from ASCII”命令,选择采样点实测文件“verification_chla.txt”,设置相关参数,单击“OK”按钮就可将验证数据信息加载到图像中。在“ROI Tool”选项卡中,点击“File”“Output ROIs to ASCII”按钮,选择“dianshanriver_chla”文件,点击“OK”按钮,导入“Output ROIs to ASCII Parameters”选项卡。

在“Output ROIs to ASCII Parameters”选项卡中，单击“Edit Output ASCII Form”按钮，打开“Output ROI Values to ASCII”选项卡，勾选“Point #(unique ID)”“Geo Location”“Band Value”选项。

通过以上操作，便可将水面验证点与叶绿素 a 含量对应的像元值导出为 txt 格式的文件，本实验的导出文件名为“extractCalculated_chla.txt”，格式如图 10.41 所示。

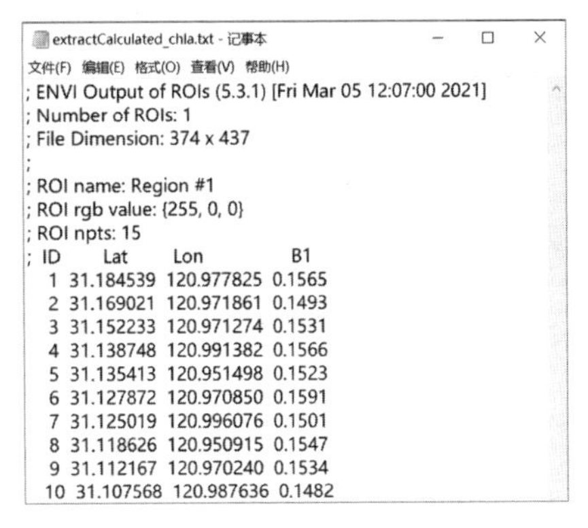

extractCalculated_chla.txt - 记事本
文件(F) 编辑(E) 格式(O) 查看(V) 帮助(H)
; ENVI Output of ROIs (5.3.1) [Fri Mar 05 12:07:00 2021]
; Number of ROIs: 1
; File Dimension: 374 x 437
;
; ROI name: Region #1
; ROI rgb value: {255, 0, 0}
; ROI npts: 15

; ID	Lat	Lon	B1
1	31.184539	120.977825	0.1565
2	31.169021	120.971861	0.1493
3	31.152233	120.971274	0.1531
4	31.138748	120.991382	0.1566
5	31.135413	120.951498	0.1523
6	31.127872	120.970850	0.1591
7	31.125019	120.996076	0.1501
8	31.118626	120.950915	0.1547
9	31.112167	120.970240	0.1534
10	31.107568	120.987636	0.1482

图 10.41　导出的验证点所在像元位置的叶绿素 a 遥感反演值文件格式

将“extractCalculated_chla.txt”文件中的遥感反演叶绿素 a 含量与“verification_chla.txt”文件中的实测叶绿素 a 含量放在同一个 Excel 表格中，建立一一对应关系。如图 10.42 所示，在 Excel 表格中，插入散点图并添加趋势线。如果拟合曲线的 R^2 值越大，就表明拟合结果的可靠性越高。

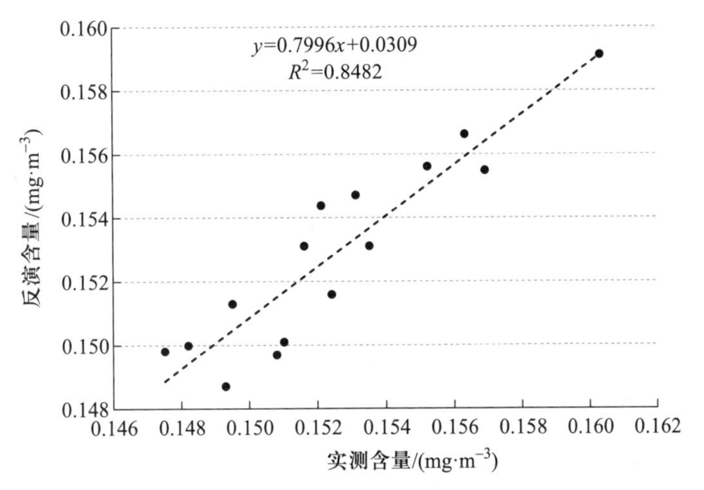

图 10.42　遥感反演叶绿素 a 含量与实测叶绿素 a 含量散点图及趋势线图

主要参考文献

[1] Alsdorf D, Rodriguez E, Lettenmaier D. Measuring surface water from space [J]. Reviews of Geophysics, 2007, 45(2): 2002.

[2] Birkett C, Mertes L, Dunne T, et al. Surface water dynamics in the Amazon Basin, application of satellite radar altimetry [J]. Journal of Geophysical Research, 2002, 107.

[3] Gitelson A A. The peak near 700 nm on radiance spectra of algae and water relationships of its magnitude and position with chlorophyll concentration [J]. International Journal of

Remote Sensing, 1992, 13(17): 3367-3373.

[4] Iluz D, Yacobi Y Z, Gitelson A. Adaption of an algorithm for chlorophyll-a estimation by optical data in the oligotrophic Gulf of Eilat [J]. International Journal of Remote Sensing, 2003, 24(5): 1157-1163.

[5] Kim J, Lu Z, Lee H, et al. Integrated analysis of PALSAR/Radarsat-1 InSAR and ENVISAT altimeter data for mapping of absolute water level changes in Louisiana wetlands [J]. Remote Sensing of Environtment, 2009, 113: 2356-2365.

[6] McFeeters S K. The use of the Normalized Difference Water Index (NDWI) in the delineation of open water features [J]. International Journal of Remote Sensing. 1996, 17 (7): 1425-1432.

[7] Pham-Duc B. Satellite remote sensing of the variability of the continental hydrology cycle in the Lower Mekong Basin over the last two decades [D]. Paris: Sorbonne University, 2018.

[8] Shu S, Liu H, Beck R A, et al. Analysis of sentinel-3 SAR altimetry waveform retracking algorithms for deriving temporally consistent water levels over ice-covered lakes [J]. Remote Sensing of Environment, 2020, 23(9): 111.

[9] Shu S, Liu H, Frappart F, et al. Estimation of snow accumulation over frozen Arctic lakes using repeat ICESat laser altimetry observations: a case study in northern Alaska [J]. Remote Sensing of Environment, 2018, 21(6): 529-543.

[10] Smith L C. Satellite remote sensing of river inundation area, stage, and discharge: a review [J]. Hydrological Process, 1997, 11(10): 1427-1439.

[11] Zwally H J, Schutz B, Abdalati W, et al. ICESat's laser measurements of polar ice, atmosphere, ocean, and land [J]. Journal of Geodynamics, 2002, 34(3-4): 405-445.

[12] 陈楚群，施平，毛庆文．应用TM数据估算沿岸海水表层叶绿素浓度模型研究[J]. 中国环境遥感，1996，11(3)：168-175.

[13] 陈晓翔，李铁芳，英登耿．改善港湾初级生产力遥感探测方法的探讨[J]. 热带海洋，1995，4：32-36.

[14] 邓书斌，陈秋锦，杜会建，等．ENVI遥感图像处理方法[M]. 北京：高等教育出版社，2014.

[15] 李云梅．太湖水体光学特性及水色要素反演[M]. 北京：科学出版社，2010.

[16] 梁顺林．定量遥感[M]. 北京：科学出版社，2018.

[17] 刘瑶，江辉．鄱阳湖表层水体总磷含量遥感反演及其时空特征分析[J]. 自然资源学报，2013，28(12)：2169-2177.

[18] 刘元波．水文遥感[M]. 北京：科学出版社，2016.

[19] 梅安新，彭望琭，秦其明，等．遥感导论[M]. 北京：高等教育出版社，2001.

[20] 冉艳红，钟敏，陈威，等．利用GRACE-FO重力卫星探测2019年长江中下游极端干旱[J]. 科学通报，2021，66(1)：107-117.

[21] 佘丰宁,李旭文.水体叶绿素含量的遥感定量模型[J].湖泊科学,1996,8(3):201-207.
[22] 疏小舟,尹球,框定波.内陆水体藻类叶绿素浓度与反射光谱特征的关系[J].遥感学报,2000,4(1):41-45.
[23] 宋平,刘元波,刘燕春.陆地水体参数的卫星遥感反演研究进展[J].地球科学进展,2011,26(7):731-740.
[24] 王刚,李小曼,田杰.几种TM影像的水体自动提取方法比较[J].测绘科学,2008,33(5):141-143.
[25] 徐涵秋.利用改进的归一化差异水体指数(MNDWI)提取水体信息的研究[J].遥感学报,2005(5):589-595.
[26] 赵英时.遥感应用分析原理与方法[M].2版.北京:科学出版社,2013.

郑重声明

高等教育出版社依法对本书享有专有出版权。任何未经许可的复制、销售行为均违反《中华人民共和国著作权法》，其行为人将承担相应的民事责任和行政责任；构成犯罪的，将被依法追究刑事责任。为了维护市场秩序，保护读者的合法权益，避免读者误用盗版书造成不良后果，我社将配合行政执法部门和司法机关对违法犯罪的单位和个人进行严厉打击。社会各界人士如发现上述侵权行为，希望及时举报，我社将奖励举报有功人员。

反盗版举报电话 （010）58581999 58582371

反盗版举报传真 （010）82086060

反盗版举报邮箱 dd@hep.com.cn

通信地址 北京市西城区德外大街4号

高等教育出版社法律事务与版权管理部

邮政编码 100120

读者意见反馈

为收集对教材的意见建议，进一步完善教材编写并做好服务工作，读者可将对本教材的意见建议通过如下渠道反馈至我社。

咨询电话 400-810-0598

反馈邮箱 hepsci@pub.hep.cn

通信地址 北京市朝阳区惠新东街4号富盛大厦1座

高等教育出版社理科事业部

邮政编码 100029

防伪查询说明

用户购书后刮开封底防伪涂层，使用手机微信等软件扫描二维码，会跳转至防伪查询网页，获得所购图书详细信息。

防伪客服电话 （010）58582300